TEACHING MATERIALS FOR COLLEGE STUDENTS

高 等 学 校 教 材

土木工程测量

▣ 主　编　李桂苓

▣ 副主编　李　嘉　董洪晶

戚玉丽　杨书胜

内容提要

本教材共分十二章。第一章介绍了测量学的基础知识；第二章至第四章介绍了工程测量的基本原理和方法，包括水准测量、角度测量、距离测量，并介绍了常用测量仪器，尤其是新一代自动安平水准仪、电子经纬仪的构造原理和使用方法；第五章介绍了测量误差的基本知识；第六章介绍了小区域控制测量的原理和方法，包括导线测量、交会定点、三角高程测量以及三、四等水准测量等，另外还简要介绍了GPS定位原理及方法；第七章至第九章介绍了地形图的基本知识、大比例尺数字化测图以及地形图的应用，包括全站仪、GIS等新仪器、新技术的相关内容；第十章介绍了测设的基本工作；第十一章、第十二章介绍了测量工作在建筑施工、道路桥梁工程中的应用。

本教材注重实用性与适用性，可作为土木类专业本科和专科学生的教学用书，也可作为非测绘类相关专业高职学生的教材以及工程技术人员参考用书。

Preface 前言

以光学经纬仪、微倾式水准仪、钢尺等为代表的传统测绘仪器，在各项工程建设中发挥了重要的作用。随着科学技术的飞速发展，测绘仪器也发生了深刻的变革，以电子经纬仪、自动安平水准仪、全站型电子速测仪、GPS等为代表的一大批新仪器脱颖而出，大量测绘新技术正在各工程领域得到广泛应用。土木工程建设行业以及各高校大土木环境下多个专业模块设置的变化，使工程测量这门实践性很强的课程，无论是理论学时还是实践环节都被大幅度压缩，所以教材的改革势在必行。我们在教学过程中感到，以往使用的工程测量类教材不是版本陈旧，就是内容繁杂，过时的仪器和技术占用了大量篇幅，新技术和新仪器只是给予简单介绍，教材和实际工程运用存在脱节现象。为了适应新形势的需要，并结合已经比较普及的现有国产测绘新仪器，我们编写了这本教材。

在教材的编写过程中，总结了多年的教学经验，本着基础理论与实践并重、传统仪器与现代技术兼顾、内容精而不失系统性的原则，努力使本教材做到实用、先进，在内容的选择上力求做到重点突出、简明扼要、概念准确、去旧纳新、循序渐进、便于自学。考虑到目前传统地形图测绘方法基本被数字化测图所替代，故在地形图测绘一章中舍弃了早已被淘汰的平板仪测绘地形图的测图方法，简单介绍了目前已被数字化测图替代的经纬仪测图法，着重介绍了现代化的数字测图技术；而对电子经纬仪、自动安平水准仪、全站仪等现代测绘仪器的介绍，则以价格实惠且在国内工程领域已经普及的国产仪器为主，以方便学生在理论学习和实验实习环节学习查阅。同时，为满足教学需要，在每章之后都附有思考题和习题。

本书共分十二章，由李桂苓任主编，李嘉、董洪晶、戚玉丽和杨书胜任副主编。第一章、第二章由李桂苓、董洪晶、李嘉共同讨论编写；第三章由李桂苓、杨书胜共同编写；第五章、第六章、第八章、第九章由李桂苓编写；第四章、第十一章由戚玉丽编写；第七章、

第十章、第十二章由董洪晶编写。另外,书中有关电子经纬仪、自动安平水准仪、全站仪等资料由李嘉收集并整理,全体编写人员共同讨论定稿。在本教材的编写过程中,南方测绘仪器公司杭州分公司的薛利华等技术人员给予了大力支持和帮助,在此表示衷心的感谢。另外,对本书所用参考文献的作者也一并表示感谢。

为了保证本书的编写质量,编者多次外出调研,查阅了大量资料,采取了分工编写、共同讨论、交叉检查、逐步完善、集体定稿的方法。尽管如此,由于编者水平所限,书中难免存在缺点和错误,我们热忱地希望广大读者给予批评指正。

编 者

2007 年 12 月

Contents 

第一章　绪　论

第一节　概　述

一、工程测量的任务

工程测量是测绘学的分支学科。测绘学是研究地球的形状、大小以及地球表面上各种物体的几何形状和空间位置的科学。按研究范围和对象的不同,测绘学可分为:

(1) 大地测量学。大地测量学是研究测定地球形状、大小和地球重力场的理论、技术与方法,并建立国家大地控制网的学科。由于人造地球卫星的发射和空间技术的发展,大地测量学又可分为常规大地测量学和卫星大地测量学。

(2) 普通测量学。普通测量学是研究地球表面局部区域内测绘工作的基本理论、技术和方法的学科,是测绘学的基础。

(3) 摄影测量学。摄影测量学是利用摄影像片来研究和测定物体的形状、大小和位置的学科。因获得像片的方法不同,摄影测量学又可分为地面摄影测量学、航空摄影测量学和航天摄影测量学等。

(4) 工程测量学。工程测量学是研究工程建设在勘测设计、施工和管理阶段所进行的各种测量工作的学科。工程测量学的主要内容有工程控制网建立、地形测绘、施工放样、设备安装测量、竣工测量、变形观测和维修养护测量的理论、技术与方法。

(5) 海洋测量学。海洋测量学是研究和测量地球表面水体(海洋、江河、湖泊等)及水下地貌的一门综合性学科。

(6) 地图制图学。地图制图学是利用测量成果,研究如何编绘、制作各种地图的理论、工艺和方法的学科。

土木工程测量就是土木工程在勘测设计、施工和运营管理等各个阶段所进行的一系列测绘工作。它与普通测量学、工程测量学等学科有着密切的联系,主要内容有测图、用图、放样和变形观测等。

在工程建设的勘察设计阶段,主要的测量工作是提供各种比例尺的地形图。在工程建设的施工建造阶段,主要的测量工作是施工放样和设备安装测量,即将图纸上设计好的各种建筑物、构筑物按其设计的三维坐标测设到实地上去,并把设备安装到设计的位置上。为此,要根据工地的地形、工程的性质以及施工的组织与计划等,建立不同形式的施工控制网,作为施工放样与设备安装的基础,然后再按照施工的需要进行点位放样。在工程建设的运营管理阶段，为了监控建筑物的安全和稳定的情况以验证设计是否合理、正确，需要定期对其变形进行观测。

二、工程测量的发展概况

工程测量的历史源远流长。早在公元前27世纪建设的埃及大金字塔，其形状与方向都很准确，这就说明当时已有放样的工具和方法。公元前14世纪，在幼发拉底河与尼罗河流域，曾进行过土地边界的测定。我国早在夏商时代，为了治水就已开始了实际的工程测量工作。对此，伟大的史学家司马迁在《史记》中对夏禹治水有这样的描述："陆行乘车，水行乘船，泥行乘橇，山行乖辇，左准绳、右规矩，载四时，以开九州，通九道，陂九泽，度九山。"其中，"准"是古代用的水准器；"绳"是一种测量距离、引画直线和定平用的工具，是最早的长度度量及定平工具之一；"规"是校正回形的工具；"矩"是古代画方形的用具，也就是曲尺。在山东嘉祥县汉代武梁祠石室造像中，就有拿矩的伏羲和拿规的女娲的图像，说明我国在西汉以前"规"和"矩"是用得很普遍的测量仪器。秦代李冰父子开凿的都江堰水利枢纽工程，是用一个石头人来标定水位的，当水位超过石头人的肩时，下游将受到洪水的威胁；当水位低于石头人的脚背时，下游将出现干旱。这种标定水位的办法，虽不如水准尺那样精确，但却是我国水利工程测量发展的标志。

17世纪发明望远镜之后，人们开始利用光学仪器进行测量，使测绘科学前进了一大步。20世纪60年代以来，由于电子计算技术的飞速发展，出现了自动化程度很高的电子经纬仪、全站仪和自动绘图仪。1964年，国际测量师联合会(FIG)为了促进和繁荣工程测量，成立了工程测量委员会(第六委员会)，从此，工程测量学在国际上成为一门独立的学科。20世纪末，现代科学技术有了飞速的发展，人类科学技术不断向着宏观宇宙和微观粒子世界延伸，测量对象不再局限于地面，而是深入地下、水域、空间和宇宙。20世纪80年代末以来，发展了一种利用卫星定位的新技术——全球定位系统GPS(Global Positioning System)。

目前国际公认的、引领21世纪科技发展的三大技术之一——空间信息技术，正在使传统测绘向天地(地表、地层、天体)一体化、信息化、实时化、数字化、自动化、智能化迈进，使工程测量产品向多样化、网络化、社会化方向发展。

第二节 地球形状和地面点位的确定

一、地球的形状与大小

测量工作是在地球的自然表面上进行的。地球自然表面是极不平坦和极不规则的，它有约占71%面积的海洋，有约占29%的陆地，有高达8 844.43 m的珠穆朗玛峰，也有深达11 022 m的马里亚纳海沟。这样的高低起伏，相对于地球庞大的体积来说，还是很小的。因此,人们把海水面所包围的地球形体看做地球的形状。

由于地球的自转运动,地球上的任意点都要受到离心力和地心引力的双重作用,这两个力的合力称为重力。重力的方向线称为铅垂线。铅垂线是测量工作的基准线(见图 1-1)。静止的水面称为水准面。水准面是受地球重力的影响而形成的,它是一个处处与重力方向垂直的连续曲面,并且是一个重力场的等位面。与水准面相切的平面称为水平面。水面可高、可低,因此符合上述特点的水准面有无数个。其中,与平均海水面吻合并向大陆、岛屿内延伸而形成的闭合曲面称为大地水准面,它是测量工作的基准面。大地水准面所包围的地球形体称为大地体。

大地水准面是一个有起伏的不规则的曲面(见图 1-2),这是由地球内部质量分布不均匀而使各点铅垂线方向产生不规则变化所致。因此,不可能用数学公式来表达大地水准面,也无法在这个水准面上进行测量的计算工作。通常用一个非常接近大地体的几何形体,即旋转椭球体作为测量计算的基准。该球体是由一个椭圆绕其短轴旋转而成的。

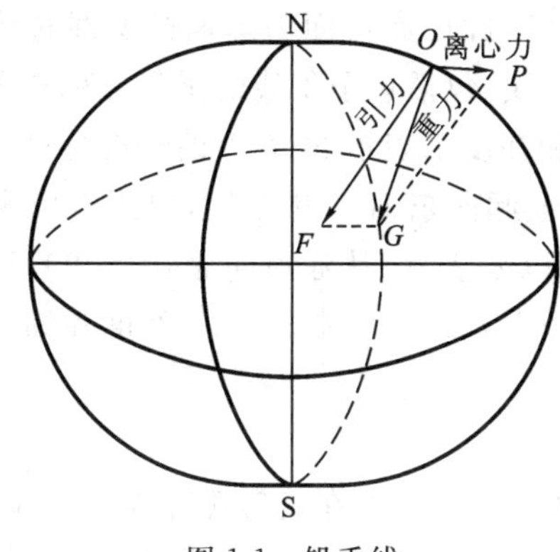

图 1-1 铅垂线

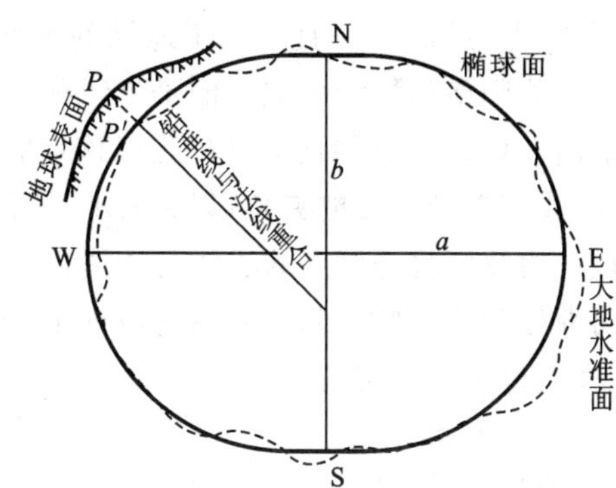

图 1-2 大地水准面

根据 1975 年国际大地测量学与地球物理学联合会的决议,椭球的元素为:

长半轴: $a = 6\ 378\ 140.000$ m

短半轴: $b = 6\ 356\ 755.288$ m

扁率: $\alpha = \dfrac{a-b}{a} = \dfrac{1}{298.257}$

地球的形状确定后,还应进一步确定大地水准面与椭球面的相对关系,才能将观测成果换算到椭球面上。如图 1-2 所示,在一个国家的适当地点选择一点 P,设想椭球与大地体相切,切点 P' 位于 P 点的铅垂线上。这时,椭球面上 P' 点的法线与大地水准面的铅垂线相重合,使椭球的短轴与地轴保持平行,且椭球面与这个国家范围内的大地水准面差距尽量地小,于是椭球与大地水准面的相对位置便确定下来。这就是参考椭球的定位工作。P 点称为大地原点。根据定位的结果确定了大地原点的起算数据。我国的大地原点设在陕西省泾阳县永乐镇,并由此建立了国家大地坐标系。由于地球椭球体的扁率很小,因此在测区范围不大时可将地球视为圆球体,半径为 6 371 km。

二、地面点位置的确定

研究和确定地球形状和大小都需要测定地面点的位置。地面点的位置是用三维坐标,也即由平面坐标和高程来表示的。由于地面是地球表面,故它不是平面而是球面,因而应采用能表示球面上点位置的坐标来表示地面上的点。测量上通常采用地理坐标和高程这类全球统一的坐标系统。若要在平面上表示地面点的位置,则应采用平面直角坐标和高程这样的坐标系统。

1. 地面点在投影面上的坐标

1) 地理坐标系

(1) 天文坐标系。

研究大范围的地面形状和大小要将投影面作为球面。在图 1-3 中,视地球为一球体,N 和 S 是地球的北极和南极,连接两极且通过地心 O 的线称为地轴。过地轴的平面称为子午面。过地心 O 且垂直于地轴的平面称为赤道面。赤道面与球面的交线称为赤道。通过英国格林尼治天文台的子午线称为首子午线。包括首子午线的子午面称首子午面。地面上任一点 P 的地理坐标是以该点的经度和纬度来表示的。P 点的经度是过该点的子午线与首子午面的夹角,以 λ 表示。从首子午线起向东 180° 称东经,向西 180° 称西经。P 点的纬度就是该点的法线与赤道面的交角,以 φ 表示。从赤道向北 0° ~ 90° 称北纬,向南称南纬。例如,北京某点的地理坐标为东经 116°28′,北纬 39°54′。经度和纬度是用天文测量方法测定的。

(2) 大地坐标系。

大地坐标系采用大地经度 L 和大地纬度 B 来表示地面点在旋转椭球面上的位置,它的基准面和基准线分别是参考椭球面及其法线。如图 1-4 所示,P 点沿椭球面法线到椭球面上的投影是 P',$P'P = H$,称 H 为 P 点的大地高程。L 和 B 是 P 点的大地经度和大地纬度。P 点的大地坐标(L,B,H) 和地心空间直角坐标(x,y,z) 之间存在着严密的数学关系,可以互相换算。

天文坐标系和大地坐标系的不同点是各自所依据的基准面和基准线不同,前者所依据的是大地水准面和铅垂线,后者所依据的是旋转椭球面和法线。

2) 独立平面直角坐标系

测量小范围地区的地面形状和大小,可将该部分的球面视为水平面。在测区的西南设置一个原点 O,令通过原点 O 的南北线为纵坐标轴 x,向北为正;与 x 轴相垂直的东西线为横坐标轴 y,向东为正,如图 1-5 所示。坐标轴将平面分为四个象限,其象限以顺时针方向编号。测量上使用的平面直角坐标系与数学上常用的不同,这是因为在测量工作中规定所有的直线方向都是以纵坐标轴北端顺时针方向量度的,这样的变换既不改变数学公式,同时又便于测量中方向和坐标的计算。

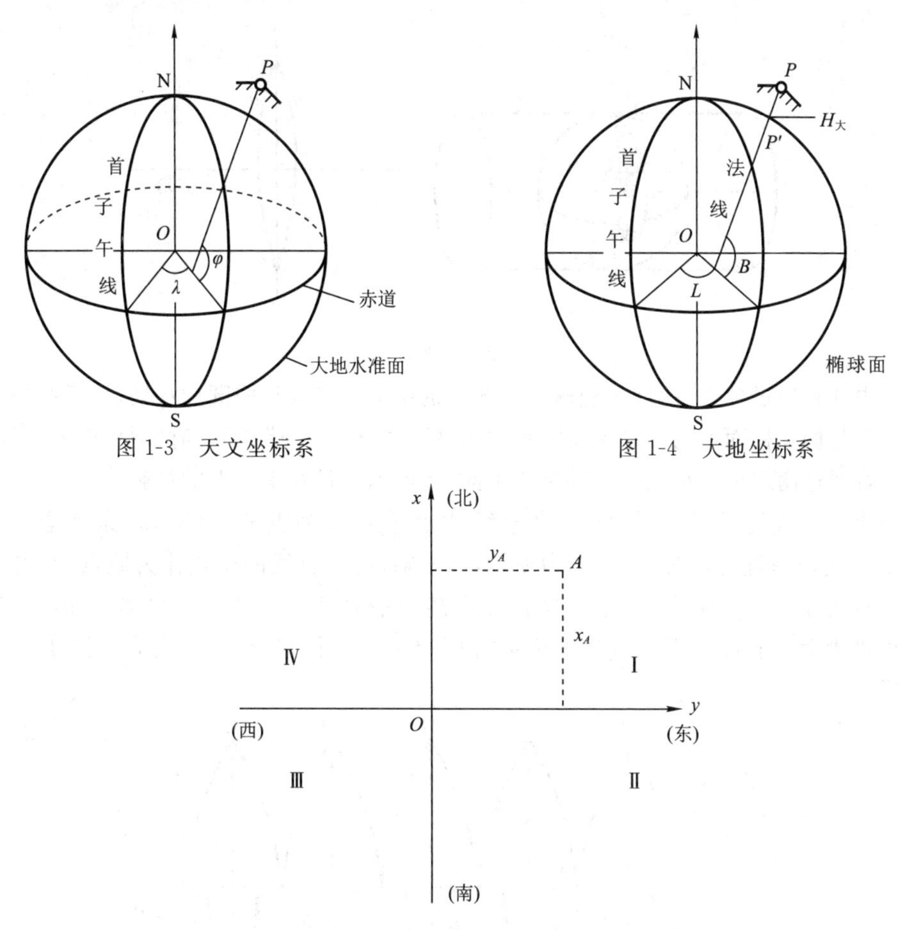

图 1-3　天文坐标系

图 1-4　大地坐标系

图 1-5　测量平面直角坐标系

3）高斯平面直角坐标系

当测区范围较大时，需考虑地球曲率的影响，常将椭球（或圆球）上的点位或图形投影到平面上，然后在平面上进行测量计算。椭球面是不可展曲面，要把椭球面上的图形投影在平面上会产生变形，就像将橘子皮压平，它不是产生褶皱就是边缘破裂一样。为了使该变形小于测量误差，在测量工作中通常采用高斯投影方法。

高斯投影方法是将地球划分为若干个带，然后将每个带投影到平面上。如图 1-6 所示，投影带是从首子午线（通过英国格林尼治天文台的子午线）起，每经差 6° 划一带（称为 6° 带），自西向东将整个地球划分成经差相等的 60 个带，带号从首子午线起自西向东依次用阿拉伯数字 1，2，…，60 表示。位于各带中央的子午线称为该带的中央子午线。第一个 6° 带的中央子午线是东经 3°。任意带中央子午线的经度 L_0 可按下式计算：

$$L_0 = 6n - 3 \tag{1-1}$$

式中，n 为投影带的号数。

设想用一个平面卷成一个空心椭圆柱套在地球椭球外面，使椭圆柱的中心轴线位于

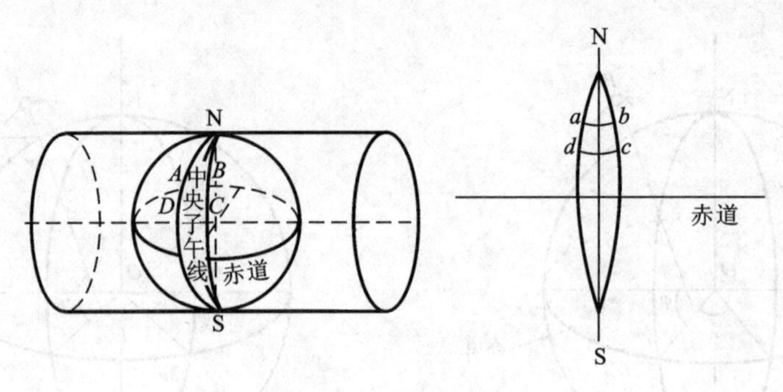

图 1-6 高斯投影

赤道面内并且通过球心，使地球椭球上某 6°带的中央子午线与椭圆柱相切，然后在椭球面上的图形与椭圆柱面上的图形保持等角的条件下，将整个 6°带投影到椭圆柱面上，再将椭圆柱沿着通过南北极的母线切开并展成平面，便得到 6°带在平面上的投影。

中央子午线经投影展开后是一条直线，以此直线作为纵轴，即 x 轴；赤道是一条与中央子午线相垂直的直线，将它作为横轴，即 y 轴；两条直线的交点作为原点，则组成高斯平面直角坐标系。纬圈 AB 和 CD 投影在高斯平面直角坐标系内仍然为曲线（ab 和 cd）。将投影后具有高斯平面直角坐标系的 6° 带一个个拼接起来，便得到如图 1-7 所示的图形。

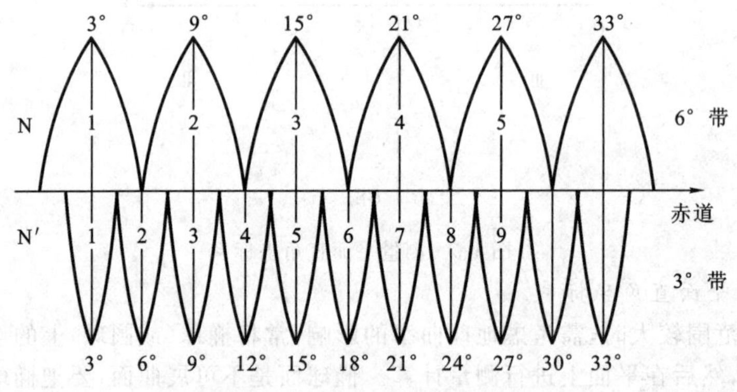

图 1-7 高斯 6°和 3°分带投影

我国位于北半球，x 坐标均为正值，而 y 坐标值有正有负。为了在计算中避免横坐标 y 值出现负值，规定每带的中央子午线西移 500 km；同时，为了指示投影带是哪一带，还规定在横坐标值前面加上带号，例如图 1-8 中 M 点坐标为 $x_M = 543\ 721.73$ m，$y_M = 20\ 732\ 478.55$ m，y_M 坐标的前两位数 20 表示第 20 投影带。

在高斯投影中，离中央子午线近的部分变形小，离中央子午线愈远变形愈大，且在中央子午线两侧对称。当测绘大比例尺地形图要求投影变形更小时，可采用 3° 分带投影法。该法是从东经 1°30′ 开始，每隔 3° 划分一带，将整个地球划分为 120 个带，每带中央子午线经度 L_0' 可按下式计算：

$$L'_0 = 3n' \qquad (1\text{-}2)$$

式中，n' 为 3° 带带号。

2. 地面点的高程

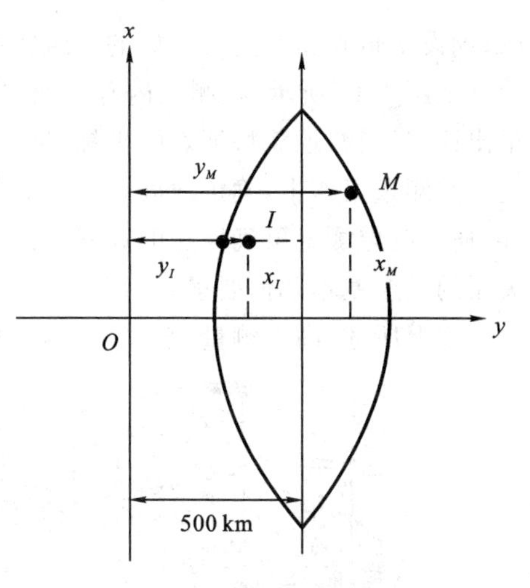

图 1-8　高斯平面直角坐标系

地面点到大地水准面的铅垂距离称为绝对高程或海拔，简称高程。地面点到假定水准面的铅垂距离称为假定高程或相对高程。图 1-9 中的 H_A 和 H_B 为高程，H'_A 和 H'_B 为相对高程。地面上任意两点之间的高程之差称为高差。两点间的高差与高程的起算面无关。我国大地水准面的确定方法是在青岛市的黄海边设立测定海水高低起落的验潮站，通过长期观测，求得平均海水面作为高程基准面，此基准面的高程为零；再用测绘的方法由验潮站引测至青岛观象山上的一个有固定位置的点，求得此点的高程值，并称此点为“水准原点”。目前，我国采用青岛验潮站 1953—1979 年观测成果推算的黄海平均海水面作为高程零点，称为“1985 国家高程基准”。位于青岛的中华人民共和国水准原点高程为 $H = 72.260$ m。1985 年以前，我国曾采用“1956 年黄海高程系”，水准原点高程为 $H = 72.289$ m，现在已经废止。应用中要注意高程基准的统一和换算。

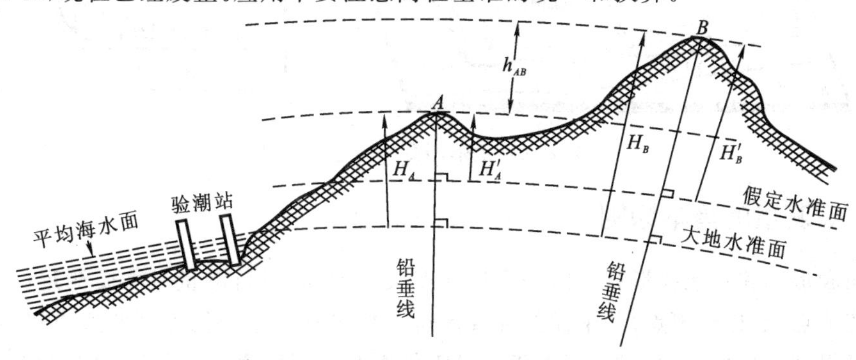

图 1-9　点的高程

第三节　测量工作概述

一、测量的基本工作

测绘工作的主要任务是确定地面点与点之间的平面和高程位置的关系。测绘工作也可分成测定和测设两大部分。测定是将地物和地貌按一定的比例尺缩小绘制成地形图;测设是将在图纸上设计好的建筑物和构筑物的位置在实地标定出来。

如图 1-10 所示,在测区内有耕地、房屋、河流、道路等。测绘地形图的过程是先测量出这些地物、地貌特征点的坐标,然后按一定的比例尺、规定的符号缩小展绘在图纸上。在测量工作中,确定地面点的平面位置可通过测定水平角和水平距离来实现。另外,通过高差测量可确定点的高程。因此,水平角、水平距离和高差是确定地面点位置关系的三个基本几何要素。

综上所述,高差测量、水平角测量、水平距离测量是测量工作的基本内容。

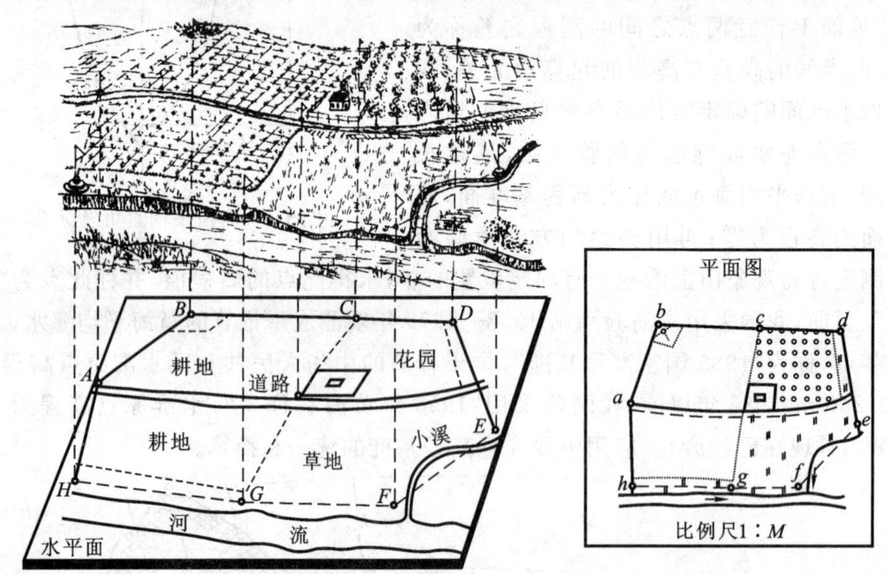

图 1-10 地形图测绘的基本原理

二、测量的基本原则

地表形态和建筑物形状是由许多特征点决定的,在进行测量时需要测定(或测设)这些特征点(也称碎部点)的平面位置或高程。如果从一个特征点开始逐点进行施测,虽然可得到欲测各点的位置,但由于测量工作中存在不可避免的误差,会导致前一点的测量误差传递到下一点,这样累积起来,最后可能使点位误差达到不可容许的程度。因此,测量工作必须按照一定的原则进行。在实际工作中,应遵循"从整体到局部、先控制后碎部"的基本原则,也就是先在测区内选择一些有控制意义的点(控制点),把它们的平面位置和高程精确地测定出来(测定控制点的工作称为控制测量),然后再根据这些控制点测出附近其他碎部点的位置(这项工作称为碎部测量)。这种测量方法不仅可以减少误差累积,而且可以同时在几个控制点上进行测量,加快了工作进度。此外,测量工作必须重视检核,防止发生错误,避免错误的结果对后续测量工作产生影响。因此,"前一步测量工作未作检核,不进行下一步测量工作"是测量工作应遵循的又一个原则。

思考题与习题

1. 工程测量的主要任务是什么？

2. 水准面有何特性？大地水准面是如何定义的？

3. 参考椭球是怎样进行定位的？

4. 用哪些元素来确定地面点的位置？

5. 何谓绝对高程和相对高程？

6. 测量工作应遵循什么原则？为何必须遵守以上原则？

7. 测量有哪些基本工作？

8. 设我国有一点 A，在经过高斯 6°分带投影后所建立的高斯平面直角坐标系中的坐标为 $x_A=3\ 689.269$ m，$y_A=20\ 473\ 658.235$ m，试问：

(1) 此点位于第几投影带？

(2) 所在带中央子午线经度为多少度？

(3) 此点在中央子午线的哪一侧？

(4) 距所在投影带中央子午线多少米？距赤道多少米？

第二章　水准测量

测定地面点高程的工作，称为高程测量。根据所使用的仪器及测量方法的不同，高程测量可分为水准测量、三角高程测量和 GNSS 高程测量。水准测量精度较高，是测定地面点高程的主要方法，在国家高程控制测量、工程勘测和施工测量中被广泛采用。本章主要介绍水准测量。

第一节　水准测量的基本原理

水准测量的实质是测定地面两点间的高差，然后通过已知点的高程，计算出未知点的高程。

如图 2-1 所示，A 点高程已知，欲测定待定点 B 的高程，需首先测出 A，B 两点之间的高差 h_{AB}，则 B 点的高程 H_B 为：

$$H_B = H_A + h_{AB} \tag{2-1}$$

为了测出 A，B 两点之间的高差，可在 A，B 两点上分别竖立有刻划的尺子 —— 水准尺，并在 A，B 点之间安置一架能提供水平视线的仪器 —— 水准仪，根据仪器的水平视线，A 点尺上的读数为 a，B 点尺上的读数为 b，则 A，B 点间的高差为：

$$h_{AB} = a - b \tag{2-2}$$

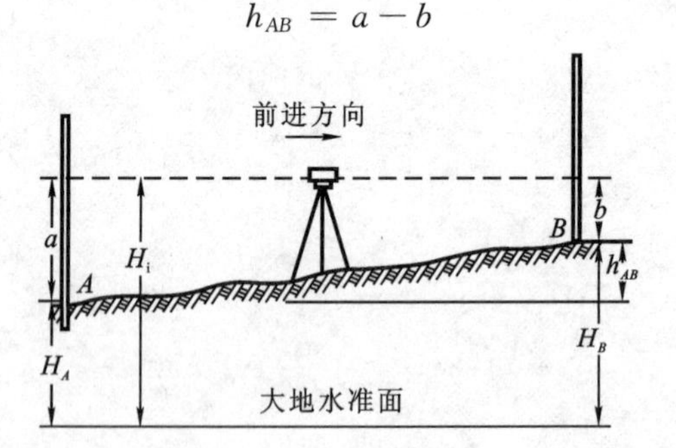

图 2-1　水准测量原理

如果水准测量是由 A 到 B 进行的（如图 2-1 中的箭头所示），称 A 为后视点，A 点尺上读数 a 称为后视读数；称 B 为前视点，B 点尺上读数 b 称为前视读数，则 A，B 间高差 h_{AB} 等于后视读数减去前视读数。若 $a > b$，则高差 h_{AB} 为正，反之 h_{AB} 为负。

式(2-1)和(2-2)是直接利用高差 h_{AB} 计算 B 点的高程，称为高差法。

此外，还可通过仪器的视线高 H_i 计算 B 点的高程：

$$
\left.\begin{aligned} H_i &= H_A + a \\ H_B &= H_i - b \end{aligned}\right\} \tag{2-3}
$$

式(2-3)是利用仪器视线高 H_i 计算 B 点的高程，称为视线高法。当安置一次仪器要求出几个点的高程时，视线高法比高差法方便。

第二节 水准测量的仪器和工具

水准测量所使用的仪器为水准仪，工具为水准尺和尺垫。

目前，在我国土木工程测量中一般使用的是 DS_3 微倾式水准仪和 DSZ_3 自动安平水准仪。其中，“DS”表示大地测量水准仪，即取汉语拼音的第一个字母；“Z”表示自动安平；数字表示仪器所能达到的每千米水准测量往返测高差中数的中误差，以 mm 计，可分为 DS_{05}，DS_1，DS_3，DSZ_3，DS_{10} 等不同的精度。

一、微倾式水准仪的构造

根据水准测量的原理，水准仪的主要作用是提供一条水平视线，并能照准水准尺进行读数。因此，水准仪主要由望远镜、水准器及基座三部分构成。图 2-2 所示的是我国生产的 DS_3 微倾式水准仪。

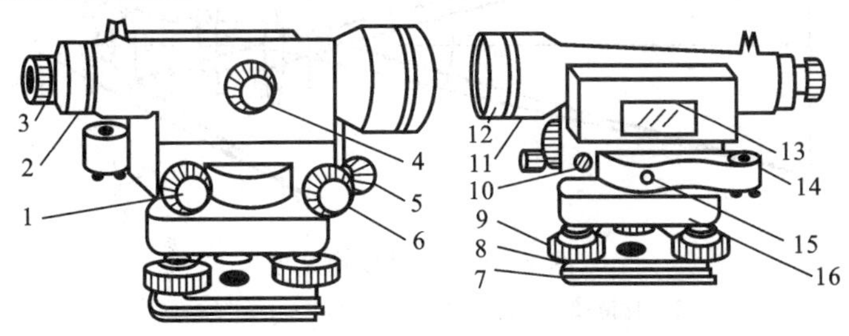

图 2-2 DS_3 水准仪的构造

1—微倾螺旋；2—分划板护罩；3—目镜；4—物镜对光螺旋；5—制动螺旋；6—微动螺旋；7—底板；8—三角压板；9—脚螺旋；10—弹簧帽；11—望远镜；12—物镜；13—管水准器；14—圆水准器；15—连接小螺丝；16—轴座

1. 望远镜及其成像原理

图 2-3 所示的是 DS_3 水准仪望远镜的构造图。望远镜主要由物镜 1、目镜 2、对光凹透镜 3 和十字丝分划板 4 所组成。物镜的作用是将所照准的目标成像在十字丝平面上形成一个倒立而缩小的实像。物镜由凸透镜或复合透镜组成。目镜的作用是将物镜所成的实像连同十字丝的影像放大成虚像。此时，该实像与目镜之间的距离应小于目镜的焦距。由于目镜也是一个凸透镜，所以能得到放大的虚像。十字丝分划板用于准确瞄准目标和读数。在十字丝分划板上刻有两条相互垂直的长线，如图 2-3 中的 7 所示，竖直的一条称为竖丝，横的一条称为中丝，可用于瞄准目标和读数。在中丝的上、下

还有对称的两根短横丝，用来测定距离，称为视距丝。十字丝大多刻在玻璃片上，玻璃片安装在分划板座上，分划板座由止头螺丝 8 固定。

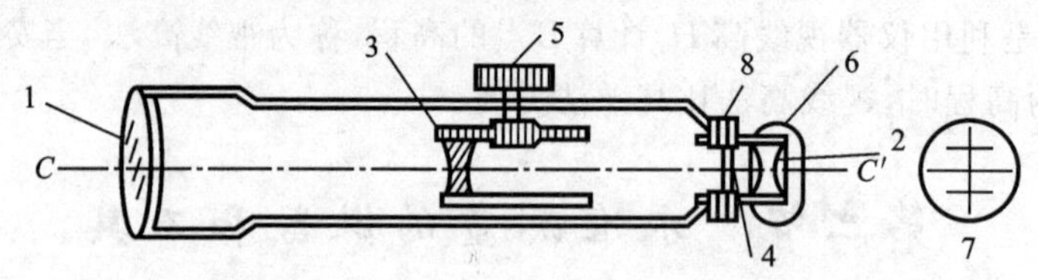

图 2-3 DS_3 水准仪望远镜的构造

1—物镜；2—目镜；3—对光凹透镜；4—十字丝分划板；5—物镜对光螺旋；6—目镜对光螺旋；7—十字丝放大像；8—分划板座止头螺丝

十字丝交点与物镜光心的连线称为视准轴(图 2-3 中的 CC'。水准测量是在视准轴水平时，用十字丝的中丝截取水准尺上读数的。

图 2-4 所示为望远镜成像原理图。目标 AB 经过物镜后形成一个倒立缩小的实像 ab，移动对光透镜可使不同距离的目标均能成像在十字丝平面上，再通过目镜的作用，便可看到同时放大了的十字丝和目标影像 a_1b_1。

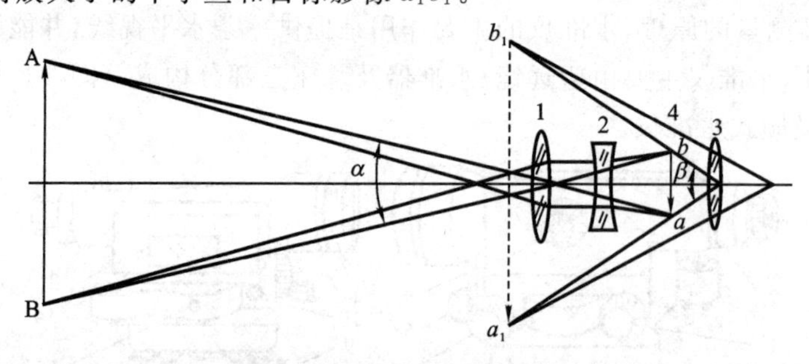

图 2-4 望远镜成像原理

1—物镜；2—对光透镜；3—目镜；4—十字丝平面

从望远镜内所看到的目标影像的视角与肉眼直接观察该目标的视角之比，称为望远镜的放大率。如图 2-4 所示，从望远镜内看到目标的像所对的视角为 β，用肉眼看到目标所对的视角可近似地认为是 α，故放大率 $\upsilon=\beta/\alpha$。DS_3 水准仪望远镜的放大率一般为 28 倍。

2. 水准器

水准器是用来指示视准轴是否水平或仪器竖轴是否竖直的装置。水准器分为管水准器和圆水准器两种。

1) 管水准器

管水准器亦称水准管，它与望远镜连在一起用于指示望远镜的视准轴是否水平。水准管是把纵向内壁磨成圆弧形(圆弧半径一般为 7～20 m)的玻璃管，管内装有酒精和乙醚的混合液，加热熔封冷却后留有一个气泡(见图 2-5)。由于气泡轻，故气泡总是处于管内最高位置。

水准管上一般刻有间隔为 2 mm 的分划线，分划线的中点 O 称为水准管零点（见图 2-5）。

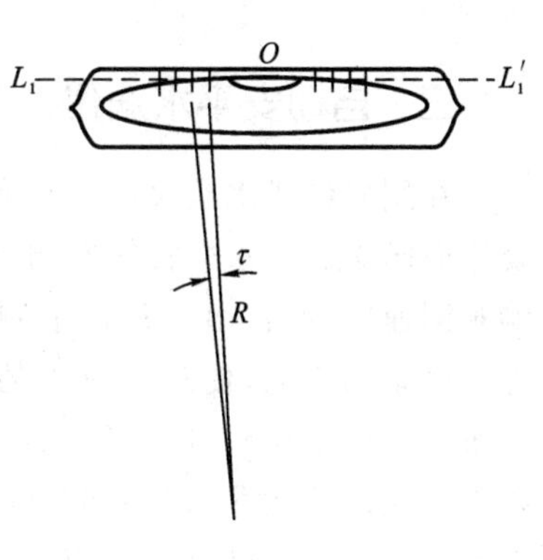

图 2-5　管水准器

通过零点作水准管圆弧的纵切线，称为水准管轴（图 2-5 中的 L_1L_1'）。当水准管的气泡中点与水准管零点重合时，称为气泡居中，此时水准管轴 $L_1L'_1$ 处于水平位置。水准管 2 mm 圆弧所对的圆心角 τ（见图 2-5）称为水准管分划值，用公式表示为：

$$\tau = \frac{2}{R}\rho \qquad (2\text{-}4)$$

式中，$\rho = 206\ 265''$；R 为水准管圆弧半径，mm。

微倾式水准仪是在水准管上方安装一组符合棱镜（见图 2-6a）。通过符合棱镜的折光作用，使气泡两端的像反映在望远镜旁的符合气泡观察窗中。若气泡两个半像吻合，则表示气泡居中（见图 2-6b）；若气泡的两个半像错开，则表示气泡不居中（见图 2-6c），这时应转动目镜下方右侧的微倾螺旋，使气泡的像吻合，从而达到精确整平仪器的目的。

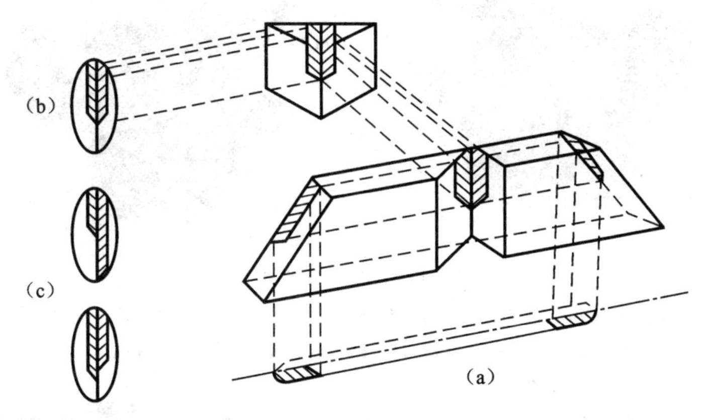

图 2-6　符合棱镜成像

2）圆水准器

如图 2-7 所示，圆水准器顶面的内壁是球面，其中有圆分划圈，圆圈的中心为水准器的零点。通过零点的球面法线为圆水准轴。当圆水准器气泡居中时，设轴线处于竖直位置。当气泡不居中时，气泡中心偏移零点 2 mm，轴线所倾斜的角度值称为圆水准器分划值，一般为 $8'\sim10'$。圆水准器只用做仪器的粗略整平。

3. 基座

基座的作用是支承仪器和上部并与三脚架连接。基座主要由轴座、脚螺旋、底板和三角压板构成（见图 2-2）。

二、自动安平水准仪

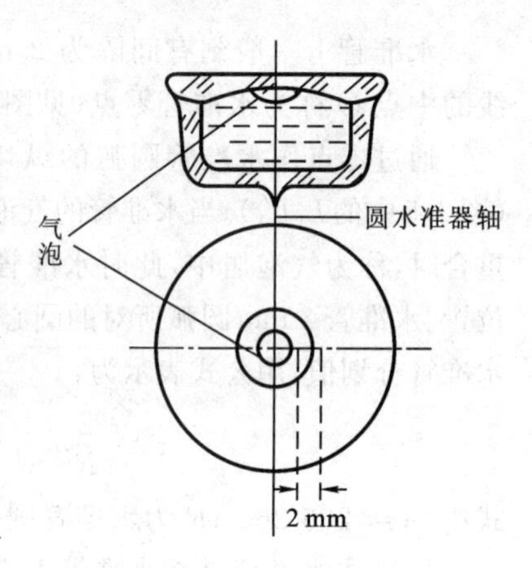

图 2-7　圆水准器

在用微倾式水准仪进行水准测量时，每次读数都要用微倾螺旋将水准管气泡调至居中位置，这不仅影响观测速度，而且由于延长了测站观测时间，会增加外界因素的影响，使观测成果的质量降低。为此，在20世纪40年代研制出了一种自动安平水准仪。这种水准仪即使视准轴有微小倾斜，也可以得到来自水平方向的读数。目前，自动安平水准仪已得到了广泛的应用并成为水准仪的发展方向。图 2-8 和图 2-9 分别是国产天津欧波 DSZ_3 和南方 NL2 自动安平水准仪。

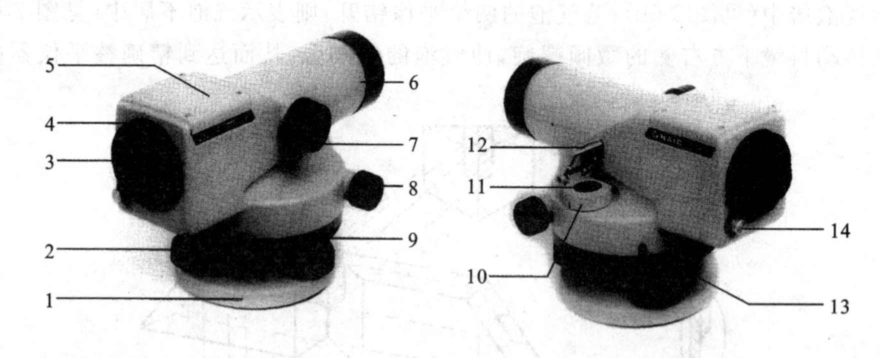

图 2-8　DSZ_3 自动安平水准仪

1—基座；2—度盘；3—目镜；4—目镜罩；5—瞄准器；6—物镜；7—调焦手轮；8—水平微动手轮；9—脚螺旋；10—圆水准器调整螺丝；11—圆水准器；12—圆水准器观察器；13—度盘指示；14—报警装置

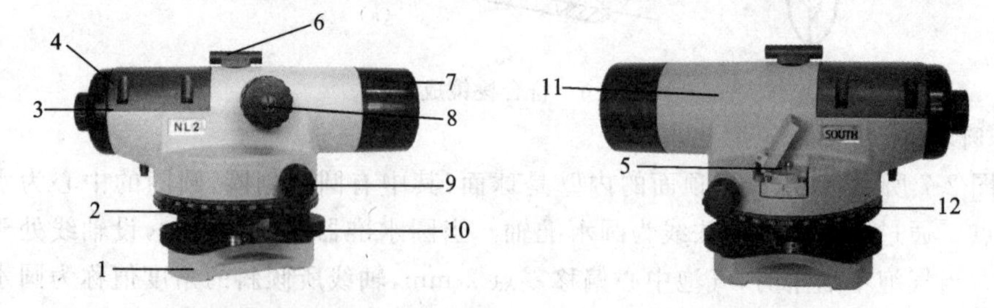

图 2-9　NL2 自动安平水准仪

1—基座；2—度盘；3—目镜；4—防尘罩；5—圆水准器；6—粗瞄准器；7—物镜罩筒；8—调焦手轮；9—水平微动手轮；10—脚螺旋手轮；11—圆水准器观察器；12—度盘刻度线

1. 自动安平水准仪的原理

如图 2-10(a) 所示，当望远镜视准轴倾斜了一个小角 α 时，由水准尺上的 a_0 点过物

镜光心 O 所形成的水平光线不再通过十字丝中心 Z，而是在与 Z 的距离为 L 的 A 点处，显然：

$$L = f\alpha \tag{2-5}$$

式中，f 为物镜的等效焦距；α 为视准轴倾斜的小角度。

在图 2-10(a) 中，若在距十字丝分划板 S 处，安装一个补偿器 K，使水平光线偏转 β 角，并恰好通过十字丝中心 Z，则：

$$L = S\beta \tag{2-6}$$

$$f\alpha = S\beta \tag{2-7}$$

由此可知，式(2-5) 的条件若能满足，即使视准轴有微小倾斜，十字丝中心 Z 仍能读出视线水平时的读数 a_0，从而达到自动补偿的目的。

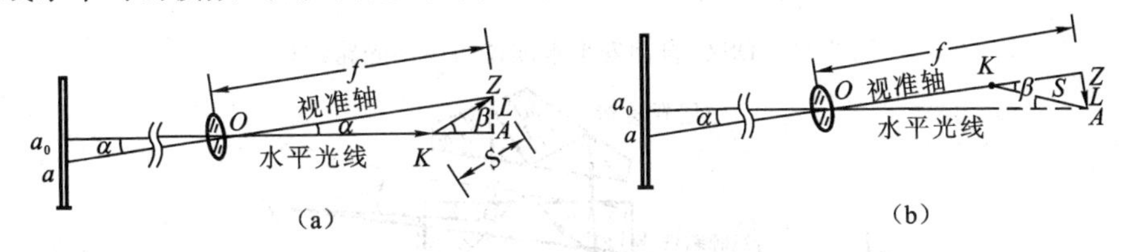

图 2-10　自动安平水准仪原理

还有另一种补偿器，如图 2-10(b) 所示，它是借助补偿器 K 将 Z 移至 A 处的，这时视准轴所截取尺上的读数仍为 a_0。这种补偿器将十字丝分划板悬吊起来，借助重力，在仪器有一微小倾斜的情况下，十字丝分划板仍能回到原来的位置，其安平的条件仍为式(2-5)。

2. 自动安平补偿器

自动安平补偿器的种类很多，但一般都是采用吊挂补偿装置，借助重力进行自动补偿，达到视线自动安平的目的。

图 2-11 所示为 DSZ_3 自动安平水准仪的内部光路结构示意图。该水准仪在对光透镜和十字丝分划板之间安设补偿器。该补偿器把屋脊棱镜固定在望远镜筒内，在屋脊棱镜的下方用交叉的金属片（图上未画出）吊挂着两个直角棱镜，在质量为 g 的物体的作用下与望远镜作相对的偏转。为使吊挂的棱镜尽快停止摆动处于静止状态，还设有阻尼器。

如图 2-12 所示，当该仪器处于水平状态，视准轴水平时，尺上的读数 a_0 随着水平光线进入望远镜后，通过补偿器到达十字丝的中心 Z，从而可读得视线水平时的读数 a_0。当望远镜倾斜微小的 α 角时，如果两个直角棱镜随着望远镜一起倾斜了一个 α 角（在图 2-12 中用虚线表示），则原来的水平光线经两个直角棱镜（虚线表示）反射后，并不经过十字丝中心 Z，而是通过 A 点，所以无法读得视线水平时的读数 a_0。此时，十字丝中心 Z 通过虚线棱镜的反射在尺上的读数为 a，但它并不是视线水平时的读数。

实际上，吊挂的两个直角棱镜在重力作用下并不随望远镜倾斜，而是相对于望远镜的倾斜方向做反向偏转。如图 2-12 中的实线直角棱镜，它相对于虚线直角棱镜偏转了 α

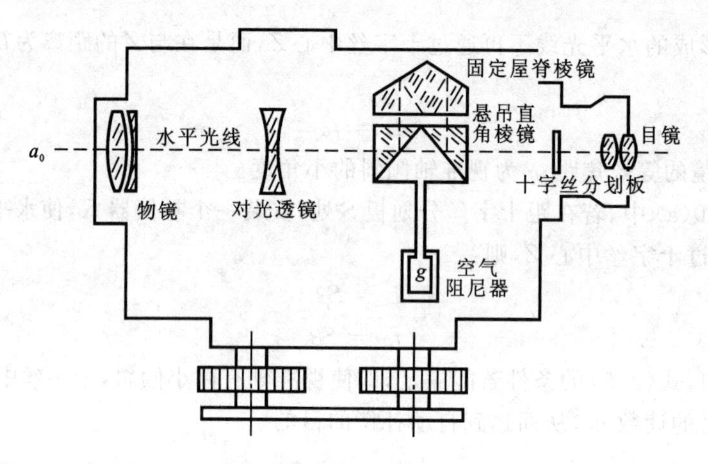

图 2-11 DSZ$_3$ 自动安平水准仪的内部光路结构

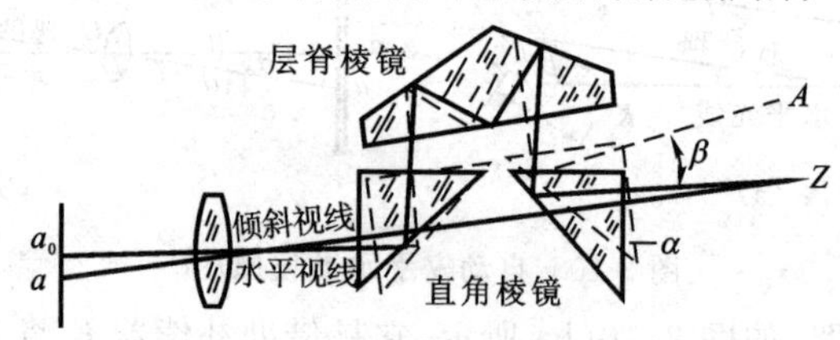

图 2-12 自动安平水准仪的棱镜

角。这时，原水平光线（粗线表示）通过偏转后的直角棱镜（即起补偿作用的棱镜）的反射，到达十字丝中心 Z，故仍能读得视线水平时的读数 a_0，从而达到补偿的目的。

由图 2-12 可知，当望远镜倾斜 α 角时，通过补偿的水平光线（粗线）与未经补偿的水平光线（虚线）之间的夹角为 β。由于吊挂的直角棱镜相对于倾斜的视准轴偏转了 α 角，反射后的光线便偏转 2α 角，则通过两个直角棱镜的反射，$\beta = 4\alpha$。

图 2-13 所示的是移动十字丝的"补偿"装置，其望远镜视准轴成竖直状态，十字丝分划板用四根吊丝挂着。当望远镜倾斜时，十字丝分划板将受重力作用而摆动。令 L 为四根吊丝的有效摆动半径长度，设计时使之与物镜焦距 $f_{物}$ 相等。如果恰当地选择吊丝的悬挂位置，将能使通过十字丝交点的铅垂线始终通过物镜的光心，即视准轴始终是铅垂位置。如果两个反光镜构成 45° 角，则视准轴经两次反射后射出望远镜的光线必是水平光线。因此，在十字丝交点上始终得到水平光线的读数。自动安平水准仪的主要技术参数见表 2-1。

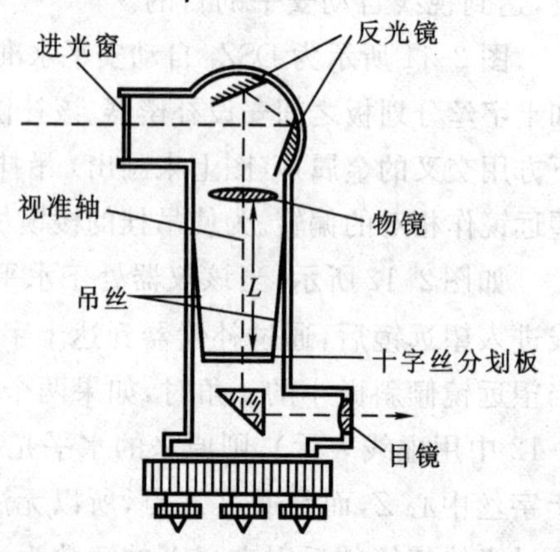

图 2-13 十字丝补偿装置

表 2-1　自动安平水准仪的主要技术参数

仪器型号	NL2	DSZ_3
每千米往返测量标准偏差/mm	±1.0	±2.5
放大倍率	32	24
最短视距/m	0.4	0.7
补偿工作范围/(′)	±15	±14
补偿安平精度/(″)	±0.3	±0.5
仪器质量/kg	1.85	2

三、水准尺和尺垫

水准尺是水准测量时使用的标尺。DS_3 水准仪所附的水准尺是用干燥木料或玻璃钢等制成的，长度为 3～5 m，尺上每隔 1 cm 或 0.5 cm 涂有黑白或红白相间的分格，每分米注一数字。

水准尺按尺形分为塔尺和直尺两种，如图 2-14 所示。直尺一般为双面尺，多用于三、四等水准测量。该尺的分划一面是黑白相间的，称为黑色面；另一面是红白相间的，称为红色面。双面尺要成对使用。一对尺子的黑色分划，其起始数字都是从零开始的，而红色面的起始数字分别为 4 687 mm 及 4 787 mm。使用双面尺的优点在于可以避免观测中因印象而产生的读数错误，并可检查计算中的粗差。

尺垫是用生铁铸成的，一般为三角形，中央有一个突起的半球体，如图 2-15 所示。突起的半球体的顶点可作为竖直水准尺和标志转点之用。尺垫的作用是防止水准尺的位置和高度发生变化而影响水准测量的精度。

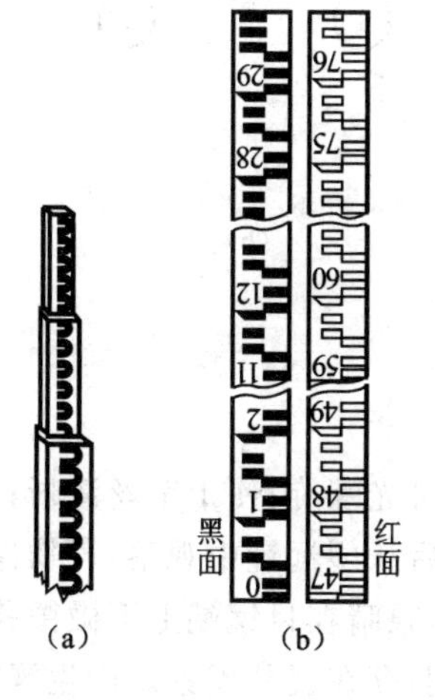

图 2-14　水准尺

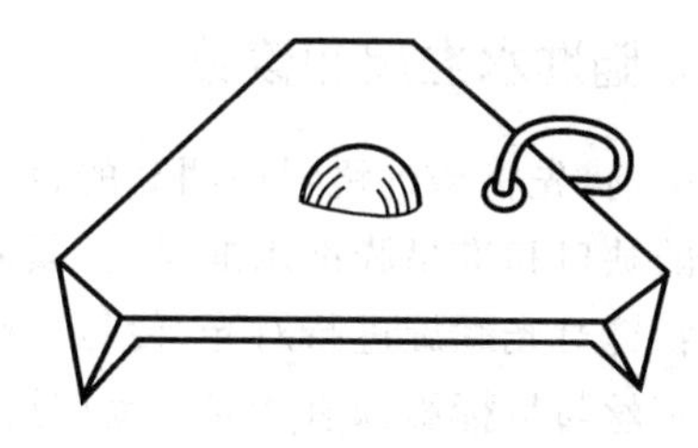

图 2-15　尺垫

第三节　水准仪的使用

以自动安平水准仪为例，其水准测量的基本操作步骤包括：水准仪安置、水准仪整平、瞄准水准尺和读数。

一、水准仪安置

打开三脚架并使其高度适中，用目估的方法使架头大致水平，稳固地架设在地面上；然后打开仪器箱取出仪器，用连接螺旋将水准仪固连在三脚架头上。

二、水准仪整平

整平是利用圆水准器使气泡居中，并使仪器竖轴铅垂，从而使视准轴水平。如图2-16(a)所示，气泡没有居中而是位于 a 处。整平时，先按图上箭头所指方向相对转动脚螺旋①和②，使气泡移到 b 的位置（见图2-16b），再转动脚螺旋③，使气泡居于水准器中心位置。注意：整平时气泡移动的方向与左手大拇指转动的方向一致。

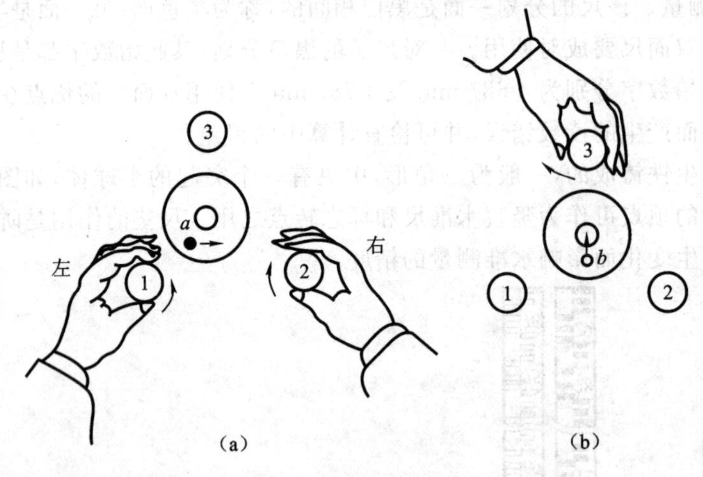

图 2-16　水准仪整平

三、瞄准水准尺和读数

瞄准前，先将望远镜对向明亮的背景，转动目镜对光螺旋，使十字丝清晰；再用望远镜筒上的缺口和准星瞄准水准尺，拧紧制动螺旋；然后从望远镜中观察，若物像不清楚，则转动物镜对光螺旋进行对光，使目标影像清晰。当眼睛在目镜端上下微微移动时，若发现十字丝与目标影像有相对运动（见图2-17a），说明存在视差现象。产生视差的原因是目标成像的平面与十字丝平面不重合。由于视差的存在会影响正确读数，故应加以消除。消除视差的方法是交替调节目镜和物镜的对光螺旋仔细对光，直到眼睛上下移动时读数不变为止(见图 2-17b)。此时可用十字丝的中丝在尺上读数。读数时应自小向大进行,先估读出毫米数,然后读出全部读数。如图 2-18 所示,读数为 0.860 m,但习惯上只念 0860 四位数,而不读小数点,即以 mm 为单位。

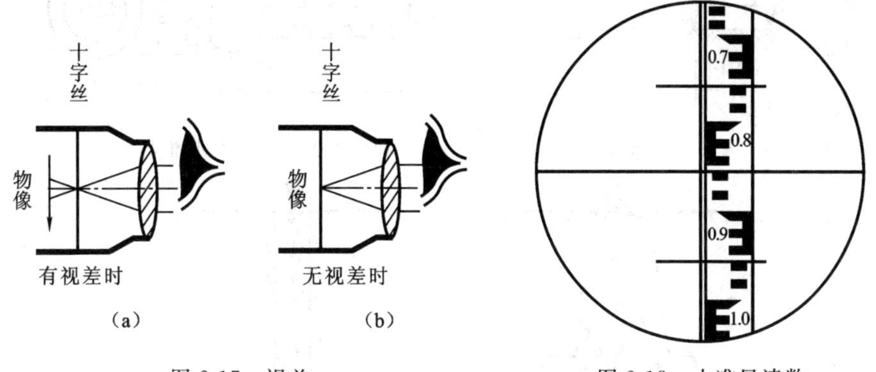

图 2-17 视差　　图 2-18 水准尺读数

若使用 DS_3 水准仪,读数前还需进行精确整平,即通过目镜左方符合气泡观察窗观察气泡影像,右手旋转微倾螺旋,使气泡两端的像吻合。

自动安平水准仪由于震动、碰撞等外力作用,补偿器可能失灵,甚至损坏。因此,在使用自动安平水准仪前,应对补偿器进行检验,确认补偿器能正常工作。由于补偿器相当于一个重力摆,无论采用何种阻尼装置,重力摆静止都需要几秒钟,故照准后过几秒钟读数为好。若补偿装置失灵,则需要维修仪器。自动安平水准仪装置中的金属吊丝很脆弱,使用时应特别注意保护,防止剧烈震动。

第四节 水准测量的施测方法

一、水准点

国家测绘部门为了统一全国的高程系统和满足各种测量的需要,在全国各地都埋设了固定点,并且通过水准测量的方法测定了其高程。这些固定点称为水准点(Bench Mark),简记为 BM。水准点有永久性和临时性两种。国家等级水准点如图 2-19 所示,一般用整块的坚硬石料或混凝土制成,深埋到地面冻结线以下,标石顶面设有用不锈钢或其他不易锈蚀的材料制成的半球状标志。有些水准点也可以设置在稳定的墙脚上,称为墙上水准点,如图 2-20 所示。

建筑工地上的永久性水准点一般用混凝土或钢筋混凝土制成,其式样如图 2-21(a)所示。临时性的水准点可用地面上突出的坚硬岩石或用大木桩打入地下,桩顶钉入半球形铁钉,如图 2-21(b)所示。

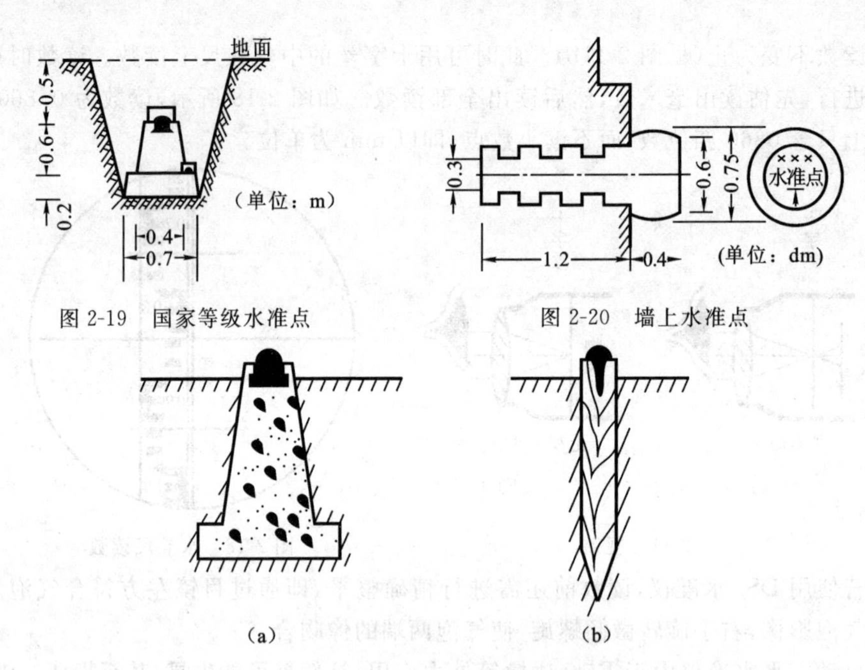

图 2-19　国家等级水准点

图 2-20　墙上水准点

图 2-21　建筑工地常用水准点

无论是永久性水准点，还是临时性水准点，均应埋设在便于引测和寻找的地方。埋设水准点后，应绘出水准点附近的草图，在图上还要写明水准点的编号和高程，称为点之记，以便于日后寻找和使用。

二、水准路线的布设形式

在水准测量中，通常沿某一水准路线进行施测。进行水准测量的路线称为水准路线。根据测区实际情况和需要，可布置成单一水准路线和水准网。

1. 单一水准路线

单一水准路线又分为附合水准路线、闭合水准路线和支水准路线。

1）附合水准路线

附合水准路线是从已知高程的水准点 BM1 出发，测定 1，2，3 等待定点的高程，最后附合到另一已知水准点 BM2 上，如图 2-22 所示。

2）闭合水准路线

闭合水准路线是由已知高程的水准点 BM1 出发，沿环线进行水准测量，以测定出 1，2，3 等待定点的高程，最后回到原水准点 BM1 上，如图 2-23 所示。

3）支水准路线

支水准路线是从一已知高程的水准点 BM5 出发，既不附合到其他水准点上，也不自行闭合，如图 2-24 所示。

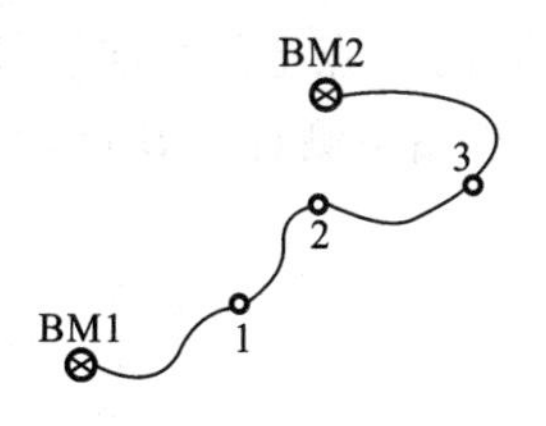

图 2-22　附合水准路线

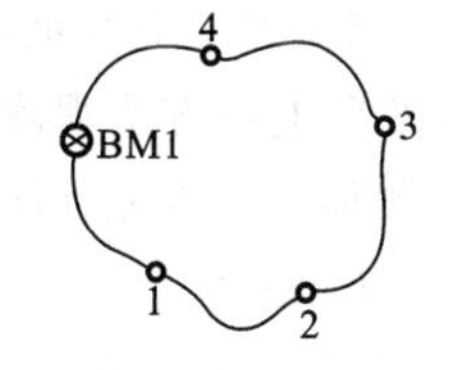

图 2-23　闭合水准路线

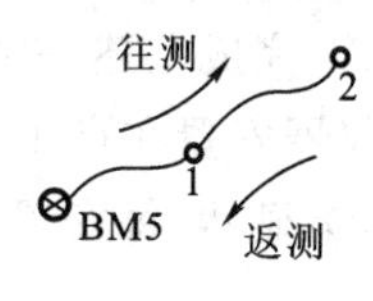

图 2-24　支水准路线

2. 水准网

若干条单一水准路线相互连接构成图 2-25 所示的形状，称为水准网。

水准网中单一水准路线相互连接的点称为结点，如图 2-25(a)中的点 4，图 2-25(b)中的点 1、点 2、点 3 及图 2-25(c)中的点 1、点 2、点 3 和点 4。

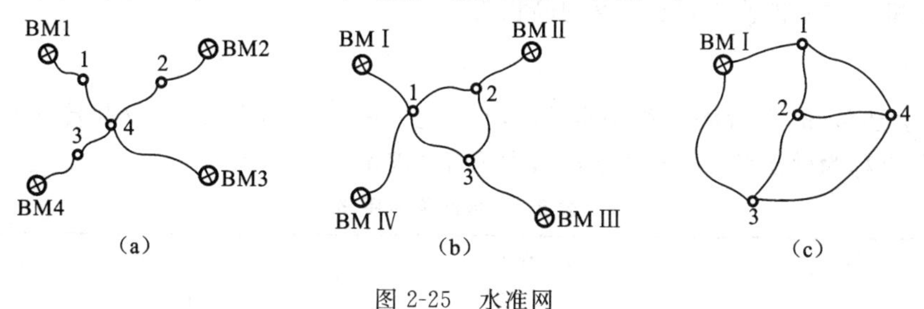

图 2-25　水准网

三、水准测量的实施

当欲测的高程点距水准点较远或高差很大时，常需要连续多次安置仪器测出两点的高差。如图 2-26 所示，水准点 A 的高程为 7.654 m，现拟测量 B 点的高程，其观测步骤如下：

(1) 在离 A 点约 100 m 处选定点 1，在 A 和 1 两点上分别竖立水准尺。在距点 A 和点 1 大致等距离处安置水准仪(以自动安平水准仪为例)。用圆水准器将仪器整平后，后视 A 点上的水准尺，得读数 1.481，记入表 2-2 观测点 A 的后视读数栏内。旋转望远镜，照准前视点 1 上的水准尺，得读数为 1.347，记入点 1 的前视读数栏内。后视读数减前视读数得高差为 +0.134，记入高差栏内。

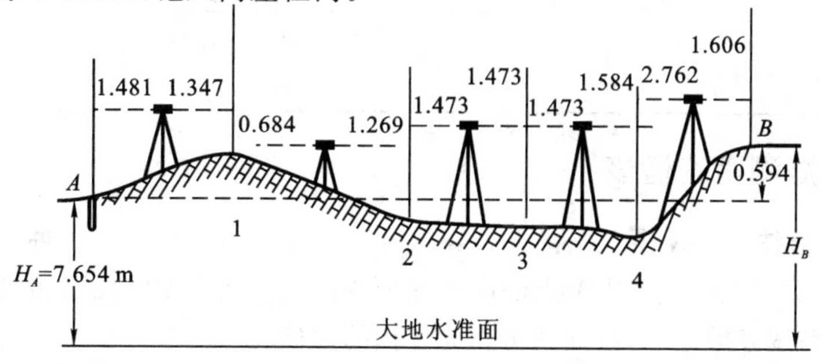

图 2-26　水准路线的施测

(2) 完成上述一个测站上的工作后，点 1 上的水准尺不动，把 A 点上的水准尺移到点 2，仪器安置在点 1 和点 2 之间，按照上述方法观测和计算，逐站施测直至 B 点。

(3) 显然，每安置一次仪器，便测得一个高差 h，即

$$
\begin{aligned}
h_1 &= a_1 - b_1 \\
h_2 &= a_2 - b_2 \\
&\vdots \\
h_5 &= a_5 - b_5
\end{aligned}
$$

(4) 将上述各等式相加，得高差：

$$\sum h = \sum a - \sum b$$

此即 A 和 B 之间的高差，则 B 点的高程为：

$$H_B = H_A + \sum h \tag{2-8}$$

由上述可知，在观测过程中点 1，2，3，4 是一些临时的立尺点，仅起传递高程的作用，这些点称为转点(Turning Point)，常用 TP 表示。

表 2-2　水准测量手簿

日期________　　仪器________　　观测者________

天气________　　地点________　　记录者________

测站	测点	水准尺读数/m		高差/m		高程/m	备注
		后视 a	前视 b	+	−		
Ⅰ	A	1.481		0.134		7.654	
Ⅱ	1	0.684	1.347		0.585		
Ⅲ	2	1.473	1.269	0			
Ⅳ	3	1.473	1.473		0.111		
Ⅴ	4	2.762	1.584	1.156			
	B		1.606			8.248	
		$\sum=7.873$	$\sum=7.279$	1.290	0.696		
计算检核	$\sum a-\sum b=+0.594$			$\sum h=1.290-0.696=+0.594$			

四、水准测量的检核

1. 计算检核

由式(2-8)可知，B 点对 A 点的高差等于各转点之间高差的代数和，也等于后视读数之和减去前视读数之和，故此式可作为计算的检核。

计算检核只能检查计算是否正确，并不能检核观测和记录的错误。

2. 测站检核

如上所述,B点的高程是根据A点的已知高程和转点之间的高差计算出来的,若测错或记错任何一段高差,则B点的高程就不正确。因此,对每一站的高差均须进行检核,这种检核称为测站检核。测站检核常采用变动仪器高法或双面尺法。

1) 变动仪器高法

变动仪器高法是指在同一个测站上变换仪器高度(一般将仪器升高或降低 0.1 m 左右)进行测量,然后用测得的两次高差进行检核。如果两次测得的高差之差不超过容许值(例如等外水准测量容许值为 6 mm),则取其平均值作为最后结果,否则必须重测。

2) 双面尺法

双面尺法是指保持仪器高度不变,而用水准尺的黑、红面两次测量高差进行检核。两次高差之差的容许值和变动仪器高法相同。

测站检核只能检核一个测站上是否存在错误或误差超限,对于整条水准路线来讲,还不能保证所求水准点的高程精度符合要求。

3. 成果检核

1) 附合水准路线的成果检核

由图 2-22 可知,在附合水准路线中,各待定高程点间高差的代数和应等于两个水准点间的高差。如果不相等,则两者之差称为高差闭合差,其值不应超过容许值,用公式表示为:

$$f_h = \sum h_{测} - (H_{终} - H_{始}) \tag{2-9}$$

式中,f_h 为高差闭合差;$H_{终}$ 为终点水准点 BM2 的高程;$H_{始}$ 为起始水准点 BM1 的高程。

各种测量规范对不同等级的水准测量规定了高差闭合差的容许值,例如我国《工程测量规范》(GB 50026—1993)中规定:

(1) 四等水准测量路线:

平坦地区: $f_{h容} = \pm 20\sqrt{L}$ mm

起伏地区: $f_{h容} = \pm 6\sqrt{n}$ mm

(2) 普通水准测量路线:

平坦地区: $f_{h容} = \pm 40\sqrt{L}$ mm

起伏地区: $f_{h容} = \pm 12\sqrt{n}$ mm

式中,L 为水准路线的长度,km;n 为测站数。当 $|f_h| \leqslant |f_{h容}|$ 时,则成果合格,否则必须重测。

2) 闭合水准路线的成果检核

在图 2-23 所示的闭合水准路线中,各待定高程点之间的高差的代数和应等于零,

即

$$\sum h_{理} = 0 \tag{2-10}$$

由于测量误差的影响，实测高差总和$\sum h_{测}$不等于零，它与理论高差总和的差数即为高差闭合差，用公式表示为：

$$f_h = \sum h_{测} - \sum h_{理} = \sum h_{测} \tag{2-11}$$

其高差闭合差亦不应超过容许值。

3) 支水准路线的成果检核

在图 2-24 所示的支水准路线中，理论上往测与返测高差的绝对值应相等，即

$$\left| \sum h_{返} \right| = \left| \sum h_{往} \right| \tag{2-12}$$

两者若不相等，则其差值即为高差闭合差。故可通过往返测进行成果检核。

第五节　水准测量的内业

水准测量外业结束之后即可进行内业计算。计算之前应首先重新复查外业手簿中各项观测数据是否符合要求、高差计算是否正确。水准测量内业计算的目的是调整整条水准路线的高差闭合差及计算各待定点的高程。

一、闭合水准路线成果计算

如图 2-27 所示，水准点 A 和待定高程点 1，2，3 组成一闭合水准路线。闭合水准路线各测段的高差及测站数如图 2-27 所示。内业计算的方法和步骤如下：

(1) 将观测数据和已知数据填入计算表格(见表 2-3)中。

将图 2-27 中的点号、测站数、观测高差与水准点 A 的已知高程填入有关栏内。

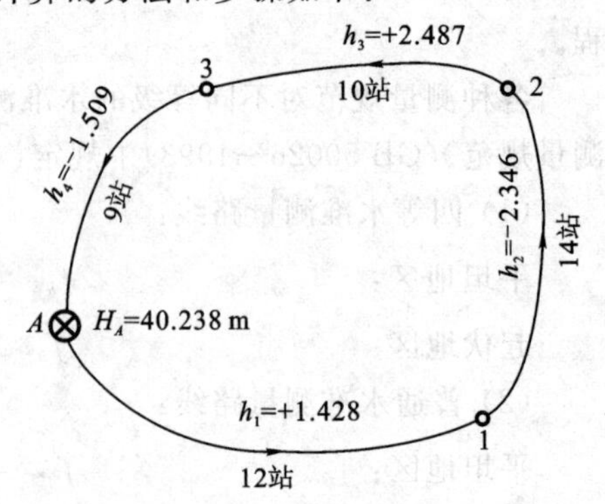

图 2-27　闭合水准路线

(2) 计算高差闭合差。

根据式(2-11)计算闭合水准路线的高差闭合差，即

$$f_h = \sum h = +0.060\ (\text{m})$$

(3) 计算高差容许闭合差。

水准路线的高差容许闭合差值 $f_{h容}$ 可按下式计算：

$$f_{h容} = \pm 12\sqrt{n} = \pm 12\sqrt{45} = \pm 80\ (\text{mm})$$

若 $|f_h| < |f_{h容}|$，则观测成果合格。

表 2-3 闭合水准路线成果计算表

点　号	测段中测站数	实测高差 /m	改正数 /mm	改正后高差 /m	高程 /m	点　号
A					40.238	A
	12	+1.428	−16	+1.412		
1					41.650	1
	14	−2.346	−19	−2.365		
2					39.285	2
	10	+2.487	−13	+2.474		
3					41.759	3
	9	−1.509	−12	−1.521		
A					40.238	A
$\sum$	45	$f_h=+0.060$	−60	0.000		
辅助计算	$f_{h容}=\pm 12\sqrt{n}=\pm 12\sqrt{45}=\pm 80$ mm； $\mid f_h \mid < \mid f_{h容} \mid$，成果合格					

（4）高差闭合差的调整。

在整条水准路线上，由于各测站的观测条件基本相同，所以可认为各测站产生误差的机会也是相等的，故闭合差的调整按与测站数（或距离）成正比例反符号分配的原则进行，即

$$v_i=-\frac{f_h}{L}L_i \tag{2-13a}$$

或

$$v_i=-\frac{f_h}{n}n_i \tag{2-13b}$$

式中，v_i 为第 i 测段的高差改正数；L 为水准路线的总长度；L_i 为第 i 测段路线长度；n 为水准路线的总测站数；n_i 为第 i 测段的测站数。

高差改正数的计算检核为：

$$\sum v_i=-f_h \tag{2-14}$$

本例中，测站数 $n=45$，则第一段至第四段的高差改正数分别为：

$$v_1=-\frac{4}{3}\times 12=-16\ (\text{mm})$$

$$v_2=-\frac{4}{3}\times 14=-19\ (\text{mm})$$

$$v_3=-\frac{4}{3}\times 10=-13\ (\text{mm})$$

$$v_4=-\frac{4}{3}\times 9=-12\ (\text{mm})$$

把改正数填入表 2-3 的改正数栏内。改正数的总和应与闭合差大小相等、符号相反，并以此作为计算检核。

（5）计算改正后的高差。

各段实测高差加上相应的改正数，便得到改正后的高差。将改正后的高差填入表2-3的改正后高差栏内。改正后高差的代数和应等于零，以此作为计算检核。

（6）计算待定点的高程。

由 A 点的已知高程开始，根据改正后的高差，逐点推算 1，2，3 点的高程。算出 3 点的高程后，应再推回 A 点，其推算高程应等于已知 A 点的高程。如果不等，则说明推算有误。

二、附合水准路线成果计算

图 2-28 所示为一附合水准路线等外水准测量示意图。其中，A，B 为已知高程的水准点；1，2，3 为待定高程的水准点；h_1，h_2，h_3 和 h_4 为各测段观测高差；n_1，n_2，n_3 和 n_4 为各测段测站数；L_1，L_2，L_3 和 L_4 为各测段长度。现已知 $H_A = 65.376$ m，$H_B = 68.623$ m，各测段站数、长度及高差均注于图 2-28 中。将点号、测段长度、测站数、观测高差及已知水准点 A，B 的高程填入附合水准路线成果计算表 2-4 中有关各栏内，便可进行附合水准路线的成果计算。

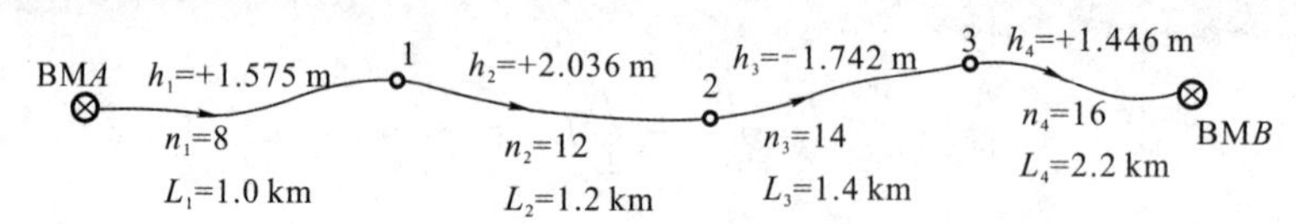

图 2-28　附合水准路线

表 2-4　附合水准路线成果计算表

点　号	距离 /km	测站数	实测高差 /m	改正数 /mm	改正后高差 /m	高程 /m	点　号	备　注
BMA						65.376	BMA	
	1.0	8	+1.575	−12	+1.563			
1						66.939	1	
	1.2	12	+2.036	−14	+2.022			
2						68.961	2	
	1.4	14	−1.742	−16	−1.758			
3						67.203	3	
	2.2	16	+1.446	−26	+1.420			
BMB						68.623	BMB	
$\sum$	5.8	50	+3.315	−68	+3.247			
辅助计算	$f_h = \sum h_测 - (H_终 - H_始) = 3.315 - (68.623 - 65.376) = +0.068\ \text{m} = +68\ \text{mm}$； $f_{h容} = \pm 40\sqrt{L} = \pm 40\sqrt{5.8} = \pm 96\ \text{mm}$； $\lvert f_h \rvert < \lvert f_{h容} \rvert$，成果合格							

附合水准路线高差闭合差的调整办法及容许值的计算均与闭合水准路线相同。

第六节　水准仪的检验与校正

水准仪在使用之前，应先进行检验和校正，以保证水准仪各轴系之间满足应有的几何关系。下面简单介绍微倾式水准仪和自动安平水准仪的检验与校正方法。

一、微倾式水准仪的检验与校正

1. 水准仪应满足的几何条件

1）圆水准器轴 LL' 应平行于仪器竖轴 VV'

满足此条件的目的是当圆水准器气泡居中时，仪器竖轴即处于竖直位置。这样，仪器转动到任何方向，管水准器的气泡都不至于偏差太大，调节水准管气泡居中就会很方便。

2）十字丝的横丝应垂直于仪器竖轴

当此条件满足时，可不必用十字丝的交点而是用交点附近的横丝进行读数，故可提高观测速度。

3）水准管轴 $L_1L'_1$ 应平行于视准轴 CC'

根据水准测量原理，要求水准仪能够提供一条水平视线。仪器视线是否水平是依据望远镜的管水准器来判断的，即水准管气泡居中，则认为水准仪的视准轴水平。因此，应使水准管轴平行于视准轴。此条件是水准仪应满足的主要条件。

2. 微倾式水准仪的检校

1）圆水准器轴平行于仪器竖轴的检校

（1）检验。用脚螺旋使圆水准器气泡居中（见图 2-29a），此时圆水准器轴 LL' 处于竖直位置。假设竖轴与 LL' 不平行，且交角为 α，则此时竖轴 VV' 与竖直位置偏离 α 角。将望远镜绕竖轴旋转 180°，如图 2-29(b) 所示，圆水准器转到竖轴的另一侧，这时 LL' 不但不竖直，而且与竖直线 ll' 的交角为 2α。显然气泡不再居中，气泡偏移的弧度所对应的圆心角等于 2α。气泡偏移的距离为仪器旋转轴与圆水准器轴交角的两倍。

（2）校正。校正时可用校正针分别拨动圆水准器下方的 3 个校正螺丝（见图 2-30），使气泡向居中位置移动偏离的一半，如图 2-31(a) 所示。这时，圆水准器轴 LL' 与 VV' 平行。然后，再用脚螺旋使气泡完全居中，竖轴 VV' 则处于竖直状态，如图 2-31(b) 所示。这项检验校正工作需要反复进行数次，直到仪器旋到任何位置圆水准器气泡都居中为止，最后再旋紧固定螺丝。

2）十字丝的横丝垂直于仪器竖轴的检校

（1）检验。选择一目标 M，如图 2-32(a) 所示，然后固定制动螺旋，转动微动螺旋，如果标志点 M 始终在横丝上移动，则说明条件满足；否则，若如图 2-32(b) 所示，则需校正。

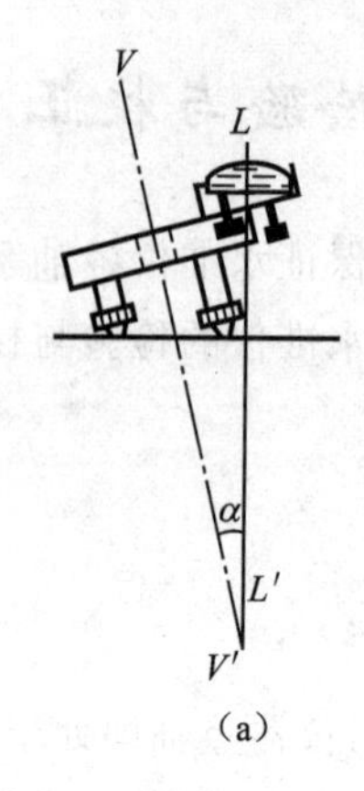

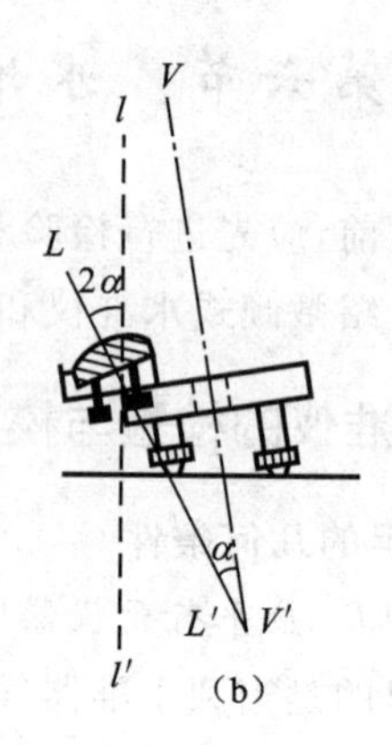

图 2-29　圆水准器轴不平行于仪器竖轴

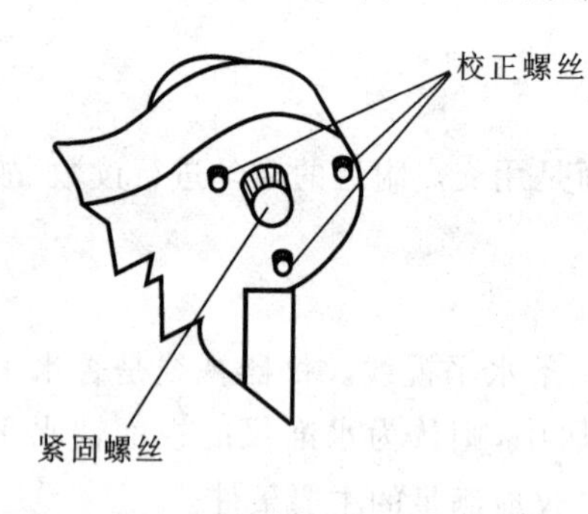

图 2-30　圆水准器校正螺丝

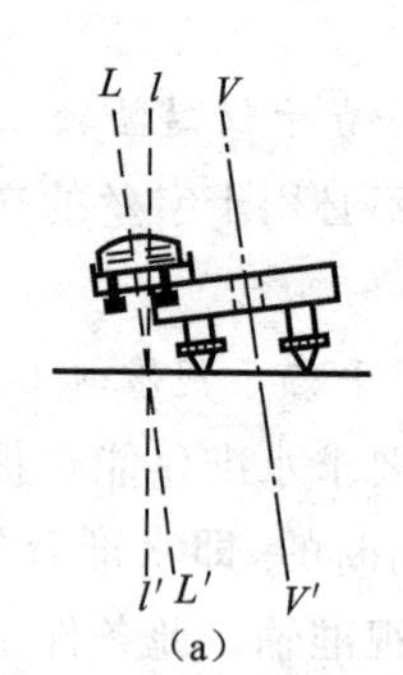

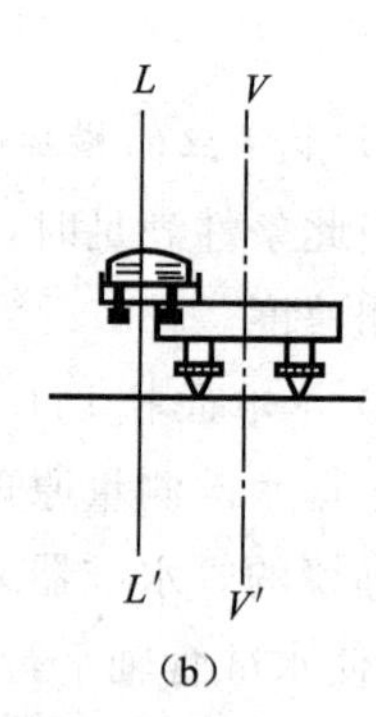

图 2-31　圆水准器的校正

(2) 校正。松开十字丝分划板的固定螺丝(见图 2-33),转动十字丝分划板座,使其满足条件。此项校正也需反复进行。

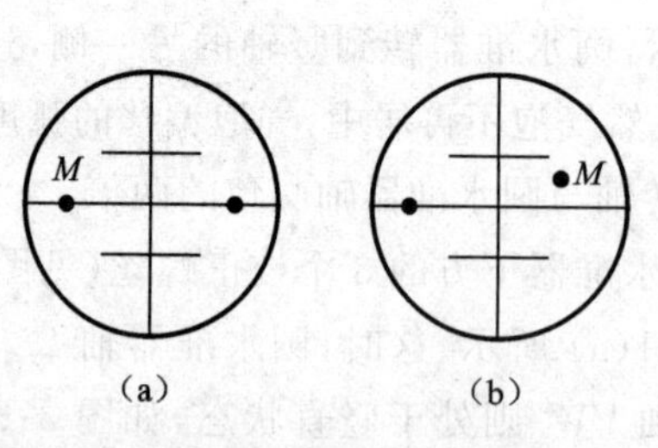

图 2-32　十字丝的横丝垂直于仪器竖轴的校正

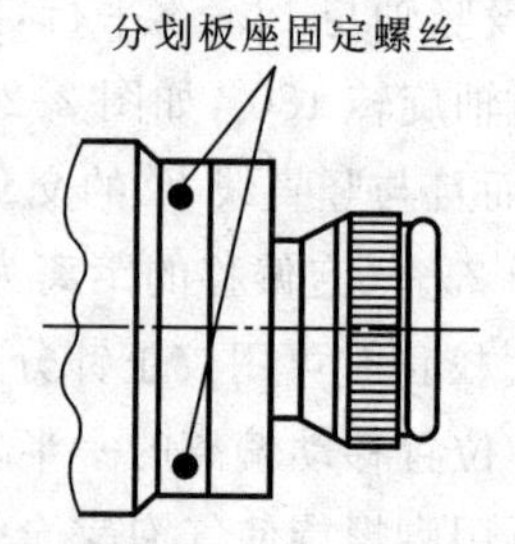

图 2-33　十字丝分划板座固定螺丝

3) 水准管轴平行于视准轴的检校

(1) 检验。如图 2-34 所示,假设视准轴不与水准管轴平行,它们之间的夹角为 i,则当水准管气泡居中时,视线倾斜 i 角。图 2-34 中设视线上倾。由于 i 角对标尺读数的影响与距离成正比,所以当前后视距相等时,i 角的影响可以得到抵偿,则正确的高差为 h_{AB}

$=a_1-b_1$。

检验时，先将仪器置于两水准尺中间等距处，测得两立尺点的正确高差。然后将仪器安置于A点或B点附近（约3 m左右），如将仪器搬至B点附近，则读得B尺上读数为b_2。因为此时仪器离B点很近，i角的影响很小，可忽略不计，故认为b_2为正确的读数。用公式$a'_2=b_2+h_{AB}$计算出A尺上应读得的正确读数a'_2（即视线水平时的读数）。然后瞄准A尺读得读数a_2，若$a_2=a'_2$，则说明条件满足；否则，存在i角，$i=\frac{a_2-a'_2}{D_{AB}}\rho$。

对于DES_3水准仪，i值应小于20″，如果超限，则需校正。

(2) 校正。转动微倾螺旋，使中丝读数对准a'_2，此时视准轴处于水平位置，但水准气泡却偏离了中心。拨动水准管上、下两个校正螺丝（见图2-35），使它们一松一紧，直至气泡居中（符合水准器两端气泡影像重合）为止。此项检校需反复进行，直至达到要求为止。

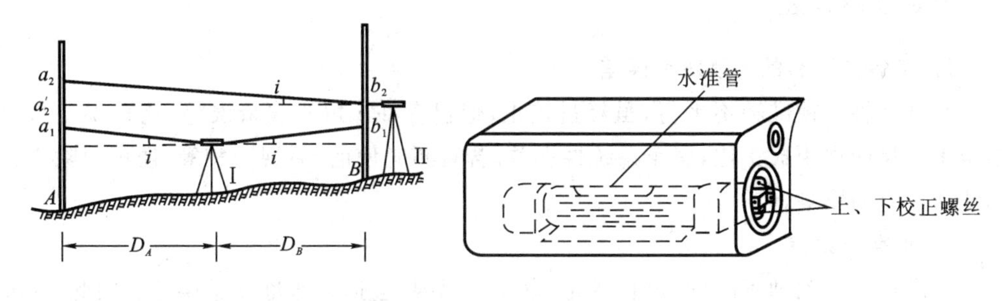

图2-34 水准管轴平行于视准轴的检验　　图2-35 水准管校正螺丝

二、自动安平水准仪的检验与校正

自动安平水准仪的主要检验项目有：

(1) 水准器轴平行于仪器竖轴的检验；

(2) 十字丝横丝垂直于仪器竖轴的检验；

(3) 补偿器误差的检验；

(4) 望远镜视准轴位置正确性的检验。

其中，前两项的检验方法与微倾式水准仪相同，第四项的检验方法与微倾式水准仪的水准管轴平行于视准轴的检验（i角检验）方法也是一样的，故这里只介绍第三项的检验方法。由于一般自动安平水准仪的校正需送修理部门由专业人员进行，故这里只介绍其检验方法。

所谓补偿器性能，是指当仪器竖轴有微量的倾斜时，补偿器是否能在规定的范围内进行补偿。

如图2-36所示，在AB直线中点处架设仪器，并使仪器的两个脚螺旋的连线与AB

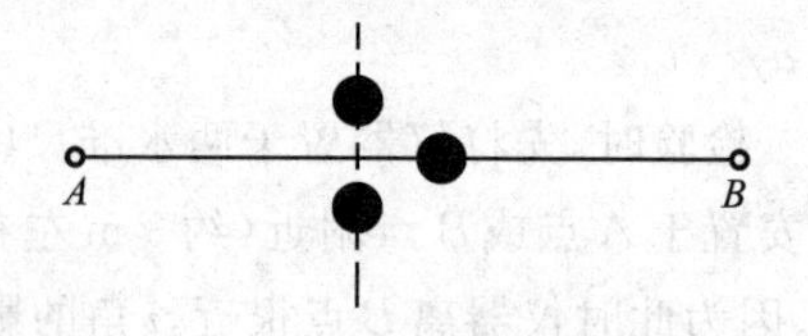

图 2-36　自动安平水准仪补偿器的检验

垂直。整平仪器后，读取 A 点水准尺上的读数为 a，然后转动位于 AB 方向的第三个脚螺旋，使仪器竖轴向 A 点水准尺倾斜 $\pm\alpha$ 角（DZS_3 型仪器为 $\pm 8'$）。若 A 尺读数 $a_{\pm\alpha}$ 与整平时读数 a 相同，则补偿器工作正常；若 $a_{\pm\alpha} > a$，则称为“过补偿”；对于普通水准测量，$a_{\pm\alpha} < a$，称为“欠补偿”；若 $a_{\pm\alpha} \neq a$，则其差应小于 3 mm，否则应进行较正。校正可根据说明书调整有关重心调节器或送修理部门检修。

第七节　水准测量的误差分析

水准测量的误差主要来自仪器误差、观测误差和外界条件的影响三个方面。

一、仪器误差

1. 仪器校正后的 i 角残余误差

水准管轴与视准轴不平行，虽经过校正，但仍存在 i 角的残余误差。这种误差与仪器至水准尺的视距成正比，属于系统性误差。若观测时使前、后视距相等，便可消除或减弱此项误差的影响。

2. 水准尺误差

水准尺由于刻划不准确、尺长变化、弯曲等原因，会造成水准测量误差。因此，水准尺在使用之前应先进行检验。

二、观测误差

1. 水准管气泡居中误差

在水准测量中，视线的水平是根据水准管气泡居中来实现的。由于气泡居中存在误差，所以视线不水平。这种误差会随着视距的增大而增大。观测时应使气泡严格居中。

2. 估读水准尺的误差

人眼的极限分辨能力为 $1'$。设望远镜的放大倍率为 v，视距为 D，则在水准尺上估读毫米数的误差为：

$$m_v = \pm \frac{60''}{v} \cdot \frac{D}{\rho} \tag{2-15}$$

3. 视差

在水准测量中，视差的影响会给观测结果带来较大的误差。因此，观测前必须反复调节目镜和物镜的对光螺旋，使水准尺的影像与十字丝平面重合。

4. 水准尺倾斜误差

水准尺倾斜将使尺上读数增大，而且视线离地面越高，误差越大。为减弱这项误差，水准尺必须立直。通常在精密水准尺上安装圆水准器，以指示水准尺竖直，而且读数时应取水准尺上的最小读数。

三、外界条件的影响

1. 仪器下沉

观测过程中仪器下沉，会使视线降低，从而使观测高差产生误差。此种误差可通过采用“后—前—前—后”等适当的观测程序减弱。

2. 尺垫下沉

如果在转点发生尺垫下沉，将使下一站的后视读数增加，也将引起高差误差。为减少这种误差的影响，除在设置转点时尽量选择土质坚硬的地点安置尺垫并踩实之外，还可采用往返观测取中数的方法减弱其影响。

3. 地球曲率和大气垂直折光的影响

如图 2-37 所示，由于大地水准面是一个曲面，所以只有当视线与大地水准面平行时，才能测出 B 点相对于 A 点的高差 h_{AB}。水准仪提供的是一条水平视线，它在尺上的读数为 b''，若用水平面代替水准面，在水准尺上读数产生的差值为 c，此即为地球曲率对高差的影响，即

$$c=\frac{D^2}{2R} \tag{2-16}$$

式中，D 为 A，B 两点间的距离；R 为地球平均半径。

实际上，由于大气的垂直折射，视线并不是水平直线，而是一条曲线。当读数为 b 时，与水平视线读数差一个 r 值。若将这段曲线看做一段圆弧，由实验得知，其半径大致为地球半径的 6 ~ 7 倍，这里取 7 倍，则其折光量的大小对水准尺读数产生的影响为：

$$r=\frac{D^2}{2\times 7R}=\frac{D^2}{14R} \tag{2-17}$$

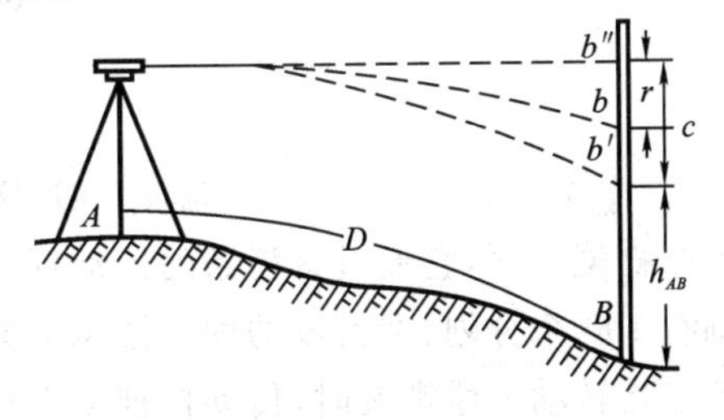

图 2-37 地球曲率和大气折光的影响

综合地球曲率和大气折光的影响，并用 f 表示为：

$$f=c-r=\frac{D^2}{2R}-\frac{D^2}{14R}\approx 0.43\frac{D^2}{R} \tag{2-18}$$

如果使前后视距 D 相等，则由式(2-18) 可知，地球曲率和大气折光的影响将得到消除或大大减弱。

4. 温度的影响

当太阳照射到水准管上时，会使水准管本身和管内液体温度升高，气泡会向着温度

高的方向移动，从而影响仪器水平，产生气泡居中误差。因此，水准观测时要用伞遮住仪器，避免阳光直射。

第八节　精密水准仪及电子水准仪简介

一、精密水准仪

精密水准仪的种类很多，微倾式的如国产的 S_{05} 和 S_1 型，进口的如德国蔡司 Ni004 和瑞士威特 N3 等，自动安平式的如德国蔡司 Ni002 和 Ni007 等。精密水准仪主要用于国家一、二等水准测量和高精度的工程测量，如建筑物的沉降观测及大型设备的安装等测量工作。

精密水准仪的构造与普通水准仪基本相同，也是由望远镜、水准器和基座三部分组成的，不同之处是水准管分划值较小，一般为 10″/2 mm；望远镜的放大率较大，一般在 40 倍以上；望远镜的孔径大、亮度高；仪器结构稳定，受温度的变化影响小等。

为了提高读数精度，精密水准仪采用光学测微器读数装置（见图 2-38）。测微装置主要由平行玻璃板、测微分划尺、传动杆、测微螺旋和测微读数系统组成。平行玻璃板

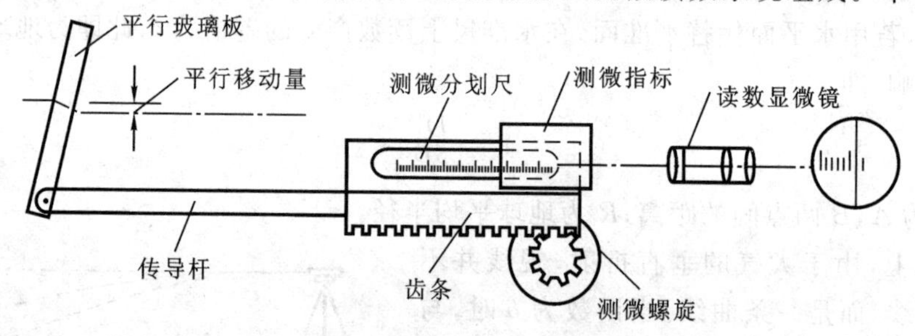

图 2-38　水准仪的平行玻璃板测微装置

装在物镜前面，它通过有齿条的传动杆与测微分划尺及测微螺旋连接。测微分划尺上刻有 100 个分划，在另设的固定棱镜上刻有指标线，可通过目镜旁的测微读数显微镜读数。当转动测微螺旋时，传动杆推动平行玻璃板前后倾斜，此时视线通过平行玻璃板产生平行移动，移动的数值可由测微尺读数反映出来。当视线上下移动为 5 mm（或 1 cm）时，测微尺恰好移动 100 格，即测微尺最小格值为 0.05 mm（或 0.1 mm）。

精密水准仪必须配有精密水准尺。这种尺一般是在木质尺身的槽内，引张一根因瓦合金带，带上标有刻划，数字注在木尺上，如图 2-39 所示。精密水准尺的分划值有 1 cm 和 0.5 cm 两种，它必须与精密水准仪配套使用。精密水准尺上的注记形式一般有两种：一种是尺身上刻有左右两排分划，右边为基本分划，左边为辅助分划，见图 2-29(a)。基本分划的注记从零开始，辅助分划的注记从某一常数 K 开始，K 称为基辅差。另一种是尺身上两排均为基本分划，其最小分划为 10 mm，但彼此错开 5 mm，所以分划的实际间

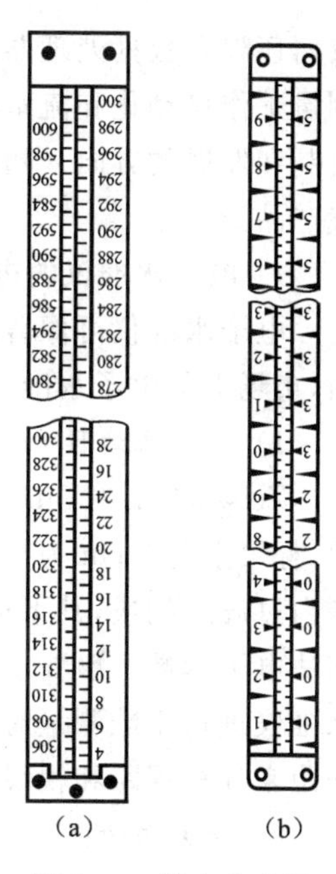

图 2-39　精密水准尺

隔为 5 mm。尺身一侧注记米数，另一侧注记分米数。尺身标有大、小三角形，小三角形表示半分米处，大三角形表示分米的起始线，见图 2-29(b)。这种水准尺上的注记数字比实际长度增大了一倍，即 5 cm 注记为 1 dm。因此使用这种水准尺进行测量时，要将观测高差除以 2 才是实际高差。

精密水准仪的操作方法与一般水准仪基本相同，其不同之处是用光学测微器可测出不足一个分格的数值。即在仪器精平后，十字丝横丝往往不恰好对准水准尺上某一整分划线，这时就要转动测微轮使视线上、下平行移动，使十字丝的楔形丝正好夹住一个整分划线，如图 2-40 所示，被夹住的分划线读数为 0.97 m。此时视线上下平移的距离则由测微器读数窗中读数读出，其读数为 1.50 mm。所以水准尺的全读数为 0.97＋0.001 5＝0.971 5 m。由于该尺注记扩大了一倍，故实际读数是全读数除以 2，即0.485 75 m。

图 2-41 是 N3 水准仪的视场图，楔形丝夹住的读数为 1.48 m，测微尺读数为 65 mm，所以全读数为 1.486 5 m。在此，由于尺上注记并未扩大，故该读数即为实际读数而无需除以 2。

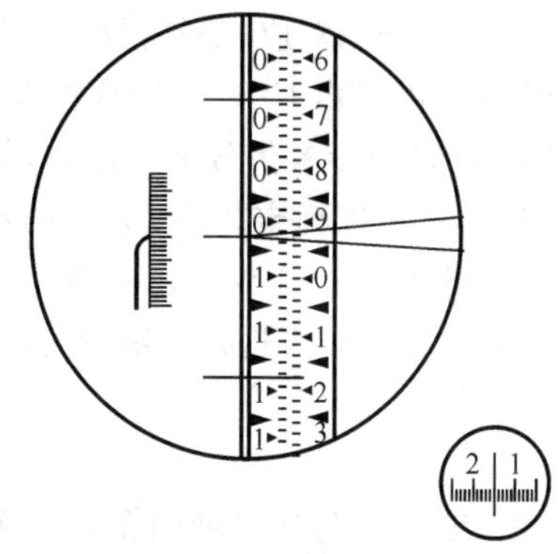

图 2-40　水准仪的视场

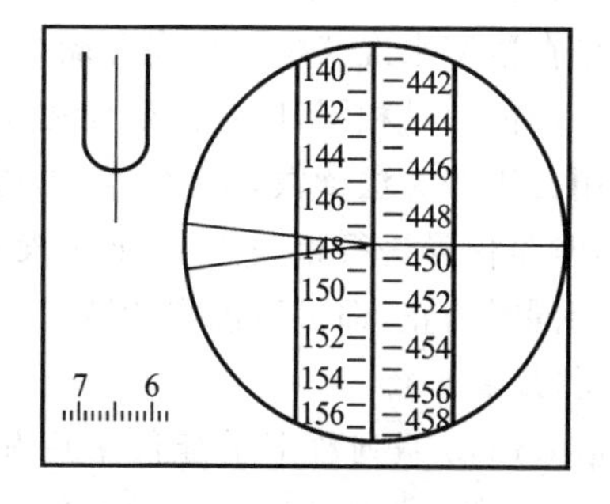

图 2-41　N3 水准仪的视场

二、电子水准仪

1990 年，瑞士威特厂研制出了世界上第一台电子数字式水准仪 NA2000，从而拉开了电子水准仪发展的序幕。1991 年底，瑞士威特厂又推出了可用做精密水准测量的 NA3000 电子水准仪。1994 年，德国的卡尔·蔡司厂及日本的拓普康厂也分别将研制的该类产品 Dini10 和 Dini20 及 DL-101 和 DL-102 投入市场。

电子水准仪的主要优点是：操作简捷，能自动观测和记录，并能立即用数字显示测量结果；整个观测过程在几秒钟内即可完成，从而大大减少了观测错误和误差。另外，仪器还附有数据处理器及与之配套的软件,可将观测结果输入计算机进行后处理,实现测量工作自动化和流水线作业,大大提高了功效。可以预言,电子水准仪将成为水准仪研制和发展的方向。随着价格的降低,电子水准仪必将日益普及,成为光学水准仪的换代产品。

1. 电子水准仪的电子读数原理

电子水准仪可像普通自动安平水准仪一样使用,可以通过 CCD 实现电子读数。目前,市场上的电子水准仪采用三种电子读数方法,即几何法、相关法和相位法。

1) 几何法读数

Zeiss Dini10(Dini20)和 Dini12(Dini12T)采用几何法原理读数。标尺采用双相位码,标尺上每 2 cm 为一个测量间距,其中的码条构成一个码词,每个测量间距的边界由黑白过渡线构成,其下边界到标尺底部的高度可由该测量间距中的码词判读出来。几何法电子读数一般要求较长的望远镜焦距和分辨率较高的 CCD。使用 Dini 系列数字水准仪进行水准测量时,可利用标尺上中丝的上下两边各 15 cm 尺截距,即 15 个测量间距来计算视距和视线高。

2) 相关法读数

Leica NA3002/3003 数字水准仪采用相关法原理读数。标尺一面是伪随机条形码,供电子读数用;另一面为区格式分划,供传统水准测量用。标尺上的伪随机条码已事先存储在数字水准仪中,作为参考信号,并且与区格式分划对应。利用数字水准仪测量时,先由望远镜截取某片段伪随机码,再将该段伪随机码由 CCD 转换成测量信号。将该信号在数字水准仪中与事先存储好的标尺伪随机码的参考信号进行比较,就是相关过程。当两信号相同,即找到最佳相关位置时,读数就可以确定。NA 系列的数字水准仪采用二维相关法读数,也就是根据精度要求以一定步距改变仪器内部参考信号的宽窄,与测量信号进行相关比较;如果没有相同的两个信号,则再进行一维相关,直到两个信号相同时为止,即可以确定读数。

3) 相位法读数

Topcon DL 系列数字水准仪采用相位法读数,其标尺上有三种码条。一种是 R 码,表示参考码,其中有三条 2 mm 宽的黑色码条,每两条黑色码条之间有一条 1 mm 的黄色码条,以中间的黑色码条的中心线为准,每隔 30 mm 就有一组 R 码重复出现。在每组 R 码条左边 10 mm 处有一道黑色的 B 码条,在每组 R 码条右边 10 mm 处有一道黑色的 A 码条。A 和 B 码条的宽度在 0～10 mm 之间变化,其中 A 码条的周期为 600 mm,B 码条的周期为 570 mm。R 码两边的黄色码条宽度是按正弦规律变化的,这样在标尺长度方向上就形成了明暗强度按正弦规律周期变化的亮度波。

2. 常用电子水准仪

在市场上,高精度的数字水准仪以 Dini12,NA3003 和 DL-101C 为代表,现分述如下。

Dini12 数字水准仪是 Zeiss 在 Dini10(Dini20)的基础上推出的第三代数字水准仪，具有流线型外观、弧形把手，符合人体工程学设计原理；采用可见光感光原理，在黑暗的环境中，用手电等照明标尺就可进行测量。Dini12 采用 Ni-H 充电电池，充电 1 h 可连续使用 3 天，Dini22 可连续使用 5 天。Dini12 主机机身质量为 3.5 kg，相对较稳重，适合高精度精密水准测量，且随机附带的软件功能丰富，可进行单点水准高程测量、单点距离测量、水准高程放样和水准导线测量，并具有强大的文件管理功能。Dini12 水准仪及水准尺如图 2-42 所示。

图 2-42　Dini12 水准仪及水准尺

Topcon DL-101C 数字水准仪造型美观，菜单功能丰富，操作界面友好，操作方便。该仪器有三种线路水准测量模式：后前前后、后后前前和后前后前，并具有高程放样和测量水准支点的功能，可以设置测量限差。仪器可自动判断测量限差，如果超限，则提示重测，并能自动计算线路闭合差。该仪器具有倒置标尺功能，适合于地下水准测量。同时，可概略测定水平角，精度为 $\pm 1°$。

Leica NA3003 数字水准仪的菜单功能丰富、操作界面友好，并配有功能按键，方便实际操作。该仪器既可进行自动测量，也可进行人工读数。该仪器质量轻，仅为 2.5 kg。仪器采用红外光感光原理，采用相关法读数，必须读取视场中的全部条码尺。

3. 电子水准仪水准测量的误差分析

(1) 电子水准仪都采用电子补偿器自动安平，补偿精度为 $\pm 0.2'' \sim \pm 0.4''$，同时还存在 i 角的影响。这些影响因素可通过使前后视距相等的方法消除。但在实际作业时，难以做到前后视距严格相等，故在规范中对前后视距差和累计差有一定的要求。可采用 Faster 法、Nabauer 法或 Kukkamaki 法进行 i 角的检验和校正。

(2) 水准标尺真长的误差直接影响测量的结果，所以要在测量的高差中加上标尺尺长改正。对于编码标尺，编码应与标尺尺长一致。同时，标尺零点也有系统影响，但可通过偶数测站来消除。

(3) 电子水准仪由人工安置调焦望远镜和瞄准标尺，标尺要由司尺员扶持。由于 Dini12 采用几何法读数，当调焦不当使条码边缘模糊时，将影响电子读数精度。NA3003 采用相关法读数，当 CCD 上成像模糊时，观测结果的精度略高于 Dini12。因此，在观测的高差中，不可避免地存在人为因素的影响。对于不同的观测员和司尺员，观测结果会有差异。因此，要尽量用熟练的人员进行作业，且在同一次测量中，尽量不要更换作业人员。

(4) 温度变化会影响到 i 角，特别是水准仪一侧受热，会使有关部件产生不同的胀缩，引起 i 角发生变化。据有关研究，当温度变化 1 ℃ 时，i 角的变化可达 1″，甚至更大，有时还会发生突变。因此，作业和迁站时不要让仪器暴晒。观测前半小时要将仪器从仪器箱中取出，使仪器和空气温度一致。

(5) 由于地面空气密度不均匀，受温度、大气压力、湿度等多种因素的影响，会产生地面垂直折光现象。电子水准仪在低视线观测时受折光差影响较大。NA3003 利用所有进入视场的条码进行读数，而 Dini12 利用中丝上、下各 15 cm 的条码进行读数，因此，折光差对 Dini12 的影响小于 NA3003。折光现象对电子水准测量的影响既有系统性的部分，也有偶然部分。因此，在作业中要求视线要有一定的高度、视距不宜太长、前后视距应尽量相等，并选择有利的观测时间。

(6) 在观测过程中，仪器架腿、尺桩或尺撑等都会发生垂直位移。要采用合理的观测程序，才能较好地减弱这种误差的影响。

(7) 对于电子水准仪，标尺被遮挡对电子读数也会有影响。对于 Dini12，当相对中丝的上、下两端 30 cm 以外部分被遮挡时，对电子读数没有影响。中丝被完全挡住，且宽度小于 1.5 cm，仪器读数不受影响。当视距大于 30 m 时，中丝被遮挡的宽度为 3 cm，读数基本不受影响；否则，仪器就报警提示标尺不可读。一般来说，遮盖率小于 10%，对电子读数没有影响；遮盖率大于 15%，电子读数时间将明显增长；遮盖率超过 35%，仪器将报警并停止观测。对于 DL-101C 电子水准仪，只要标尺不被遮挡 30%，就可进行测量，即使中丝中心被遮挡，也可以测量。如果视场被遮挡小于 30%，可进行测量，但读数会受到一定的影响。

(8) 周围环境的震动，特别是仪器周围地面的震动，对电子水准仪的观测有较大的影响。据对 NA3003 电子水准仪的试验资料，NA3003 一次电子读数的中误差约为 ±0.04 mm。在交通繁忙的道路上，由于车辆经过形成的震动造成电子读数的误差为 ±0.01 mm。如果震动剧烈，读数精度可下降为 ±0.05 mm。因此，作业时要采取一定措施减弱震动的影响，并取多次测量的中值作为最终观测值。

(9) 标尺上光照变化对观测结果的影响较大。标尺上光照不均匀会影响电子读数，甚至不能读数。据研究，标尺上光照变化对 NA3003 的影响最大可达 ±0.3 mm，对 Dini12 的影响可达 ±0.4 mm。

(10) 标尺一般由司尺员扶持，不可避免地会造成标尺倾斜。对于 NA3003 或 Dini12，标尺倾斜 20′，读数最大误差小于 ±0.2 mm。当标尺倾斜较大时，读数受到的影响也较大。因此，作业时，司尺员精力要集中，标尺水准器要及时检验和校正。

(11) 经大量试验证明，几乎所有的电子水准仪均不同程度地受电磁场的影响。在

110 kV 高压线路下，当视距小于 30 m 时，Dini12 和 NA3003 受到的影响可达±0.2 mm；当视距大于 50 m 时，Dini12 受到的影响可达±0.3 mm，NA3003 受到的影响可达±0.8 mm。因此，实际作业时，应尽量避免水准线路经过强电磁场。

思考题与习题

1. 设 A 为后视点，B 为前视点，A 点的高程是 15.928 m，则当后视读数为 1.263 m，前视读数为 1.935 m 时，A,B 两点高差是多少？B 点的高程是多少？绘图表示其原理。

2. 水准仪主要由哪几部分组成？水准仪的主要功能是什么？

3. 什么是视准轴？什么是视差？产生视差的原因是什么？如何消除视差？

4. 由表 1 列出的水准测量观测成果，计算出高差，并进行校核计算。

表 1　水准测量手簿

测　站	测　点	水准尺读数/m		高差/m		高程/m	备　注
		后视 a	前视 b	+	−		
Ⅰ	A	0.487				56.730	
Ⅱ	1	0.764	1.524				
Ⅲ	2	1.473	1.285				
Ⅳ	3	1.527	0.696				
Ⅴ	4	2.749	1.527				
	B		1.387				
计算检核		$\sum =$	$\sum =$				
	$\sum$ 后视 − $\sum$ 前视 =		$\sum h =$				

5. 调整图 1 所示的闭合水准路线的观测成果，并列表求出各点的高程。

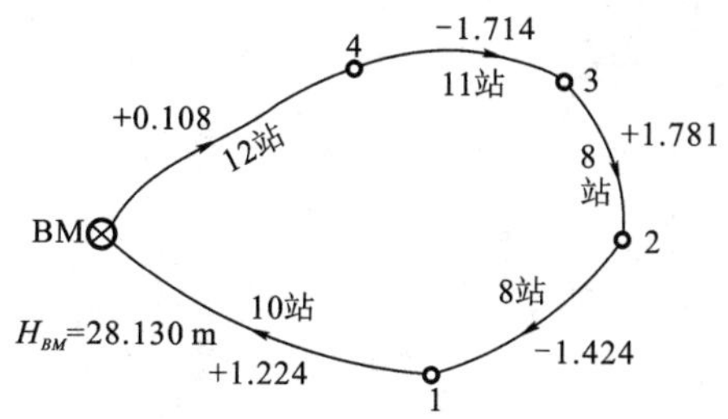

图 1　闭合水准路线图

6. 水准仪有哪几条主要轴线？它们应满足什么几何条件？

7. 水准测量中有哪几项检核？各项检核的目的是什么？

8. 水准测量中主要有哪些误差来源？各采取什么措施加以消除或减弱？

9. 在相距80 m的A,B两点的中央安置水准仪,A点尺上的读数为$a_1 = 1.337$ m,B点尺上的读数为$b_1 = 1.114$ m。当仪器搬到B点近旁时,测得B点读数$b_2 = 1.501$ m,A点读数$a_2 = 1.782$ m,试问此水准仪是否存在i角?如有i角,应如何校正?

10. 简述电子水准仪的电子读数原理。

第三章　经纬仪及角度测量

角度测量是测量的基本工作之一，包括水平角测量和竖直角测量。水平角测量用于求算点的平面位置，竖直角测量用于测定高差或将倾斜距离换算为水平距离。角度测量最常用的仪器是经纬仪。

第一节　角度测量原理

一、水平角测量原理

水平角是指相交的两条直线的夹角在同一水平面上的投影，或指分别过两条直线的铅垂面所夹的二面角。如图 3-1 所示，A，B，C 为地面上的任意三点，将它们沿铅垂线方向投影到同一水平面上得到 A_1，B_1，C_1 三点，则直线 B_1A_1 与直线 B_1C_1 的夹角 β 即为 BA 与 BC 两方向线间的水平角。

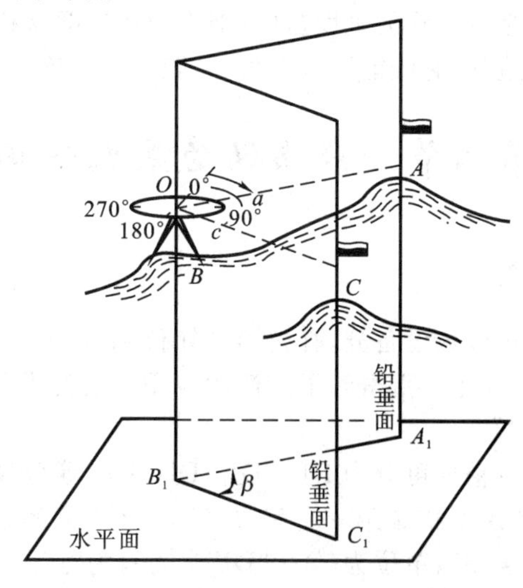

图 3-1　水平角测量原理

为了获得水平角 β 的大小，设想有一个能安置成水平的刻度圆盘，且圆盘中心处在过 B 点铅垂线上的任意位置 O；另有一个瞄准设备，能分别瞄准 A 点和 C 点的目标，并能在刻度圆盘上获得相应的读数 a 和 c，则水平角为：

$$\beta = c - a \tag{3-1}$$

水平角的取值范围为 0°～ 360°。

二、竖直角测量原理

竖直角是指在同一竖直面内，倾斜视线与水平线之间的夹角，又称为竖角。

竖直角有仰角和俯角之分。视线在水平线以上，称为仰角，取正号，角值为 0° ～ +90°，如图 3-2(a) 中的 α_A；视线在水平线以下，称为俯角，取负号，角值为 −90° ～ 0°，如图 3-2(b) 中的 $-\alpha_C$。

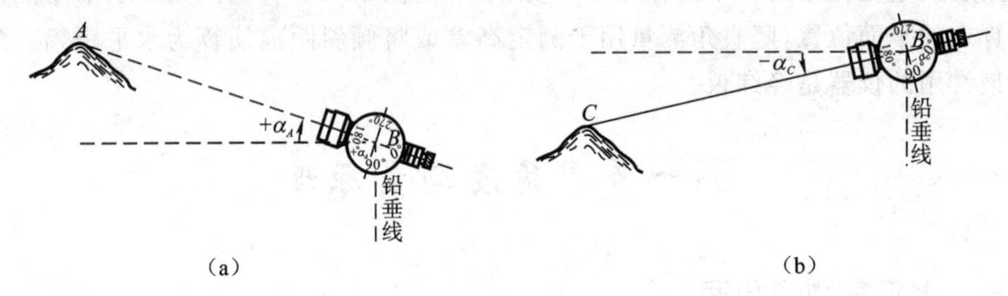

图 3-2　竖直角测量原理

视线方向与天顶方向(即测站点铅垂线的反方向) 所构成的夹角称为天顶距，一般用 Z 表示。天顶距通常可从竖盘读数装置中直接读出，大小为 0° ～ 180°。

根据上述水平角和竖直角测量原理可知，用于测角的仪器必须具有照准目标的瞄准设备，它不但能上下转动形成一竖直面，并可绕一竖轴在水平方向内转动，而且还要有能安置成水平位置和竖直位置的刻度盘(分别称为水平度盘和竖直度盘)。经纬仪正是根据这些要求设计制造的，它既能测水平角，又能测竖直角。

第二节　经纬仪的基本结构

一、经纬仪的分类

目前使用的经纬仪按读数设备分，有光学经纬仪和电子经纬仪两类。电子经纬仪作为一种现代测绘仪器，在生产上得到了广泛的应用。而光学经纬仪目前仍是工程测量中常用的一种测角仪器。

我国生产的经纬仪按精度可分为 DJ_{07}，DJ_1，DJ_2，DJ_6 等型号，其中“D”，“J”分别为“大地测量”、“经纬仪”的汉语拼音第一个字母；07，1，2，6 表示仪器的精度等级，即“一测回水平方向的观测中误差”，单位为(″)。“DJ”常简写为“J”。

二、经纬仪的基本结构

不同型号的经纬仪，其外形和各螺旋的形状、位置不尽相同，但基本结构都相同，一般都包括照准部、水平度盘和基座三大部分，如图 3-3 所示。

1. 照准部

照准部主要由望远镜、支架、旋转轴(竖轴)、望远镜制动螺旋、望远镜微动螺旋、照

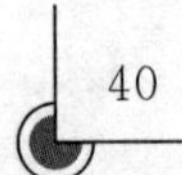

准部制动螺旋、照准部微动螺旋、竖直度盘、读数设备、水准管和光学对中器等组成。

望远镜用于瞄准目标，其构造与水准仪相同。望远镜与横轴固连在一起，可绕仪器横轴做360°转动。仪器安置好以后，视准轴所扫出的面为一竖直面。

竖直度盘固定在望远镜横轴的一端，随同望远镜一起转动，用于观测竖直角。

读数设备包括读数显微镜以及光路中一系列光学棱镜和透镜。

仪器的竖轴处在管状轴套内，可使整个照准部绕仪器竖轴做水平转动。

照准部水平制、微动螺旋用于控制照准部水平方向的转动。望远镜制、微动螺旋用于控制望远镜的纵向转动。

管(长)水准器用于精确整平仪器，而用来粗略整平仪器的圆水准器多数是装在基座上的。

光学对中器用于调节仪器使水平度盘中心与地面点位于同一铅垂线上。

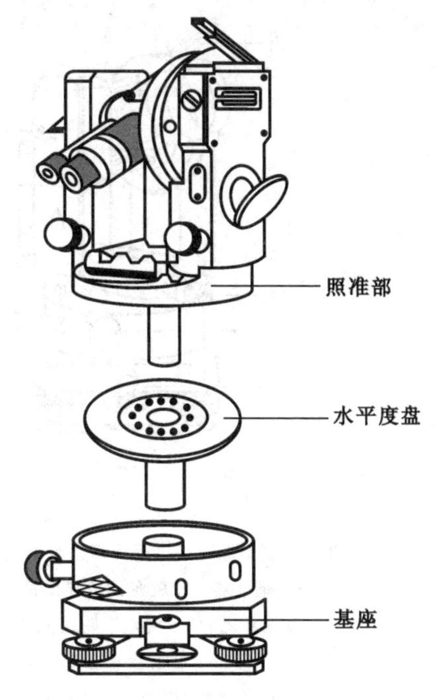

图 3-3　经纬仪基本结构

2. 水平度盘

水平度盘是用来指示经纬仪在水平方向转动角度大小的重要部件，不随照准部转动。在水平角观测过程中，可以对某方向读数预置(度盘配置)。

对于电子经纬仪，可通过操作相应按键将水平方向读数锁定(如南方 ET-02/05 按[HOLD] 键两次)，当照准至所需方向后，再解除锁定功能(如按[HOLD] 键一次)，此时即完成了经纬仪的水平度盘配置。

对于光学方向经纬仪，在水平角测量中，可利用度盘变换手轮将度盘转至所需要的位置进行度盘的配置。度盘配置后应及时盖好护盖，以免作业中碰动。

对于装有复测器的复测经纬仪，水平度盘与照准部之间的连接由复测器控制。将复测器扳手往下扳时，照准部转动时带动水平度盘一起转动；将复测器扳手往上扳时，水平度盘不随照准部旋转。

3. 基座

经纬仪基座与水准仪基座的构成和作用基本相同，都有轴座、脚螺旋、底板、三角压板和圆水准器。但经纬仪基座上还有一个轴座固定螺旋，用于将照准部和基座固连在一起。通常情况下，轴座固定螺旋必须拧紧固定。图 3-4、图 3-5 分别为 DJ_6 光学经纬仪和南方 ET-02/05 电子经纬仪的基本结构。

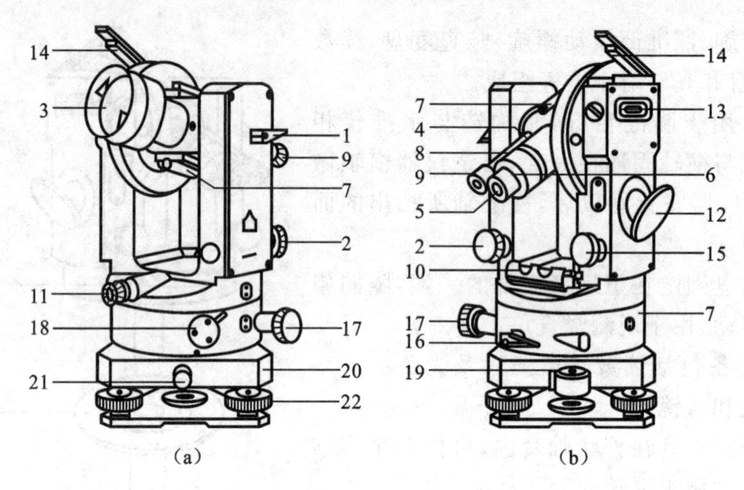

图 3-4　DJ_6 光学经纬仪

1—望远镜制动螺旋；2—望远镜微动螺旋；3—物镜；4—物镜调焦螺旋；5—目镜；6—目镜调焦螺旋；
7—瞄准器；8—度盘读数显微镜；9—度盘读数显微镜调焦螺旋；10—照准部水准管；
11—光学对中器；12—度盘照明反光镜；13—竖盘指标水准管；14—竖盘指标水准管观察反射镜；
15—竖盘指标水准管微动螺旋；16—水平制动螺旋；17—水平微动螺旋；
18—水平度盘变换手轮；19—基座圆水准器；20—基座；21—轴座固定螺旋；22—脚螺旋

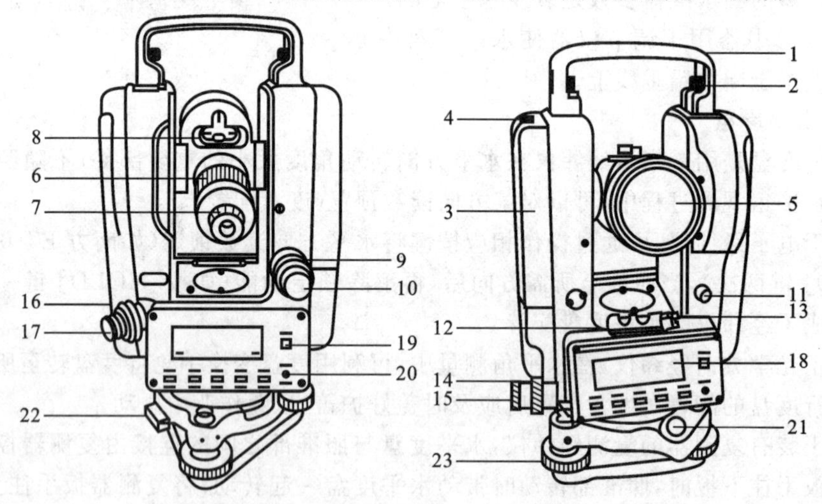

图 3-5　南方 ET-02/05 电子经纬仪

1—提把；2—提把固定螺旋；3—机载电池盒；4—电池盒按钮；5—望远镜物镜；
6—物镜调焦螺旋；7—目镜调焦螺旋；8—光学瞄准器；9—望远镜制动螺旋；10—望远镜微动螺旋；
11—测距仪数据接口；12—管水准器；13—管水准器校正螺丝；14—水平制动螺旋；15—水平微动螺旋；
16—对中器物镜调焦螺旋；17—对中器目镜调焦螺旋；18—显示窗；19—电源开关；
20—显示窗照明开关；21—圆水准器；22—轴套锁定旋钮；23—脚螺旋

三、经纬仪的主要轴线及应满足的几何条件

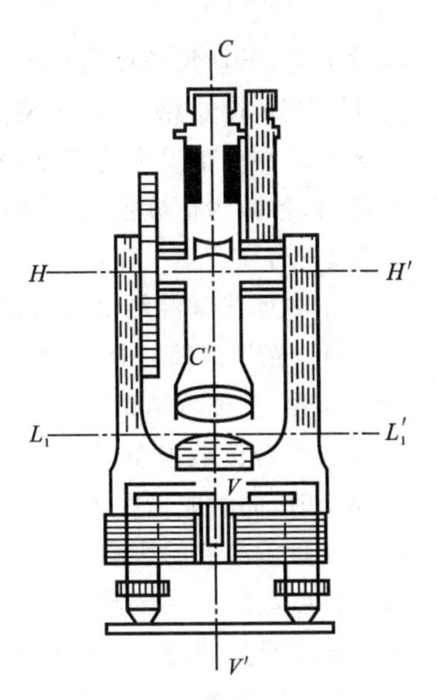

图 3-6　经纬仪的主要轴线

经纬仪的主要轴线有：照准部水准管轴$L_1L'_1$、仪器旋转轴(竖轴)VV'、望远镜视准轴CC'、望远镜旋转轴(横轴)HH'(见图 3-6)。各轴线间应满足的几何条件有：

(1) 照准部水准管轴应垂直于仪器竖轴，即$L_1L'_1 \perp VV'$；

(2) 望远镜视准轴应垂直于横轴，即$CC' \perp HH'$；

(3) 横轴应垂直于竖轴，即$HH' \perp VV'$；

(4) 十字丝竖丝应垂直于横轴。

四、光学经纬仪的读数

1. DJ_6 光学经纬仪的读数

DJ_6 光学经纬仪的水平度盘和竖直度盘分划线通过一系列的棱镜和透镜，成像于望远镜旁的读数显微镜内，观测者可通过读数显微镜读取度盘上的读数。图 3-7 所示为 DJ_6 光学经纬仪读数系统光路图。

对于 DJ_6 光学经纬仪，常用的读数装置是分微尺测微器。如图 3-8 所示，注有“—”(或“H”、“水平”)的为水平度盘读数，注有“⊥”(或“V”、“竖直”)的为竖直度盘读数。

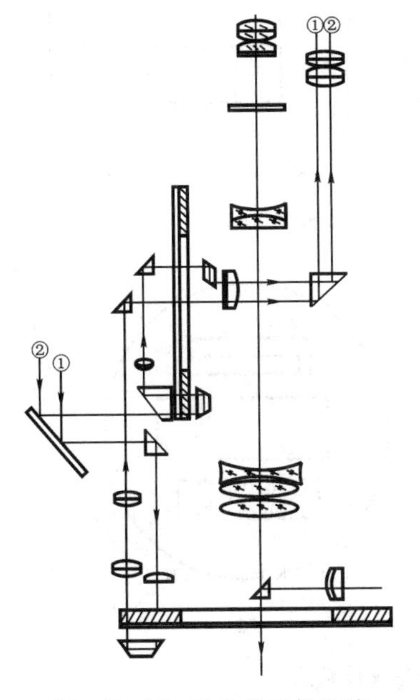

图 3-7　DJ_6 光学经纬仪光路

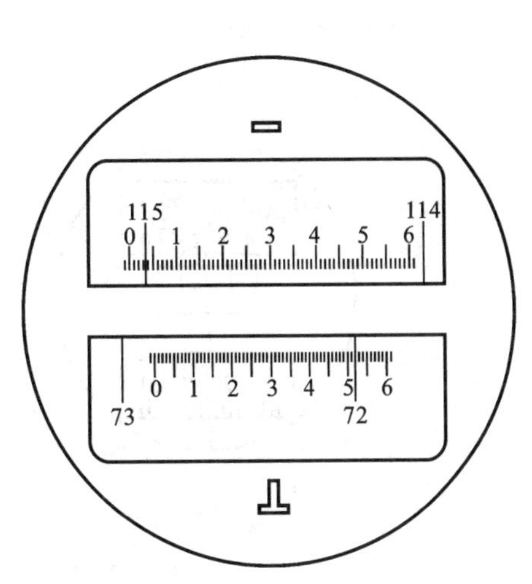

图 3-8　分微尺测微器读数

经放大后，分微尺长度与水平度盘或竖直度盘分划值1°的成像宽度相等。分微尺长度为1°，它分60小格，每一小格为1′，则可估读最小分划的1/10，即0.1′=6″。读数时，度数由落在分微尺上的度盘分划线注记数读出；分数则用该度盘分划线在分微尺上直接读出；秒数为估读数，是6的倍数。图3-8中所示的水平盘读数为115°03′48″，竖盘读数为72°51′18″。

2. DJ_2 光学经纬仪的读数

DJ_6 光学经纬仪是单指标读数仪器，从读数显微镜内一次只能看到度盘上某一位置的读数，且读数结果受度盘偏心差的影响，精度不高。在 DJ_2 光学经纬仪中，采用对径分划符合读数设备，将度盘上对径相差180°的分划线，经过一系列棱镜和透镜的折射和反射，同时成像在读数显微镜内，通过读取对径相差180°处两个分划的平均值，以消除度盘偏心差的影响，提高读数精度。在 DJ_2 读数显微镜内，一次只能看到水平度盘或竖直度盘的一种影像，读数前应根据需要调节换像手轮，并选择相应的照明反光镜，使所需度盘影像成像在读数显微镜中。

DJ_2 光学经纬仪通常采用移动光楔测微器或双平板玻璃光学测微器读数。图3-9(a)所示为苏一光 DJ_2 光学经纬仪水平度盘的读数窗影像，读数前应调节测微轮使对径分划线影像重合，如图3-9(b)所示。读数时，度数由上窗中央或偏左的数字读出；上窗中小框内的数字为整10′数；分数个位与秒数从左边的小窗内读得。测微尺上刻

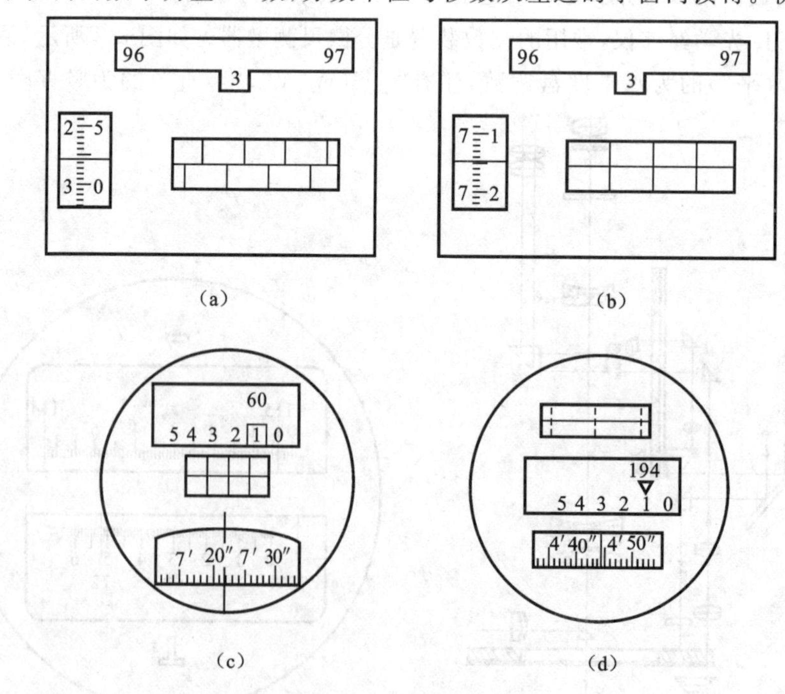

图3-9 DJ_2 光学经纬仪读数窗

有600个小格，每格为1″，共计10′，左边的数字为分，右边的数字为整10″数，可估读至0.1″。度盘上的读数加上测微尺上的读数即为全部读数。图3-9(b)的读数为96°37′14.7″。图3-9(c)和(d)为其他类型DJ_2光学经纬仪的读数窗，读数分别为60°17′22.0″和194°14′44.5″。

需要说明的是，在读取竖盘读数前，应先调节竖盘指标水准器微动手轮使竖盘指标水准管气泡居中，否则读取的竖盘读数是不正确的。对于装有竖盘指标自动归零装置的经纬仪，在读取竖盘读数前，只需转动自动归零螺旋，使自动归零装置处于工作状态，并检查其是否正常工作，确认无误后即可读取竖盘读数。该经纬仪的读数方法与水平度盘完全相同。

第三节　电子经纬仪

电子经纬仪是一种集光、机、电于一体，带有电子扫描度盘，在微处理器控制下可实现测角数字化的一种新型仪器。与传统的光学经纬仪相比，电子经纬仪具有以下几个方面的特点：

(1) 采用电子测角系统，利用三种不同类型的扫描度盘(编码度盘、光栅度盘、区格度盘)及其相应的测角原理，实现了测角的自动化和数字化，可将测量结果自动显示和储存，减轻了劳动强度，提高了工作效率。

(2) 采用轴系补偿系统，在微处理器的支持下，配以相关的专用软件，可对各轴系误差进行补偿或归算改正。

(3) 采用积木式结构，可与光电测距仪组合成全站型电子速测仪，配合适当的接口，可将电子手簿记录的数据输入计算机，实现数据处理和绘图的自动化。

一、电子经纬仪测角原理

1. 编码度盘测角系统

编码度盘为绝对式光电扫描度盘。在度盘上，每个位置的数值都能直接读出，故编码度盘测角又称为绝对式测角。为了对度盘进行二进制编码，如图3-10所示，将整个玻璃度盘沿径向划分为16条由圆心向外辐射的等角区，称为码区；由里到外分成4个同心圆环，称为码道。每条码区被码道分成4段黑白光区，黑色部分为不透光区，二进制编码为1；白色部分为透光区，二进制编码为0。从而由不同码区即可组成不同的4位数编码，其中里圈代表高位数，外圈代表低位数，由0000开始按顺时针分别读得各码区的读数为0001，0010，…，1111，对应的十进制数为0～15。

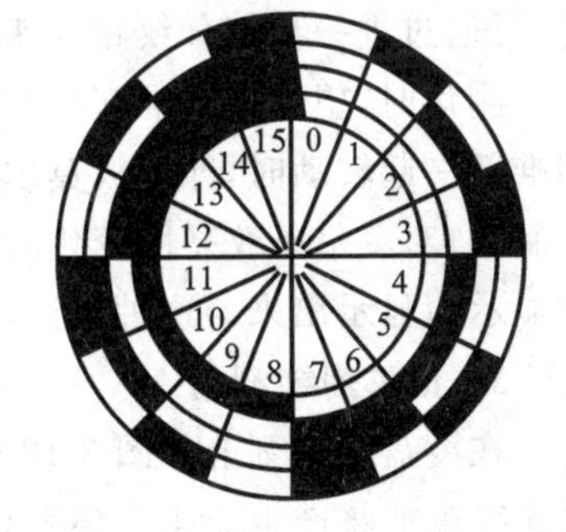

图3-10　编码度盘测角原理

表 3-1 为图 3-10 中各码区对应的编码表。根据两个目标方向所在的不同码区便可获得两方向间的夹角。编码度盘的分辨率，即码区角值的大小取决于码道数 n。码区数 $s = 2n$，每个码区角值为 $360°/s$。显然码道数愈多，分辨率愈高。但由于制造工艺的限制，码道数不可能太多，因此，编码度盘只能用于角度粗测，要想进行角度精测还需利用电子测微技术。

表 3-1　码区对应编码表

区　间	编　码	区　间	编　码	区　间	编　码	区　间	编　码
0	0000	4	0100	8	1000	12	1100
1	0001	5	0101	9	1001	13	1101
2	0010	6	0110	10	1010	14	1110
3	0011	7	0111	11	1011	15	1111

2. 光栅度盘测角系统

如图 3-11(a) 所示，在玻璃圆盘上均匀地刻划着密集的等角距径向光栅，当光线透过时会呈现明暗条纹，这种度盘称为光栅度盘。通常光栅的刻线不透光，缝隙透光，两者的宽度相等，两宽度之和 d 称为栅距。栅距所对的圆心角，即为光栅度盘的分划值。

为了提高度盘的分辨率，在度盘上下方的对称位置，分别安装发光器和光信号接收器。在接收器与度盘之间，设置一块与度盘刻线密度相同的光栅，称为指示光栅，如图 3-11(b) 所示。指示光栅与度盘光栅相叠，并使它们的刻线相互倾斜一个微小角 θ。指示光栅、发光器和接收器三者位置固定，唯有光栅度盘随照准部旋转。当发光器发出红外光穿透光栅时，在指示光栅上就会呈现出放大的明暗条纹，纹距宽为 W，这种条纹称为莫尔条纹，如图 3-11(c) 所示。莫尔条纹的特点是：两光栅的倾角 θ 越小，纹距 W 就越大，它们的关系为：

$$W = \frac{d}{\theta}\rho = kd$$

式中，k 为莫尔条纹放大倍数，当 $\theta = 20'$ 时，$W = 172d$，即纹距比栅距放大了 172 倍。因此，可通过进一步细分纹距 d 来达到提高测角精度的目的。

测角时，望远镜瞄准起始方向，使接收电路中计数器处于“0”状态。当光栅度盘随照准部一起转动时，即形成莫尔条纹。当仪器转至另一目标方向时，计数器在判向电路控制下，对莫尔条纹亮度变化的周期数进行累计计数，通过译码器换算为度、分、秒，并在显示窗显示出来。这种累计栅距测角的方法称为增量式测角。

3. 正弦刻缝测角

在度盘圆周刻上如图 3-12 所示图形的细缝，由于细缝的宽度不同，所以通过细缝的光亮度亦将产生变化。将光亮度的变化设计成正弦周期性变化，称为正弦刻缝。若全圆有 360 个周期，则每一周期将代表角值 1°。每一周期再内插 60 个脉冲，则每个脉

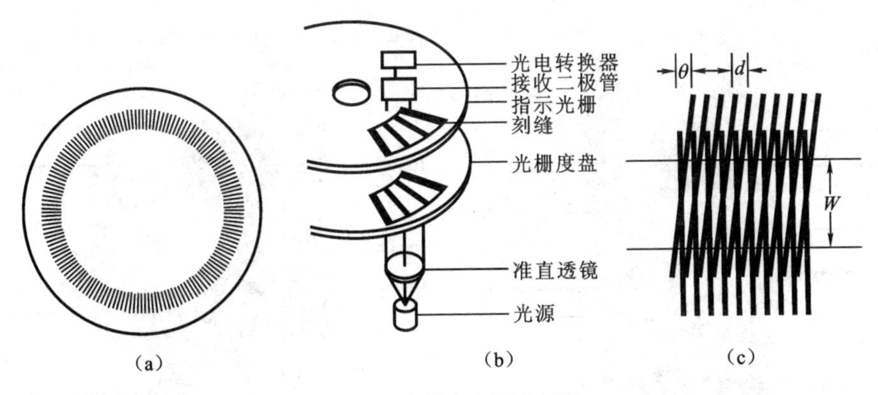

图 3-11　光栅度盘测角原理

冲代表角值 1′。可见,用此正弦刻缝亦可测出一个周期内的较小的角值。

4. 编码、光栅与正弦刻缝结合测角

这种度盘的构造示意如图 3-13 所示,整个度盘分为三部分,外面部分为光栅刻划,中间部分为编码码道,里面部分为正弦刻缝。电子全站仪 HP-3820A 就是采用这种方式。它的中间部分采用八码道,角分辨率为 1.4°,因此可取得角度的度和分的值。里面部分有 128 个正弦周期刻缝,每一周期内插 1 000 个脉冲,相当于全圆有 128 000 个间隔,即每一脉冲约为 10″,一个正弦周期为 2.8°,因此可以决定角度的分、秒。外面的光栅为 4 096 条,每条光栅内插 1 000 个脉冲,每个脉冲相应为 0.32″,这就能够更精确地确定角度的秒值。

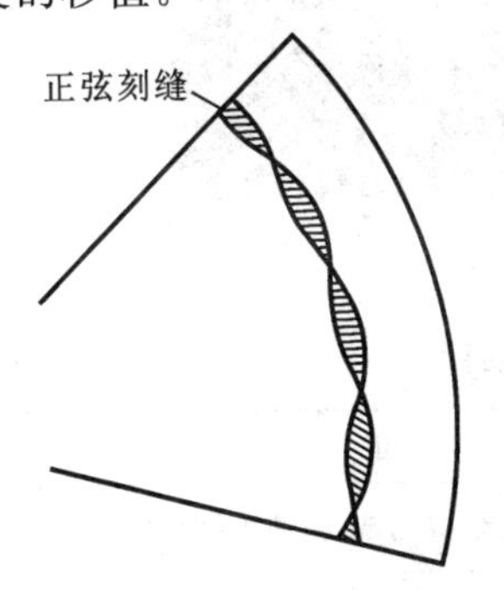

图 3-12　正弦刻缝测角原理

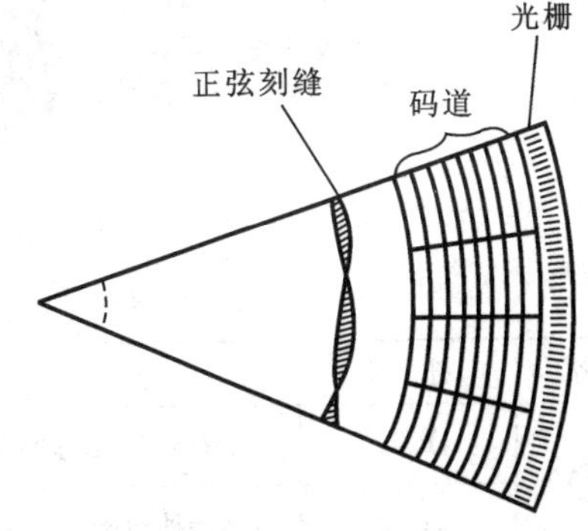

图 3-13　编码、光栅与正弦刻缝测角原理

二、南方 ET-05 电子经纬仪

图 3-14 为南方测绘仪器公司生产的 ET-05 电子经纬仪外形。

1. 键盘符号与功能

本仪器键盘具有一键双重功能。一般情况下,仪器执行按键上方所标示的第一(测角)功能,而当按下[MODE]键后再按其余各键,则执行按键下方所标示的第二(测距)功能,如图 3-15 所示。键盘的各符号与其相应功能见表 3-2。

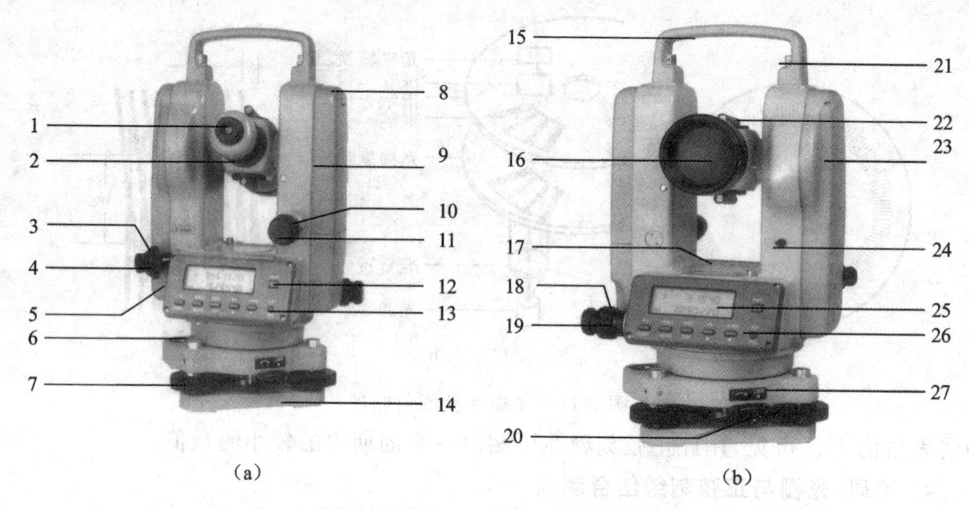

图 3-14 ET-02 电子经纬仪外形

1—望远镜目镜；2—望远镜调焦手轮；3—对中器调焦手轮；4—对中器目镜；5—电子手簿接口；6—圆水准器；7—基底脚螺旋；8—电池盒按钮；9—机载电池盒；10—垂直制动手轮；11—垂直微动手轮；12—电源开关；13—照明开关；14—基座底板；15—提把；16—望远镜物镜；17—长水准器；18—水平制动手轮；19—水平微动手轮；20—基座锁定钮；21—提把固定螺丝；22—粗瞄准器；23—仪器中心标记；24—测距仪数据接口；25—显示器；26—操作键盘；27—基座

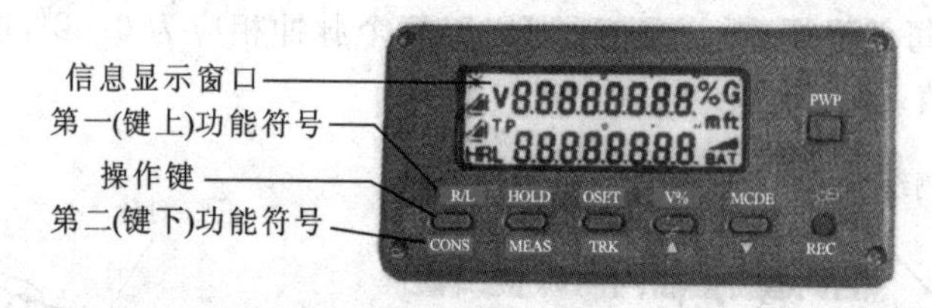

图 3-15 键盘示意图

表 3-2 键盘符号与功能

键 名	符 号	功 能
R/L 键 CONS	R/L	显示右旋/左旋水平角选择键。连续按此键，两种角值交替显示
	CONS	专项特种功能模式键
HOLD 键 MEAS (◀)	HOLD	水平角锁定键。按此键两次，水平角锁定；再按一次，则解除
	MEAS	测距键。按此键连续精确测距
	(◀)	在特种功能模式中按此键，显示屏中的光标左移
OSET 键 TRK (▶)	OSET	水平度盘读数置零键。按此键两次，水平度盘读数置零
	TRK	跟踪测距键。按此键每 1 s 跟踪测距一次，精度至0.01 m
	(▶)	在特种功能模式中按此键，显示屏中的光标右移

续表

键　名	符　号	功　能
V% 键 ▲	V%	竖直角和斜率百分比显示转换键。连续按键交替显示。 在测距模式状态时，连续按此键则交替显示斜距(◢)、平距(◢)、高差(◢)
	▲	增量键。在特种功能模式中按此键，显示屏中的光标可上下移动或数字向上增加
MODE 键 ▼	MODE	测角、测距模式转换键。连续按此键，仪器交替进入一种模式，分别执行键上或键下标示的功能
	▼	减量键。在特种功能模式中按此键，显示屏中的光标可下上移动或数字向下减少
☼ 键 ● REC	☼	望远镜十字丝和显示屏照明键。按键一次开灯照明；再按则关(若不按键，10 s后自动熄灭)
	REC	记录键。令电子手簿执行记录
PWR ■ 键	PWR	电源开关键。按键开机；按键大于 2 s 则关机

2. 信息显示符号

液晶显示屏采用线条式液晶，常用符号全部显示，如图 3-16 所示。

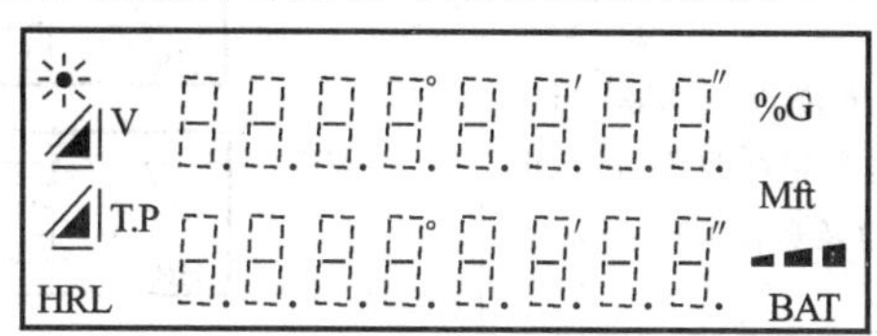

图 3-16　液晶显示屏示意图

在图 3-16 中，中间两行各 8 个数位显示角度或距离等观测结果数据或提示字符串，左右两侧所显示的符号或字母表示数据的内容或采用的单位名称，具体见表 3-3。

表 3-3　仪器显示符号及意义

符　号	意　义	符　号	意　义
V	竖直度盘读数	%	斜率百分比
H	水平度盘读数	G	角度单位
HR	水平度盘读数右旋(顺时针)增大	m	距离单位：米
HL	水平度盘读数左旋(逆时针)增大	ft	距离单位：英尺
◢	斜距	BAT	电池电量
◢	平距	◢	高差

3. 打开或关闭电源

打开或关闭电源的操作及显示见表 3-4。

表 3-4　打开或关闭电源操作及显示

操　作	显　示
按住[PWR]键至显示屏显示全部符号，电源打开。 2 s后显示出水平角值，即可开始测量水平角。	V 8.8.8.8.8.8.8.8. %G T.P. Mft HRL 8.8.8.8.8.8.8.8. BAT
按[PWR]键大于 2 s 至显示屏显示 OFF 符号后松开，显示内容消失，电源关闭	V 0SEt HR 65°41′20″ BAT

4. 指示竖盘指标归零(V OSET)

指示竖盘指标归零的操作及显示见表 3-5。

表 3-5　指示竖盘指标归零的操作及显示

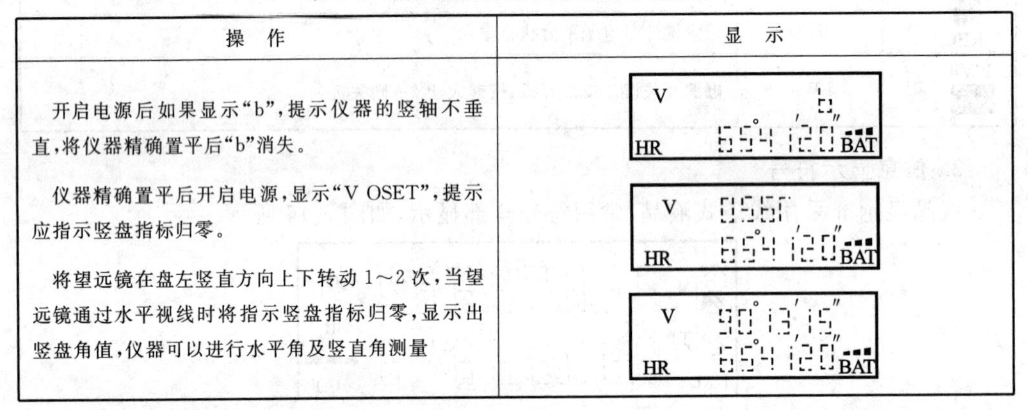

操　作	显　示
开启电源后如果显示“b”，提示仪器的竖轴不垂直，将仪器精确置平后“b”消失。	V b HR 65°41′20″ BAT
仪器精确置平后开启电源，显示“V OSET”，提示应指示竖盘指标归零。	V 0SEt HR 65°41′20″ BAT
将望远镜在盘左竖直方向上下转动 1～2 次，当望远镜通过水平视线时将指示竖盘指标归零，显示出竖盘角值，仪器可以进行水平角及竖直角测量	V 90°13′15″ HR 65°41′20″ BAT

5. 水平度盘读数置“0”(OSET)

将望远镜十字丝中心照准目标 A 后，按［OSET］键两次，使水平角读数为“0°00′00″”。

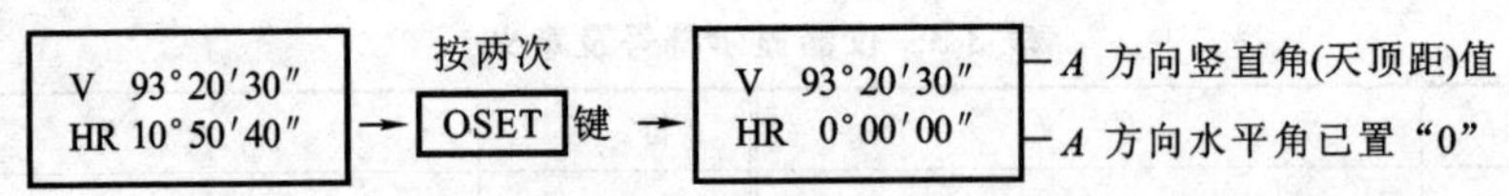

电子经纬仪的使用方法与光学经纬仪基本相同。将仪器对中、整平后，打开电源开关；仪器自检后返回测角模式；精确瞄准目标后，显示屏上自动显示相应的水平度盘读数和竖盘读数。由于该仪器无需人工判读，所以能有效提高读数效率。

第四节　经纬仪的使用

一、经纬仪的安置

利用经纬仪测量角度，应将仪器安置在测站点(角顶点)的铅垂线上，包括对中和整平两项工作。

对中的目的是使仪器中心与测站点中心位于同一铅垂线上。对中方法有垂球对中法和光学对中器对中法两种。

整平的目的是使仪器的竖轴竖直，从而使水平度盘和横轴处于水平位置。整平分粗略整平和精确整平。

由于对中和整平两项工作相互影响，所以在安置经纬仪时，应同时满足既对中又整平这两个条件。下面分别介绍采用两种不同对中方法时经纬仪的安置步骤。

1. 使用垂球对中法安置经纬仪

先张开三脚架置于测站点上，使其高度适中，在连接螺旋上挂上垂球，然后调整垂球线的长度使垂球尖略高于测站点。

(1) 对中：移动三脚架使垂球尖大致对准测站点，使架头大致水平，并将三脚架的各脚稳固地踩入土中，再将仪器连接到脚架上。若此时垂球尖偏离测站点较大，则需平移脚架，使垂球尖大致对准测站点，再踩紧脚架；若偏离较小，可稍松开中心连接螺旋，在架头上平移仪器，对中后及时旋紧中心连接螺旋。

(2) 整平：转动照准部，调节脚螺旋使照准部水准管气泡在相互垂直的两个方向上居中，达到精确整平的目的。

整平工作需要反复进行，直至水准管气泡在任何方向都居中为止。

垂球对中法受风力的影响很大，操作不方便，且精度较低，对中误差一般为 3 mm。

2. 使用光学对中器安置经纬仪

1) 粗略对中

打开三脚架，使其高度适中，分开大致成等边三角形，然后将脚架放置在测站点上，使架头大致水平。将仪器放置在脚架架头上，旋紧中心连接螺旋，调节三个脚螺旋至适中部位。移动三脚架使光学对中器分划圈圆心或十字丝交点大致对准地面标志中心，踩紧三脚架并使架头基本水平，再旋转脚螺旋使光学对中器分划圈圆心或十字丝交点对准测站点标志中心。

2) 粗略整平

升降三脚架三条腿的高度，使水准管气泡大致居中。对于有圆水准器的仪器，可通过升降脚架腿使圆水准器气泡居中，达到粗略整平的目的。

3) 精确整平

如图 3-17 所示，转动照准部使水准管平行任意一对脚螺旋连线，再对向旋转这两只脚螺旋使水准管气泡居中，其中左手大拇指移动的方向为气泡移动的方向；然后将照准部转动 90°，旋转第三只脚螺旋，使水准管气泡居中。反复调节，直到照准部转到任何方向，水准管气泡均居中为止。

4) 精确对中

精确整平后重新检查对中，如有少许偏离，可稍松开中心连接螺旋，在架头上平移仪器，使其精确对中后，及时拧紧中心连接螺旋，重新进行精确整平。

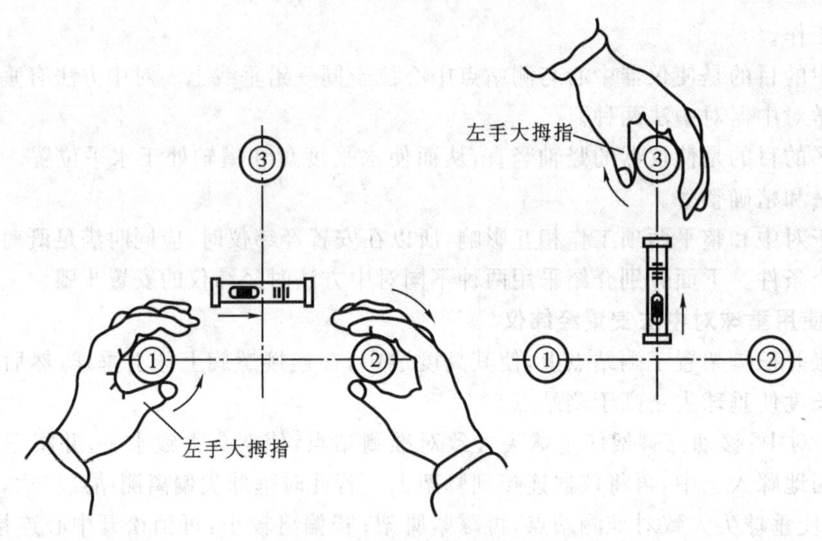

图 3-17　照准部水准管整平

由于对中和整平相互影响，所以需要反复操作，直至最后满足既对中又整平。

光学对中不受风力影响，且精度较高，对中误差一般为 1 mm。

二、瞄准目标

测角时的照准标志，一般是竖立于测点的标杆、测钎、垂球线或觇牌，如图 3-18 所示。测量水平角时，以望远镜的十字丝竖丝瞄准照准标志，并尽量瞄准标志底部；而测量竖直角时，一般以望远镜的十字丝中横丝切标志的顶部。

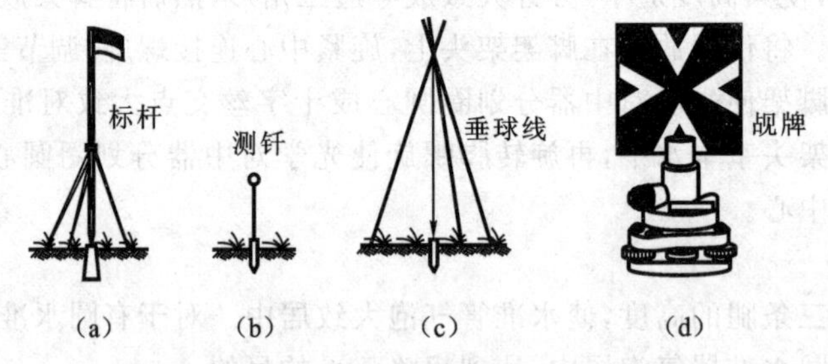

图 3-18　照准标志

瞄准时，先松开望远镜制动螺旋和照准部制动螺旋，将望远镜对向明亮的天空，调节目镜调焦螺旋使十字丝清晰，然后利用望远镜上的瞄准器使目标位于望远镜视场内；固定望远镜和照准部制动螺旋，调节物镜调焦螺旋使目标影像清晰；转动望远镜和照准部微动螺旋，使十字丝竖丝单丝平分目标或双丝夹准目标，如图 3-19(a)和(b)所示。

三、读数

对于光学经纬仪，读数时要先打开度盘照明反光镜，调整反光镜的开度和方向，使

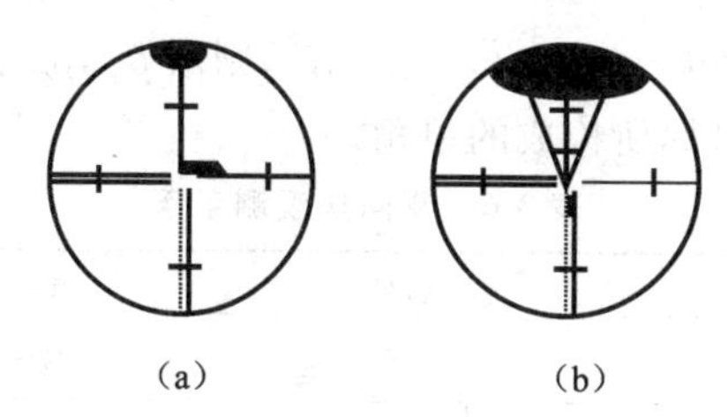

图 3-19　瞄准目标

读数窗亮度适中，然后旋转读数显微镜的目镜使刻划线清晰，再读数。对于电子经纬仪，仪器瞄准目标后可直接读取显示屏上的水平盘读数和竖直度盘读数。

在水平角测量中，为了方便角度计算或减少度盘刻划误差的影响，通常需要将起始方向的水平度盘读数配置为 0°00′00″或某一预定值位置，此项工作称为配置度盘。对于方向经纬仪，先打开水平度盘变换手轮保护盖，转动变换手轮使度盘调至所需的读数后，再轻轻盖上保护盖，并检查读数是否变动。对于复测经纬仪，可利用复测扳手来控制水平度盘的转动，达到配置度盘的目的。对于电子经纬仪，可利用[OSET]键配置 0°00′00″或[HOLD]键配置任一读数。

第五节　水平角观测

水平角的观测方法一般根据目标的多少而定，常用的有测回法和方向观测法两种。

一、测回法

如图 3-20 所示，A，O，B 分别为地面上的三点，欲测定 OA 与 OB 之间的水平角，可采用测回法观测，其操作步骤如下：

(1) 将经纬仪安置在测站点 O，对中、整平。

(2) 盘左位置（观测者在目镜端时，竖盘在望远镜的左边，又称为正镜），瞄准目标 A，将水平度盘配置在 0°00′ 或稍大于 0° 的位置，读取读数 $a_{左}$ 并记入手簿；顺时针旋转照准部，瞄准目标 B，读数并记录 $b_{左}$，则上半测回角值 $\beta_{左} = b_{左} - a_{左}$。

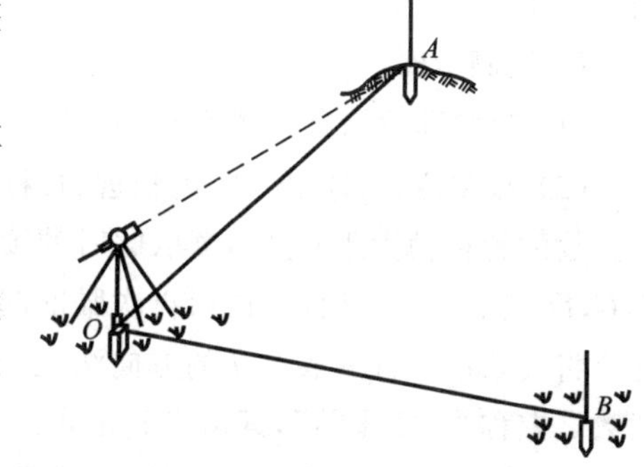

图 3-20　测回法测水平角

(3) 倒转望远镜成盘右位置（观测者在目镜端时，竖盘在望远镜的右边，又称为倒镜），瞄准目标 B，读得 $b_{右}$ 并记入手簿；逆时针方向旋转照准部，瞄准目标 A，读数并记录 $a_{右}$，则下半测回角值 $\beta_{右} = b_{右} - a_{右}$。

上、下半测回构成一个测回。表 3-6 为测回法观测记录格式。对于 DJ_6 光学经纬仪，若上、下半测回角度之差 $\Delta\beta=\beta_{左}-\beta_{右}\leqslant\pm40''$，则取 $\beta_{左}$，$\beta_{右}$ 的平均值作为该测回的角值。此法适用于观测两个目标所构成的单角。

表 3-6　测回法观测手簿

作业日期＿＿＿＿ 天　气＿＿＿＿			仪器型号＿＿＿＿ 成　像＿＿＿＿		观测者＿＿＿＿ 记录者＿＿＿＿	
测　站	竖盘位置	目　标	水平度盘读数	半测回角值	一测回角值	各测回平均值
			° ′ ″	° ′ ″	° ′ ″	° ′ ″
O	左	A	0　01　54	84　08　06	84　08　00	
		B	84　10　00			
	右	A	180　01　24	84　07　54		
		B	264　09　18			

在测回法测角中，仅测一个测回可以不配置度盘起始位置，但为了计算的方便，可将起始目标读数配置在 0° 或稍大于 0° 处。在需要对某角度测多个测回时，为了减小水平度盘分划误差的影响，各测回盘左起始方向（零方向）应根据测回数 n，按 $180°/n$ 的间隔变换度盘位置。

二、方向观测法

当在一个测站上需要观测的方向为三个或三个以上时，常采用方向观测法，又称为全圆测回法。如图 3-21 所示，O 为测站点，A，B，C，D 为四个目标点，欲测定测站点 O 到 A，B，C，D 各方向之间的水平角。

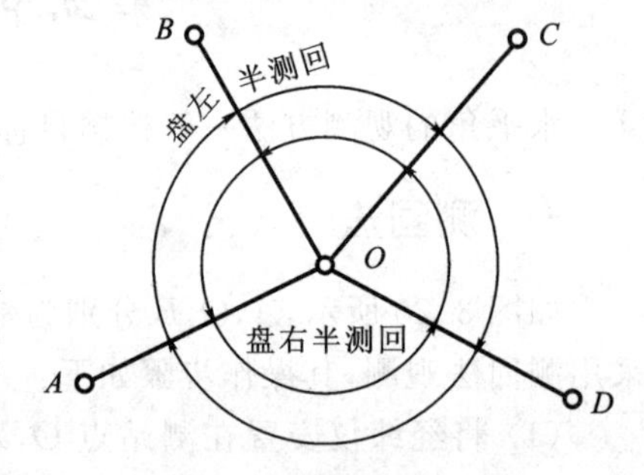

图 3-21　方向观测法测水平角

1. 观测步骤

(1) 将经纬仪安置于测站点 O，对中、整平。

(2) 盘左位置，选定一距离较远、目标明显的点（如 A 点）作为起始方向，将水平度盘读数配置在稍大于 0° 处，读取此时的读数；松开水平制动螺旋，顺时针方向依次照准 B，C，D 三个目标点读数；最后再次瞄准起始点 A 并读数，称为归零。每观测一个方向，均要将度盘读数计入表 3-7 的方向法观测手簿中。以上称为上半测回，两次瞄准 A 点的读数之差称为“归零差”，其值应满足表 3-8 中的限差要求，否则应重测。

(3) 倒转望远镜成盘右位置，先瞄准起始目标 A，并读数；然后按逆时针方向依次照准 D，C，B，A 各目标，并读数。以上称为下半测回，其归零差仍应满足规定要求。

上、下半测回构成一个测回。

2. 记录、计算

表 3-7 为方向法观测手簿，盘左各目标的读数按从上往下的顺序记录，盘右各目标

读数按从下往上的顺序记录。

表 3-7　方向法观测手簿

作业日期________　仪器型号________　观测者________
天　　气________　成　　像________　记录者________

测站	测回数	目标	水平度盘读数		2c	平均读数	一测回归零方向值	各测回平均方向值	角值
			盘左	盘右					
			° ′ ″	° ′ ″	″	° ′ ″	° ′ ″	° ′ ″	° ′ ″
O	1	A	0 00 48	180 00 24	+24	(0 00 33) 0 00 36	0 00 00	0 00 00	89 29 46
		B	89 30 24	269 30 06	+18	89 30 15	89 29 42	89 29 46	73 00 46
		C	162 31 18	342 31 00	+18	162 31 09	162 30 36	162 30 32	75 55 28
		D	238 26 54	58 26 30	+24	238 26 42	238 26 09	238 26 00	121 34 00
		A	0 00 42	180 00 18	+24	0 00 30			
		Δ	−6	−6					
O	2	A	90 01 06	270 00 42	+24	(90 00 51) 90 00 54	0 00 00		
		B	179 30 48	369 30 36	+12	179 30 42	89 29 51		
		C	252 31 30	72 31 06	+24	252 31 18	162 30 27		
		D	328 26 48	148 26 36	+12	328 26 42	238 25 51		
		A	90 01 00	270 00 36	+24	90 00 48			
		Δ	−6	−6					

按式(3-2) 依次计算表 3-8 中各目标的两倍照准误差 $2c$ 的值。

$$2c = 盘左读数 - (盘右读数 \pm 180°) \tag{3-2}$$

对于同一台仪器，在同一测回内，各方向的 $2c$ 值互差不应超过表 3-8 中规定的范围。

按式(3-3)依次计算各方向平均读数，即以盘左读数为准，将盘右读数加或减 180°后，再和盘左读数取平均。

$$平均读数 = \frac{盘左读数 + (盘右读数 \pm 180°)}{2} \tag{3-3}$$

起始方向有两个平均读数值，应再次取平均作为起始方向的平均读数。

在同一测回内，分别将各方向的平均读数减去起始目标的平均读数，得一测回归零后的方向值。起始方向的归零方向值为 0°00′00″。表 3-8 为《城市测量规范》中规定的方向观测法技术要求。

采用方向观测法测水平角时，如果方向数为三个，则可以不归零；若需要观测多个测回，则各测回间应根据测回数 n，按 $180°/n$ 的间隔变换度盘的起始位置。

表 3-8 方向观测法技术要求

经纬仪型号	光学测微器两次重合读数差/(″)	半测回归零差/(″)	一测回内 $2c$ 互差/(″)	同一方向值各测回互差/(″)
DJ_1	1	6	9	6
DJ_2	3	8	13	9
DJ_6	—	18	—	24

第六节 竖直角观测

一、竖盘构造及竖直角计算公式

经纬仪竖直度盘部分主要由竖盘、竖盘读数指标、竖盘指标水准管和竖盘指标水准管微动螺旋组成。竖盘垂直地固定在望远镜横轴的一端，随望远镜的上下转动而转动。竖盘读数指标与竖盘指标水准管一起安置在微动架上，不随望远镜转动，只能通过调节指标水准管微动螺旋，使竖盘读数指标和竖盘指标水准管一起做微小转动。当竖盘指标水准管气泡居中时，指标线处于正确位置，如图 3-22 所示。竖盘的注记形式分顺时针和逆时针两种。图 3-22 中所示的竖盘为顺时针注记。

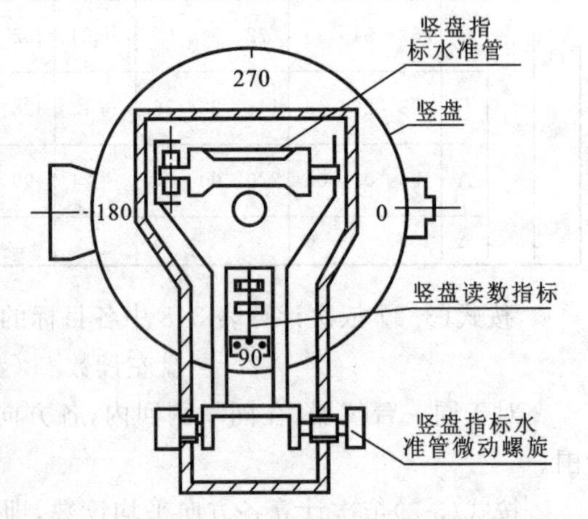

图 3-22 竖盘构造

由于竖盘的注记形式不同，竖直角的计算公式也不一样。现以顺时针注记的竖盘为例，推导竖直角计算的基本公式。

根据竖直角的基本概念，它是指在竖直面内目标方向与水平方向的夹角。所以要测定的竖直角，必然也与观测水平角一样是两个方向读数之差。对任何注记形式的竖盘，当视线水平时，不论是盘左还是盘右，其读数在正常状态下应该都是 90°的整倍数。如图3-22所示，当望远镜视线水平，竖直指标水准管气泡居中时，读数指标处于正确位置，竖盘读数正好为常数 90°或 270°。所以测定竖直角时，实际上只是对视线指向的目标进行读数。计算竖直角的公式无非是两个方向读数之差。以仰角为例，只需对所用仪器将望远镜放在大致水平位置上观察一下读数。由望远镜逐渐上倾时观察的读数是增加还是减少，就可得出竖直角的计算公式。

(1) 当望远镜视线慢慢上倾，竖盘读数逐渐增加时，竖直角为：

$$\alpha = \text{瞄准目标时的读数} - \text{视线水平时的读数}$$

(2) 当望远镜视线慢慢上倾，竖盘读数逐渐减少时，竖直角为：

$$\alpha = \text{视线水平时的读数} - \text{瞄准目标时的读数}$$

图 3-23(a) 所示为盘左位置，视线水平时竖盘读数为 90°；当望远镜往上仰时，读数指标指向读数 L，读数减小，倾斜视线与水平视线所构成的竖直角为仰角 α_L，则盘左竖直角为：

$$\alpha_L = 90° - L \tag{3-4}$$

图 3-23(b) 所示为盘右位置，视线水平时竖盘读数为 270°；当望远镜往上仰时，倾斜视线与水平视线所构成的竖直角为仰角 α_R，读数指标指向读数 R，读数增大，则盘右

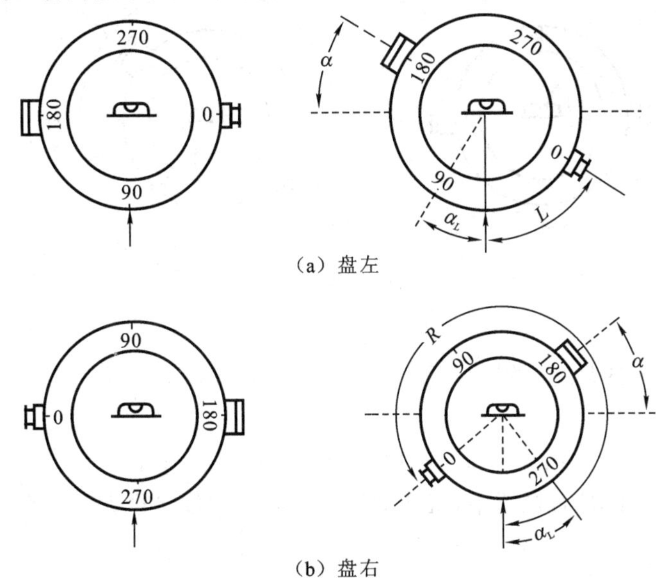

图 3-23　竖直角公式判断示意图

竖直角为：

$$\alpha_R = R - 270° \tag{3-5}$$

对于同一目标，由于观测中存在误差，盘左、盘右所获得的竖直角并不完全相等，因此，应取盘左、盘右竖直角的平均值作为最后结果，即

$$\alpha = \frac{1}{2}(\alpha_L + \alpha_R) = \frac{1}{2}[(R - L) - 180°] \tag{3-6}$$

对于上述刻划形式的竖直度盘，式(3-4)至式(3-6)同样适用于俯角的情况。

二、竖盘指标差

当视线水平，竖盘指标水准管气泡居中时，若读数指标偏离正确位置，使读数大了或小了一个角值 x，则称这个偏离角值 x 为竖盘指标差。当指标偏离方向与竖盘注记方向一致时，读数中增大了一个 x 值，则 x 为正；当指标偏离方向与竖盘注记方向相反时，读数中减少了一个 x 值，则 x 为负。图 3-24 中的指标差 x 为正。

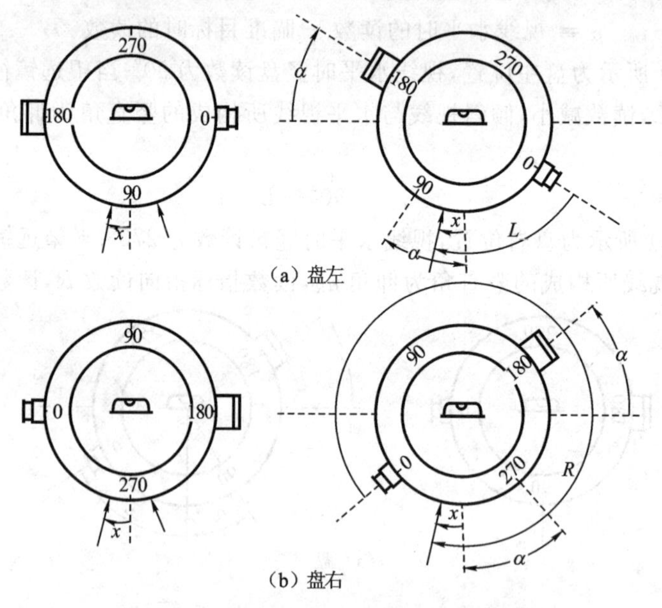

图 3-24　竖盘指标差

在图 3-24(a) 的盘左位置中，视线倾斜时的竖盘读数 L 大了一个 x 值，则正确的竖直角为：

$$\alpha_{左} = 90° - (L - x) = 90° - L + x \tag{3-7}$$

在图 3-24(b) 的盘右位置中，视线倾斜时的竖盘读数 R 也大了一个 x 值，则正确的竖直角为：

$$\alpha_{右} = (R - x) - 270° = R - 270° - x \tag{3-8}$$

由式(3-7)和式(3-8)可得：

$$\alpha = \frac{1}{2}(\alpha_{左} + \alpha_{右}) = \frac{1}{2}[(R - L) - 180°] \tag{3-9}$$

式(3-7) 和式(3-8) 消除了指标差的影响，所以 $\alpha_{左} = \alpha_{右}$，于是：

$$x = \frac{1}{2}[(L + R) - 360°] \tag{3-10}$$

式(3-9)与无竖盘指标差时的竖直角计算公式(3-6)完全相同，说明仪器即使存在指标差，通过盘左、盘右竖直角取平均也可以消除其影响，获得正确的竖直角值。

三、竖直角观测

1. 观测步骤

(1) 在测站点上安置经纬仪，量取仪器高，判断竖盘注记形式，确定竖直角的计算公式。

(2) 盘左位置用十字丝中横丝切目标某一位置，调节竖盘指标水准管微动螺旋，使竖盘指标水准管气泡居中，读取竖盘读数 L。

(3) 盘右位置用十字丝中横丝瞄准目标同一位置，使竖盘指标水准管气泡居中后，读取竖盘读数 R。

2. 记录、计算

将各观测数据及时记入表 3-9 的竖直角观测手簿中，按式(3-5)和式(3-6)分别计算半测回竖直角，再按式(3-9)计算一测回竖直角，指标差按式(3-10)求得。

表 3-9　竖直角观测手簿

作业日期________　仪器型号________　观测者________

天　　气________　成　　像________　记录者________

测站	目标	测回	竖盘位置	竖盘读数	半测回竖直角	指标差	一测回竖直角	各测回竖直角	备注
				° ′ ″	° ′ ″	′ ″	° ′ ″	° ′ ″	
B	A	1	左	78 45 42	+11 14 18	−0 09	+11 14 09	11 14 14	竖盘为顺时针注记形式
			右	281 14 00	+11 14 00				
	A	2	左	78 45 36	+11 14 24	−0 06	+11 14 18		
			右	281 14 12	+11 14 12				
	C	1	左	97 25 54	−7 25 54	+0 03	−7 25 51	−7 25 56	
			右	262 34 12	−7 25 48				
	C	2	左	97 26 06	−7 26 06	+0 06	−7 26 00		
			右	262 34 06	−7 25 54				

上述仅用十字丝中横丝观测竖直角的方法称为中丝法。除中丝法外，竖直角也可以用三丝法测得，即用上、中、下三根丝照准目标进行读数。由于上丝和下丝的位置对称，与中丝所夹的视角均约为 17′，因此，由上、下丝观测值算出的指标差分别约为 +17′ 和 −17′。记录观测数据时，盘左按上、中、下三丝的读数顺序记录，盘右按下、中、上丝的读数顺序记录，然后分别按三丝所测得的 L 与 R 算出相应的竖直角，取三丝所测竖直角的平均值作为该竖直角的值。表 3-10 为《城市测量规范》中的竖直角观测技术要求。

表 3-10　竖直角观测技术要求

控制等级	一、二、三级导线		图根控制
	DJ_2	DJ_6	DJ_6
测回数	1	2	1
竖直角测回差/(″)	15	25	25
指标差较差/(″)			

对同一台仪器，竖盘指标差在同一时间段内的变化应该很小。规范规定了指标差变化的容许范围，如果超限，则应重测。

四、经纬仪竖盘指标自动补偿装置

用经纬仪测量竖直角时，在每次读取竖盘读数前，均应先调节竖盘指标水准管微动螺旋使竖盘指标水准管气泡居中。这种操作既费时，又容易疏忽，导致出错。因此，目前许多经纬仪采用竖盘指标自动归零补偿装置。在正常情况下，当仪器竖轴略有倾斜时，该装置能自动调整光路，获得竖盘指标处于正确位置的读数。竖盘自动补偿的原理与自动安平水准仪的补偿原理基本相同。

在图 3-25 所示的竖盘补偿装置中，透镜悬吊在读数指标 A 和竖盘之间，当竖轴竖直、视线水平时，读数指标 A 处于铅垂位置，通过透镜 O 读出正确读数 90°，如图 3-25(a) 所示。当仪器竖轴稍有倾斜时，读数指标没有处于正确位置 A，而是在 A' 处，但悬吊的透镜因重力作用由 O 移至 O' 处。此时，读数指标 A' 通过透镜 O' 的边缘部分折射，仍然读出正确读数 90°，从而达到竖盘指标自动补偿的目的，如图 3-25(b) 所示。DJ_6 光学经纬仪竖盘指标自动归零补偿的范围为 ±2′，安平中误差为 ±1″。电子经纬仪一般采用竖盘指标零点自动补偿。

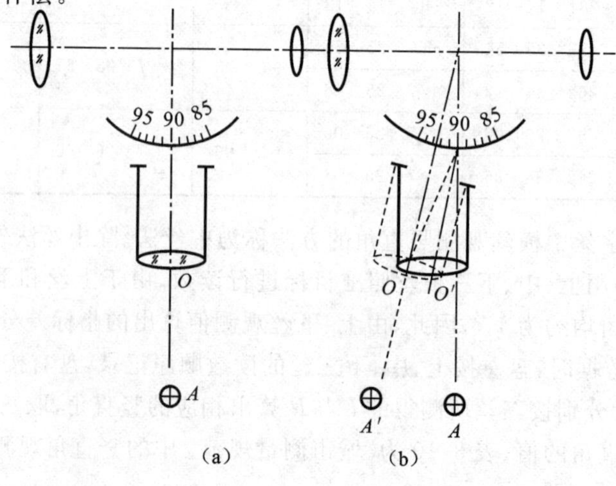

图 3-25　竖盘自动补偿装置

第七节 经纬仪的检验与校正

前已述及，经纬仪各轴线间应满足的几何条件有：

(1) 照准部水准管轴应垂直于仪器竖轴，即 $L_1L'_1 \perp VV'$；

(2) 望远镜视准轴应垂直于横轴，即 $CC' \perp HH'$；

(3) 横轴应垂直于竖轴，即 $HH' \perp VV'$；

(4) 十字丝竖丝应垂直于横轴。

此外，竖盘指标差应为零，光学对中器的光学垂线应与仪器竖轴重合。

仪器在出厂时虽经检验合格，但由于在搬运过程和长期使用中的震动、碰撞等原因，各项条件往往会发生变化。因此，在使用经纬仪之前必须进行检验和校正。经纬仪的检验和校正项目较多，但通常只进行主要轴线间几何关系的检校。

一、照准部水准管轴垂直于仪器竖轴的检验与校正

若此条件不满足，当照准部水准管气泡居中时，仪器竖轴不竖直，水平度盘也不水平。

(1) 检验方法：先将仪器大致整平，然后使照准部水准管平行于一对脚螺旋，再转动这一对脚螺旋使气泡居中。将照准部旋转 180°，这时，若气泡仍居中，则说明水准管轴与竖轴相垂直；否则，说明不垂直，需要校正。

设水准管轴不垂直于竖轴，而是偏离了一个 α 角，如图 3-26(a) 所示。这样，当水准气泡居中时，水准管轴水平，而竖轴偏离了铅垂方向 α 角；当仪器绕竖轴转动 180° 后，则如图 3-26(b) 所示，竖轴位置不变，仍偏离铅垂线 α 角，而水准管的两端则由于随照准部的转动而左右交换了位置，使得水准管轴与水平面之间成 2α 角，气泡不再居中。气泡偏离的格数所反映的角度即为 2α。

(2) 校正方法：用校正针拨动水准管一端的校正螺丝，使气泡向对称位置退回偏离格数的一半，即成如图 3-26(c)所示的情形。这时，水准管轴已垂直于竖轴，再用脚螺旋使气泡居中时，竖轴应位于铅垂位置，如图 3-26(d)所示。

此项检校必须反复进行几次，直到仪器在任何位置气泡都居中，或偏离不大于半格时为止。

二、十字丝竖丝垂直于横轴的检验与校正

若此条件不满足，当用竖丝不同的部位瞄准目标时，所获得的水平度盘读数不同。

(1) 检验方法：将仪器整平后，用十字丝交点精确瞄准远处一明显的目标点 A，然后固定水平制动螺旋和望远镜制动螺旋，转动望远镜微动螺旋使望远镜上仰或下俯。如果目标点始终在竖丝上移动，说明条件满足，如图 3-27(a) 所示；否则，需要进行校正，

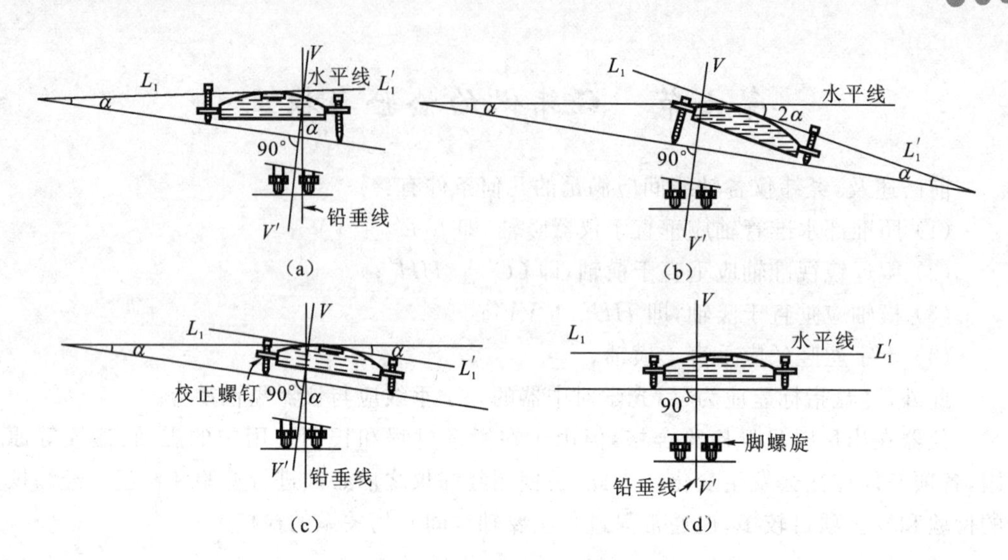

图 3-26 照准部水准管轴检校

如图 3-27(b) 所示。

(2) 校正方法：与水准仪中横丝垂直于竖轴的校正方法相同，但此时应使竖丝竖直。取下十字丝环的保护盖，微微旋松十字丝环的四个固定螺丝，转动十字丝环，如图 3-27(c)所示，直至望远镜上仰和下俯时竖丝与点状目标始终重合为止。最后，拧紧各固定螺丝，并旋上保护盖。

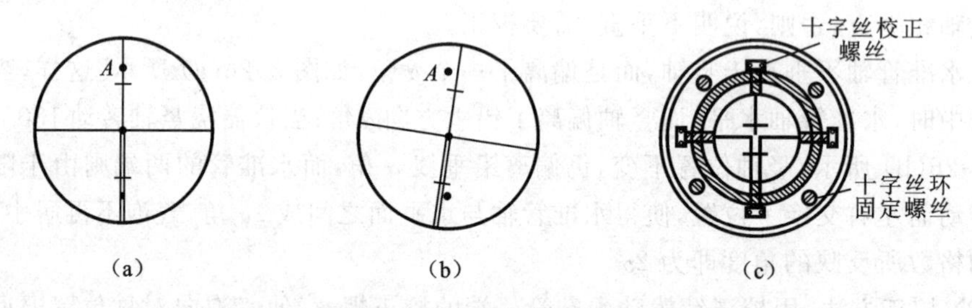

图 3-27 十字丝竖丝检校

三、视准轴垂直于横轴的检验与校正

若视准轴不垂直于横轴，当望远镜绕横轴旋转时，视准面不是一个平面，而是圆锥面。当视准轴不垂直于横轴时，其偏离垂直位置的角度称为视准轴误差，用 c 表示。

在图 3-28 中，HH' 为水平轴，O 为物镜光心，K 为十字丝中心，OK 连线为视准轴。当 $OK \perp HH'$，望远镜在正镜位置瞄准目标 A 时，水平度盘的正确读数为 $M_{左}$。如果十字丝中心偏在 K' 位置，则为存在误差的视准轴，这时望远镜要瞄准目标 A 时，就要将望远镜转动一个 c 角，如图 3-28(a) 所示，则盘左读数 L 与正确读数 $M_{左}$ 相差 c 角，即 $M_{左} = L - c$(设盘左时视准轴左偏 c 为正)。当盘右照准 A 点时，如图 3-28(b) 所示，读数 R 与正确读数 $M_{右}$ 亦差一 c 角，即 $M_{右} = R + c$。

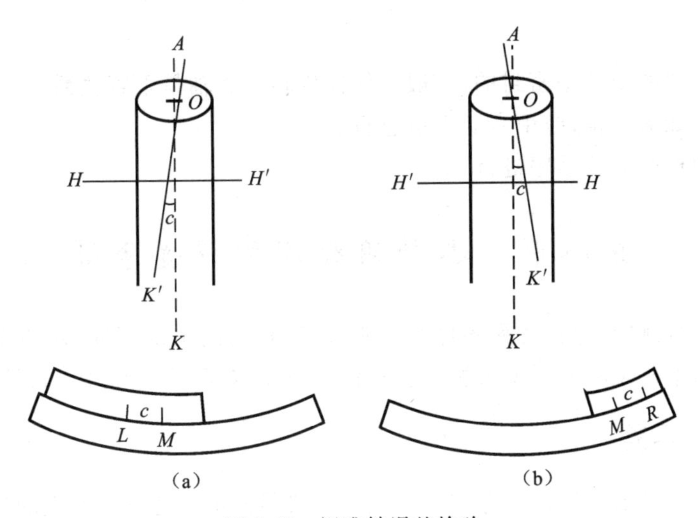

图 3-28　视准轴误差检验

因
$$M_{左}=M_{右}\pm 180^{\circ}$$
故
$$L-c=R+c\pm 180^{\circ}$$
即

$$2c=L-R\pm 180^{\circ}\quad 或\quad c=\frac{L-R+180^{\circ}}{2} \tag{3-11}$$

按式(3-11)即可算出 c 值。校正时，利用微动螺旋使盘右时读数为 $R+c$，这时望远镜中的 A 点必定偏离了竖丝。松开十字丝校正螺丝，使十字丝左右移动，直到照准 A 点。

按此法反复校正，即可将 c 值调整到允许范围之内。

四、横轴垂直于竖轴的检验与校正

当这一条件不满足时，望远镜绕横轴转动的轨迹为一倾斜面，而不是铅垂面。产生这一误差的原因是横轴两端的支架不等高。

(1) 检验方法：整平仪器，在近处墙壁上较高处选择一点 A(仰角大于 30°)，如图 3-29 所示。正镜瞄准 A 点，拧紧水平制动螺旋，然后将望远镜绕横轴转到大致水平，按十字丝中心在墙上定出 B_1 点。用同样的方法倒镜瞄准 A 点后放平望远镜，在与 B_1 点大致等高处定出 B_2 点。如果 B_1，B_2 两点重合，则说明横轴与竖轴相垂直；否则，就必须进行校正。

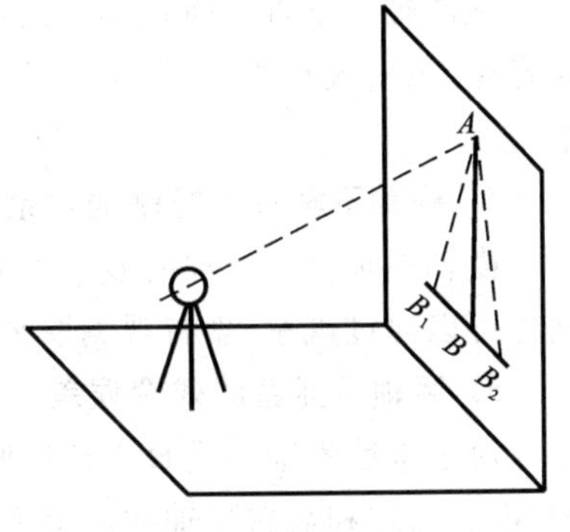

图 3-29　横轴误差检验

(2) 校正方法：取 B_1B_2 的中点 B，将望远镜瞄准 B 点后向上转动，此时十字丝交点将偏离 A 点。抬高或降低横轴支架的一端，使十字丝交点对准 A 点，则完成校正。

光学经纬仪的横轴是密封的，一般能保证横轴与竖轴是垂直关系，测量人员只要进行检验即可。如需校正，应由专业人员进行。

以上四项检验应按顺序进行。

第八节　水平角观测的误差来源

在水平角观测中，存在各种各样的误差，由于它们的来源不同，对角度的影响程度也不一样。水平角观测的误差来源主要有仪器误差、观测误差和外界条件的影响。

一、仪器误差

仪器误差包括由于仪器制造加工不完善和仪器校正不完全所产生的残余误差。前者如水平度盘偏心误差、度盘刻划不均匀的误差；后者如视准轴不垂直于横轴、横轴不垂直于竖轴以及竖轴不竖直等的残余误差。

1. 水平度盘偏心误差

水平度盘偏心误差指水平度盘刻划的中心与照准部的旋转轴不重合所造成的误差。对于单指标读数的经纬仪，若采用盘左和盘右两个位置进行观测，则同一方向的水平度盘读数恰好相差180°，取其平均值就可以消除度盘偏心的影响。采用对径分划读数的经纬仪（如DJ_2），在读数中也消除了这项误差的影响。

2. 度盘刻划不均匀的误差

现代生产的经纬仪这项误差很小。在测角时若观测的测回数多于一个，那么通过测回间变换度盘位置使所测角均匀分布于度盘不同的位置上，然后取平均值的办法可基本消除度盘刻划不均匀的误差。

3. 视准轴不垂直于横轴的残余误差

视准轴不垂直于横轴的残余误差所产生的视准轴误差c，对水平度盘读数的影响是盘左、盘右大小相等、符号相反。通过盘左、盘右观测取平均值可以消除该项误差的影响。

4. 横轴不垂直于竖轴的残余误差

横轴不垂直于竖轴的残余误差对水平度盘读数的影响与视准轴误差c类似，因此，同样可以通过盘左、盘右观测取平均值来消除此项误差的影响。

5. 竖轴不竖直的残余误差

对于水准管轴不垂直于仪器竖轴所引起的竖轴不竖直的误差对水平方向读数的影响，由于盘左和盘右竖轴的倾斜方向一致，因此，该项误差不能用盘左、盘右观测取平均值的方法来消除。视线的竖直角越大，该误差的影响越大。为此，在观测过程中，应保持照准部水准管气泡居中。当照准部水准管气泡偏离中心超过一格时，应重新对中、整平仪器，尤其是在竖直角较大的山区测量水平角时，应特别注意仪器的整平。

二、观测误差

观测误差包括仪器对中误差、目标偏心误差、瞄准误差和读数误差等。

1. 仪器对中误差

如图3-30所示，设O点为地面标志中心，由于存在仪器对中误差，仪器中心位于O'处，偏离O点的偏离值为e，则实测角度β'与正确角度β相比，包含了误差角δ_1和δ_2，由图可知：

$$\beta = \beta' - (\delta_1 + \delta_2)$$

而由$\triangle AOO'$和$\triangle BOO'$得：

$$\delta_1 = \frac{e\sin\theta}{O'A}\rho, \quad \delta_2 = \frac{e\sin(\beta' + \theta)}{O'B}\rho$$

由于偏心值e比边长要小得多，故可以用S_1和S_2分别代替上式中的$O'A$和$O'B$，则有：

$$\delta_1 = \frac{e\sin\theta}{S_1}\rho, \quad \delta_2 = \frac{e\sin(\beta' + \theta)}{S_2}\rho$$

于是，角度误差为：

$$\delta_1 + \delta_2 = e\rho\left[\frac{\sin\theta}{S_1} + \frac{\sin(\beta' + \theta)}{S_2}\right] \tag{3-12}$$

由式(3-12)可知，仪器对中误差给水平角观测带来的影响与下列因素有关：

(1) 与边长成反比，边长愈短，误差影响愈大；

(2) 与偏心值e(即对中误差值)成正比。

因此，为了减小仪器对中误差的影响，尤其是当边长较短时，要特别注意将仪器对中。

2. 目标偏心误差

目标偏心主要是由目标点上的标志倾斜所引起的。例如以标杆作为照准目标，照准时瞄准的是杆顶，由于标杆没有立直，因此标杆顶部不与标志上的标杆底部A在一条铅垂线上(见图3-31)，其投影为A_1位置，这样就相当于目标偏离了标志中心。设目标偏心的距离为e_1，则由此引起的方向误差为：

$$\omega = \frac{e_1\sin\theta_1}{OA_1}\rho$$

以S代OA_1，则：

$$\omega = \frac{e_1\sin\theta_1}{S}\rho \tag{3-13}$$

可见，边长愈短，目标偏心愈大，偏心方向愈接近于与边长相垂直(即θ_1接近90°或270°)，则对所测水平角的影响愈大。

当偏心距$e_1 = 1\ \text{cm}$，$S = 50\ \text{m}$，$\theta_1 = 90°$时，目标偏心误差为$\omega = 41''$。

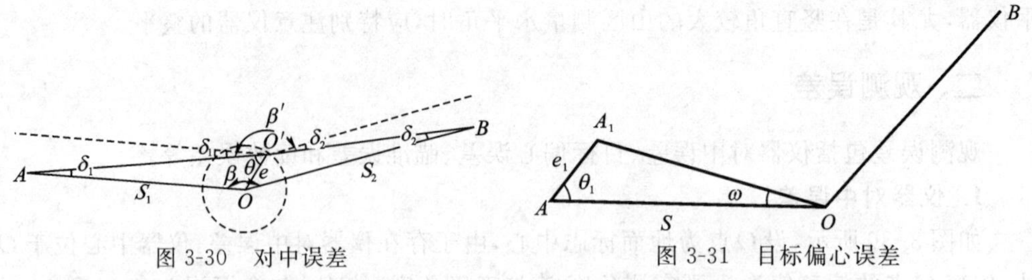

图 3-30 对中误差　　　　图 3-31 目标偏心误差

所以,在照准目标时,要尽量将目标立直,且要尽量照标杆的下部。

当两个方向都有偏心误差时,按式(3-13)分别计算偏心误差,然后取代数和作为联合误差。

3. 望远镜照准误差

影响照准精度的因素主要有:望远镜放大倍率、人眼的分辨能力、目标的形状和颜色、亮度及背景,以及空气的透明度、气温等。

其中,望远镜放大倍率及人眼的分辨能力是产生照准误差的主要因素。一般采用下式来估计望远镜的照准误差 m_v:

$$m_v = \pm \frac{60''}{v} \tag{3-14}$$

式中,v 为望远镜放大倍率。

4. 读数误差

读数误差主要取决于仪器的读数设备、照明情况和观测者的判断能力。对于 DJ_6 光学经纬仪,读数误差为分微尺最小分划值的 1/10,即 6″。但如果还受照明不佳、观测者操作不当等影响,则读数误差还会增大。

三、外界条件的影响

外界条件的影响很多,也很复杂,难以定量地分析其对测角的影响。对测角产生影响的外界因素主要有:空气对流、透明度、旁折光、温度变化等。例如,大风会影响仪器的稳定,地面热辐射会使大气不稳,大气透明度差会使照准的精度降低,地面的坚实与否会影响仪器的稳定等。要完全避免这些影响是不可能的。但是,如果选择有利的观测时间以及避开不利的条件,则可使外界的影响减小到一定的程度。例如,观测视线应避免从建筑物旁、冒烟的烟囱上面以及近水面的空间通过,因为这些地方都会因局部气温的变化而产生旁折光。另外,应尽量避免在炙热的中午前后观测水平角,因为中午前后空气颤动厉害,照准误差较大,很难测出理想结果。

思考题与习题

1. 什么是水平角？什么是竖直角？试分别绘图说明用经纬仪测量水平角和竖直角的原理。

2. 经纬仪由哪几部分组成？经纬仪的制动螺旋和微动螺旋各有何作用？

3. 电子经纬仪与光学经纬仪的根本区别是什么？

4. 观测水平角时，对中和整平的目的是什么？

5. 经纬仪上圆水准器和管水准器各起什么作用？

6. 简述用光学对中器安置经纬仪的方法。

7. 使用电子经纬仪观测水平角时，要使某一起始方向的水平度盘读数配置为0°00′00″，应如何操作？若要使某一方向的水平度盘读数配置为60°00′00″，又该如何操作？

8. 分别说明测回法与方向观测法测量水平角的操作步骤。

9. 观测水平角时，为什么各测回间要变换度盘起始位置？若测回数为6，则各测回的起始读数分别是多少？

10. 观测水平角和竖直角有哪些相同和不同之处？

11. 如何推导竖直角的计算公式？

12. 经纬仪有哪些主要轴线？各轴线之间应满足什么几何条件？

13. 在水平角观测中，采用盘左、盘右观测取平均值的方法可以消除哪些仪器误差的影响？能否消除因竖轴倾斜引起的水平角观测误差？

14. 整理表1中测回法测水平角的成果。

表1　测回法测水平角数据表

测　站	测回数	竖盘位置	目　标	水平度盘读数 °　′　″	半测回角值 °　′　″	一测回角值 °　′　″	各测回平均角值 °　′　″
O	1	左	A	0　00　42			
			B	183　33　24			
		右	A	180　01　12			
			B	3　34　00			
O	2	左	A	90　01　48			
			B	273　34　42			
		右	A	270　02　18			
			B	93　35　06			

15. 整理表2中方向观测法测水平角的成果。

表2　方向观测法测水平角数据

测站	测回数	目标	水平盘读数		2c	平均读数	一测回归零方向值	各测回平均方向值	角　值
			盘　左	盘　右					
			° ′ ″	° ′ ″	′ ″	° ′ ″	° ′ ″	° ′ ″	° ′ ″
O	1	A	0 01 24	180 01 36					
		B	85 53 12	265 53 36					
		C	144 42 36	324 43 00					
		D	284 33 12	104 33 42					
		A	0 01 18	180 01 30					
O	2	A	90 02 30	270 02 48					
		B	175 54 06	355 54 30					
		C	234 43 42	54 44 00					
		D	14 34 18	194 34 42					
		A	90 02 30	270 02 54					

16. 整理表3中竖直角测量的成果。

表3　竖直角测量数据

测　站	目　标	竖盘位置	竖盘读数	半测回竖直角	指标差	一测回竖直角	备　注
			° ′ ″	° ′ ″	′ ″	° ′ ″	
Q	M	左	102 03 30				
		右	257 56 00				
	N	左	86 18 06				
		右	273 41 12				

第四章　距离测量和直线定向

距离测量是测量的三项基本工作之一，其目的是测量地面点之间的水平距离。距离测量的方法有钢尺量距、视距测量、电磁波测距等。钢尺量距是用钢卷尺沿地面直接丈量距离；视距测量是利用经纬仪或水准仪望远镜中的视距丝及视距标尺按几何光学原理进行测距；电磁波测距是用仪器发射并接收电磁波，通过测量电磁波在待测距离上往返传播的时间解算出距离。

第一节　钢尺量距

钢尺量距是利用钢尺以及辅助工具直接量测地面上两点间的水平距离，又称为距离丈量，通常在短距离测量中使用。

一、量距工具

钢尺量距的主要工具是钢尺，又称钢卷尺。一般的钢尺是用宽 10～15 mm，厚 0.2～0.4 mm 的钢带制成的，如图 4-1(a)所示。常用的钢尺长度有 20 m，30 m 和 50 m，其基本分划有 cm 和 mm 两种。以 cm 分划的钢尺在起始的 10 cm 内为 mm 分划。

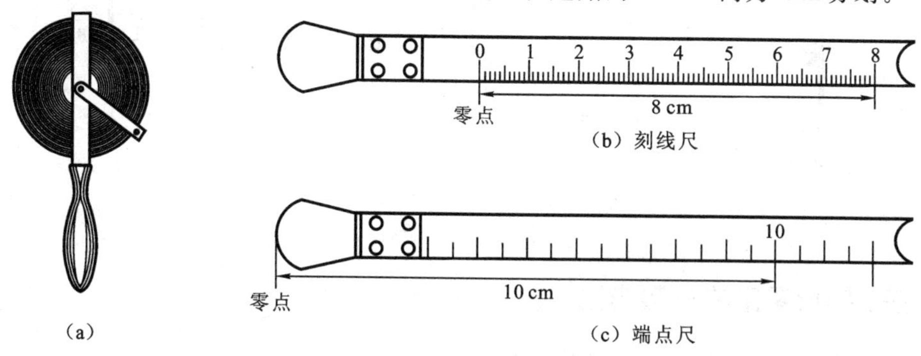

图 4-1　钢尺

根据零点位置的不同，钢尺有端点尺和刻线尺两种。端点尺以尺的最外端作为尺的零点，刻线尺以尺的前端的一刻线作为尺的零点，如图 4-1(b)和(c)所示。钢尺量距的辅助工具有测钎(见图 4-2a)、标杆(见图 4-2b)、垂球，精密量距时还需要弹簧秤、温度计等。

二、直线定线

当地面两点之间的距离大于钢尺的一个尺段，即用钢尺一次不能量完时，就需要在直线方向上标定若干分段点，以便于用钢尺分段丈量。这项把多点确定在一条已知直线上的工作叫直线定线。直线定线的方法有目测定线和经纬仪定线两种。

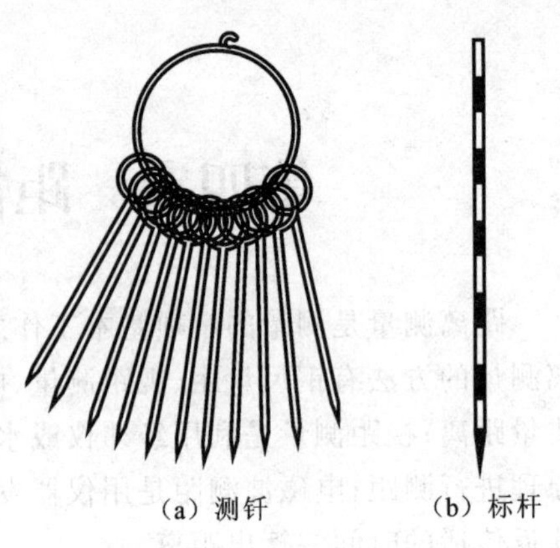

（a）测钎　　（b）标杆

图 4-2　测距辅助工具

1. 目测定线

如图 4-3 所示，A，B 为地面上待测距离的两个端点，首先要在 A，B 点上竖标杆，然后一测量员甲在 A 点标杆处指挥另一测量员乙左右移动测钎（或标杆），直到 A，1，B 三根标杆在同一直线上。同法可以定出直线上的其他点。但应注意，一般点与点之间的距离宜稍短于一整尺段长。

2. 经纬仪定线

采用经纬仪定线时，测量员甲将经纬仪安置在 A 点并对中整平，测量员乙将一根标杆先立于 B 点，然后甲操作经纬仪瞄准标杆，指挥乙持测钎（或标杆）前进至点 1 附近并左右移动标杆，当测钎（或标杆）与望远镜十字丝交点重合时定下 1 点的位置，同法可定出线上的其他点。

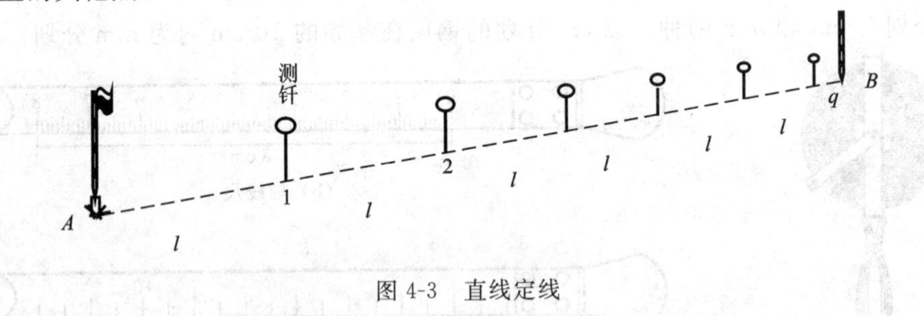

图 4-3　直线定线

三、钢尺量距的一般方法

钢尺量距的方法有平量法和斜量法两种。

当地势起伏不大时，可将钢尺拉平丈量，如图 4-4 所示。丈量由 A 点向 B 点进行，甲立于 A 点，指挥乙将尺拉在 AB 方向线上，然后甲将尺的零端对准 A 点，乙将钢尺抬高，并且目估使钢尺水平，再用垂球尖将尺段的末端投影到地面上，插上测钎。当地面倾斜较大，将钢尺抬平有困难时，可将一个尺段分成几个小段来平量。

采用平量法量距，A，B 两点间的水平距离为：

$$D_{AB} = nl + q \tag{4-1}$$

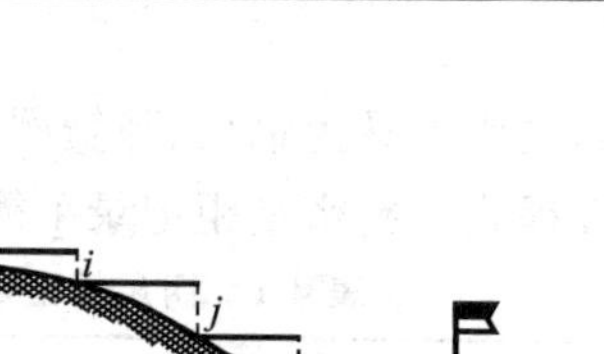

图 4-4　平量法示意图

式中，n 为整尺段数；l 为钢尺整尺长度；q 为不足一尺段的余长。

当地面的坡度比较均匀时，如图 4-5 所示，可以沿着斜坡丈量出 A，B 的斜距 L，测出地面倾斜角 α 或两端点的高差 h，然后按下式计算 A，B 的水平距离 D：

$$D = L\cos\alpha = \sqrt{L^2 - h^2} \tag{4-2}$$

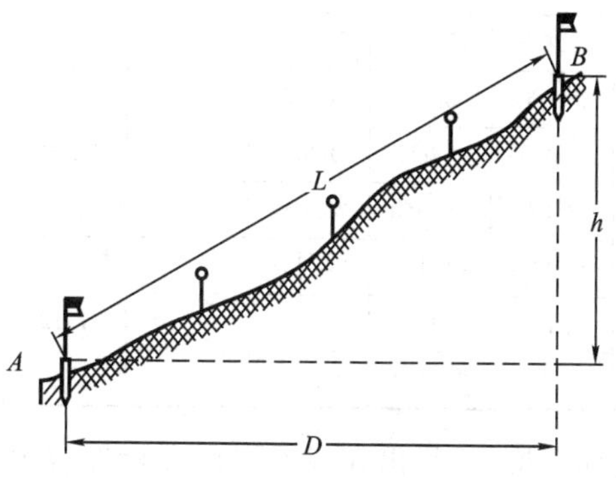

图 4-5　斜量法示意图

为了防止丈量中的错误和提高量距的精度，需要往、返丈量。返测时，要重新定线。往、返丈量距离较差的相对误差 K 的定义为：

$$K = \frac{|D_{AB} - D_{BA}|}{\overline{D}_{AB}} \tag{4-3}$$

式中，$\overline{D}_{AB}$ 为往、返丈量距离的平均值。在计算距离较差的相对误差时，一般化成分子为 1 的分式，相对误差的分母越大，说明量距的精度越高。对图根钢尺量距导线，钢尺量距往返丈量较差的相对误差一般不应大于 1/2 000。如果量距的相对较差没有超过规定，可取距离往、返丈量的平均值作为两点间的水平距离。

【例 4-1】 AB 的往测距离为 50.530 m，返测距离为 50.540 m，往返平均数为 50.535 m，则测量 AB 的相对误差 K 为：

$$K = \frac{|50.530 - 50.540|}{50.535} = \frac{1}{5\ 054} < \frac{1}{2\ 000}$$

四、钢尺量距的精密方法

用一般方法量距，其相对误差只能达到 1/1 000～1/5 000。当要求量距的相对误差更小时，例如 1/10 000～1/40 000，就要求用精密方法进行丈量。

精密方法量距的主要工具为钢尺、弹簧秤、温度计等。其中，钢尺必须经过检验，并得到其检定的尺长方程式。精密量距记录手簿见表 4-1。

表 4-1 钢尺精密量距记录手簿

线段	尺段号	读数/m					中数 /m	高差 /m	温度 /℃	备注
		第一次	第二次	第三次	第四次					
AB	A	前	29.510	29.530	29.568		29.486	+1.12	26.0	
		后	0.023	0.045	0.082					
	1	前－后	29.487	29.485	29.486					
	1	前	25.308	25.161	25.835		25.070	+0.73	26.0	
		后	0.238	0.092	0.764					
	2	前－后	25.070	25.069	25.071					
	2	前	28.061	28.064	28.075		28.041	+0.74	25.5	
		后	0.019	0.024	0.034					
	3	前－后	28.042	28.040	28.041					
	3	前	24.226	24.153	24.233		24.122	−0.54	25.0	
		后	0.102	0.032	0.112					
	B	前－后	24.124	24.121	24.121					

钢尺经过专门检定部门检定，得出在标准温度和标准拉力（一般为 10 kg）下的实际长度，并给出钢尺的尺长方程式，其表达式为：

$$l_t = l_0 + \Delta l + \alpha(t - t_0)l_0 \tag{4-4}$$

式中，l_t 为钢尺在温度 t 时的实际长度，m；l_0 为钢尺的名义长度，m；Δl 为整尺段在检定温度时的尺长改正数，m；α 为钢尺的线膨胀系数，一般取 1.25×10^{-5} m/(m·℃)；t_0 为钢尺检定时的温度（或标准温度，一般为 20 ℃）；t 为距离丈量时的温度，℃。

精密量距时，由于钢尺长度有误差并受量距时的环境影响，对量距结果应进行以下几项改正才能保证距离测量精度。

1. 尺长改正

钢尺名义长度 l_0 一般和实际长度不相等，所以每量一段都需加入尺长改正。在标准拉力、标准温度下经过检定实际长度为 l'，其与名义长度 l_0 的差值 Δl 为整尺段的尺长改正，即

$$\Delta l = l' - l_0 \tag{4-5}$$

任一长度 l 的尺长改正公式为：

$$\Delta l_d = \frac{\Delta l}{l_0} l \tag{4-6}$$

2. 温度改正

钢尺长度受温度的影响会伸缩。当野外量距时的温度 t 与检定钢尺时的温度 t_0 不

一致时，要进行温度改正，其改正公式为：

$$\Delta l_t = \alpha(t - t_0)l \tag{4-7}$$

3. 倾斜改正

设沿地面量斜距为 l，测得高差为 h，换成平距 D 时要进行倾斜改正 Δl_h。

$$\Delta l_h = D - l = \sqrt{l^2 - h^2} - l \tag{4-8}$$

当高差不大时，可用下式计算：

$$\Delta l_h = -\frac{h^2}{2l} \tag{4-9}$$

综上所述，每一尺段经改正后的水平距离为：

$$D = l + \Delta l_d + \Delta l_t + \Delta l_h \tag{4-10}$$

钢尺精密量距计算手簿见表 4-2。

表 4-2　钢尺精密量距计算手簿

钢尺号：No. 01	钢尺线膨胀系数：0.000 012 5 m·(m·℃)$^{-1}$				检定温度：20 ℃		计算者：李强
名义尺长：30 m	钢尺检定长度：30.001 5 m				检定拉力：10 kg		日期：2006-01-18
尺　段	尺段长度 /m	温度 /℃	高差 /m	尺长改正 /mm	温度改正 /mm	高差改正 /mm	改正后尺段长 /m
A—1	29.921 8	25.5	−0.152	+1.5	+2.0	−0.4	29.924 9
1—2	29.819 5	25.4	−0.071	+1.5	+1.9	−0.08	29.822 8
2—B	24.110 2	25.7	−0.210	+1.2	+1.6	−0.9	24.112 1
总　和							83.859 8

在表 4-2 中，利用式(4-6) 至式(4-10) 可分别计算出各尺段的尺长改正、温度改正、高差改正和改正后尺段长度。例如，A—1 尺段的计算方法如下：

尺长改正：

$$\Delta l_d = \frac{0.001\,5}{30} \times 29.921\,8 \approx +0.001\,5\ (\text{m})$$

温度改正：

$$\Delta l_t = 1.25 \times 10^{-5} \times (25.5 - 20) \times 29.921\,8 \approx +0.002\,0\ (\text{m})$$

倾斜改正：

$$\Delta l_h = -\frac{0.152^2}{2 \times 29.921\,8} = -0.000\,4\ (\text{m})$$

改正后尺段长：

$$D_{A-1} = 29.921\,8 + 0.001\,5 + 0.002\,1 - 0.000\,4 = 29.924\,9\ (\text{m})$$

五、钢尺量距的误差分析及注意事项

影响钢尺量距精度的因素有很多，主要有定线误差、尺长误差、温度测定误差、钢尺倾斜误差、拉力不均误差、钢尺对准误差、读数误差等。

钢尺在使用中应注意以下问题：

(1) 钢尺易生锈，所以工作结束后，应用软布擦去尺上的泥和水，涂上机油，以防生锈。

(2) 钢尺易折断，如果钢尺出现卷曲，切不可用力硬拉。

(3) 在行人和车辆多的地区量距时，中间要有专人保护，严防尺子被车辆压过而折断。

(4) 不准将尺子沿地面拖拉，以免磨损尺面刻划。

(5) 收卷钢尺时，应按顺时针方向转动钢尺摇柄，切不可逆转，以免折断钢尺。

第二节　光电测距

较长距离的钢尺量距是一项繁重的任务，劳动强度大、工作效率低，尤其是在山区或沼泽地区，无法量出所需的距离。1947 年，世界上诞生了第一台光电测距仪，而后，随着电子技术与计算机技术的飞速发展，光电测距仪器迅速发展，不仅精度高、速度快，而且进一步向自动化、小型化、综合化、多功能方向发展。

一、光电测距的基本原理

如图 4-6 所示，光电测距以光波（可见光或红外光）作为载波，通过测量它在待测距离 D 上往、返传播一次所需要的时间 t_{2D}，依下式来计算待测距离 D：

$$D = \frac{1}{2}ct_{2D} \tag{4-11}$$

式中，c 为光在大气中的传播速度，$c = \frac{c_0}{n}$。其中，c_0 为光在真空中的传播速度，迄今为止人类所测得的精确值为 $c_0 = 299\ 792\ 458\ \mathrm{m/s} \pm 1.2\ \mathrm{m/s}$；$n$ 为大气折射率，$n \geqslant 1$。

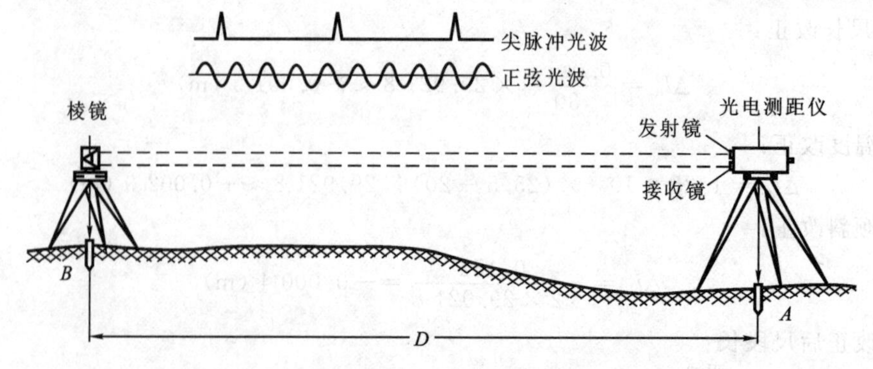

图 4-6　光电测距原理图

根据光波在待测距离 D 上往、返一次传播时间 t_{2D} 的测量方式的不同，光电测距可分为脉冲式和相位式两种。

1. 脉冲式测距

当测距仪发出光脉冲，经被测目标反射后，由测距仪接收系统接收，并被转换为时间间隔为 T 的电脉冲，测定脉冲信号在距离 D 上往返传播的脉冲个数为 n，则发射与接收脉冲信号的时间差 $t_{2D}=nT$，于是两点间的距离为：

$$D=\frac{1}{2}cnT \tag{4-12}$$

此公式为脉冲式测距的基本公式。脉冲式测距仪一般采用激光作为光源，通过测量激光从发射到返回的时间来计算距离。因此，时间测量对于脉冲式激光测距仪来说是非常重要的一个环节。

脉冲式激光测距仪一般可以不用合作目标（如反射棱镜）而直接利用被测目标对脉冲激光的漫反射进行测距，所以作业比较方便。但是这类仪器由于受脉冲宽度和电子计数器时间分辨率的限制，测距精度一般较难提高。

2. 相位式测距

相位式光电测距仪是将发射光波的光强调制成正弦波，通过测量正弦光波在待测距离上往返传播的相位移来解算距离。图 4-7 所示的是将返程的正弦波以反射棱镜 B 点为中心对称展开后的图形。正弦光波振荡一个周期的相位移是 2π，设发射的正弦光波经过 $2D$ 距离后的相位移为 φ，则 φ 中可以分解为 N 个 2π 整数周期和不足一个整数周期相位移 $\Delta\varphi$，即有：

$$\varphi=2\pi N+\Delta\varphi \tag{4-13}$$

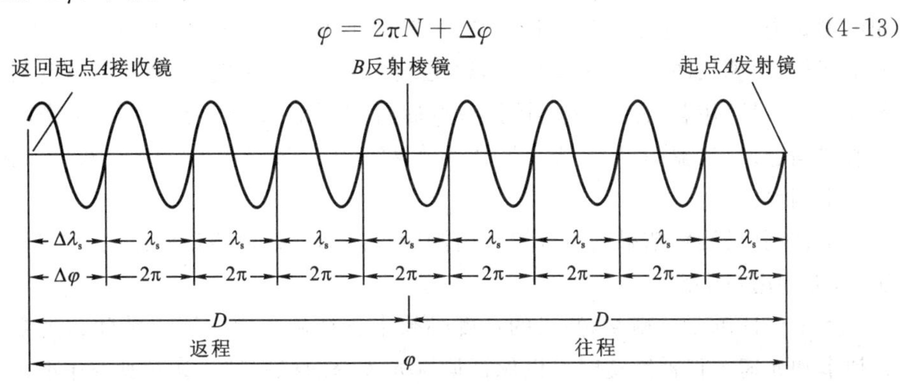

图 4-7　相位法测距原理图

另一方面，设正弦光波的振荡频率为 f，由于频率的定义是 1 s 振荡的次数，振荡一次的相位移为 2π，所以正弦光波经过 t_{2D} 时间后的相位移为：

$$\varphi=2\pi f t_{2D} \tag{4-14}$$

由式(4-13)和式(4-14)可以解出 t_{2D} 为：

$$t_{2D}=\frac{2\pi N+\Delta\varphi}{2\pi f}=\frac{1}{f}\left(N+\frac{\Delta\varphi}{2\pi}\right)=\frac{1}{f}(N+\Delta N) \tag{4-15}$$

式中，$\Delta N=\dfrac{\Delta\varphi}{2\pi}$，且 $0<\Delta N<1$。

将式(4-15)代入式(4-11),得:

$$D = \frac{c}{2f}(N + \Delta N) = \frac{\lambda}{2}(N + \Delta N) \tag{4-16}$$

式中,$\frac{\lambda}{2}$为正弦波的半波长,可以看做一根"光尺"的长度。取$c \approx 3 \times 10^8$ m/s,则不同的调制频率f对应的测尺长见表4-3。

表4-3 调制频率与测尺长度的关系

调制频率	15 MHz	7.5 MHz	1.5 MHz	150 kHz	75 kHz
测尺长度$\frac{\lambda}{2}$	10 m	20 m	100 m	1 km	2 km
精　度	1 cm	2 cm	10 cm	1 m	2 m

可见,f与$\frac{\lambda}{2}$的关系是:调制频率越大,测尺长度越短。

如果能够测出正弦光波在待测距离上往返传播的整周期相位移数N和不足一个周期的小数ΔN,就可以依式(4-16)解算出待测距离D。

在相位式光电测距仪中,有一个电子部件(称为相位计),它将发射镜中发射的正弦波与接收镜接收到的传播了$2D$距离后的正弦波进行相位比较,可以测出不足一个周期的小数ΔN,其测相误差一般小于1/1 000。相位计测不出整周期数N,这就使相位式光电测距方程式产生多值解。只有当待测距离小于测尺长度(此时$N = 0$)时,才有确定的距离值,但测尺越长,测距精度越低(见表4-3)。人们通过在相位式光电测距仪中设置多个"光尺",用各"光尺"分别测距,然后将测距结果组合起来的方法来解决距离的多值解问题。在仪器的多个"光尺"中,我们将其中长度最短的"光尺"称为精测尺,其余称为粗测尺。

精、粗测尺测距结果的组合过程由测距仪内的微处理器自动完成,并输送到显示窗显示,无须用户干涉。

为了保证测距的精度,测尺的长度必须十分精确。影响测距精度的因素有调制光的频率和光速。仪器制造时可以保证调制光频率的稳定性。光在真空中的速度是已知的,但当光线在大气中传播时,它通过不同密度的大气层的速度是不同的。因此,测得的距离还需加入气象改正。

二、红外测距仪及其成果整理

1. 红外测距仪的特点

(1) 仪器的形体小、质量轻,便于携带。现代红外测距仪主机不到1 kg,是当代高新技术的集成。

(2) 自动化程度高,测量速度快。仪器一旦启动测距,必须完成信号判别、调制频率转换、自动数字测相等一系列的技术过程，最后把距离直接显示出来，其时间只需几秒钟。

（3）功能多，使用方便。测距仪有各种测距功能以及可以满足各种不同要求的测量功能。

（4）功耗低，能源消耗少。

2. 红外测距仪的使用

现在生产的红外测距仪体积小、质量轻，所以一般安装在经纬仪上使用，如图 4-8 所示。反射棱镜通常与照准觇牌一起安置在单独的基座上，如图 4-9 所示。不同厂家生产的测距仪，虽然它们的基本工作原理和结构大致相同，但具体的操作方法还是有所差异的。

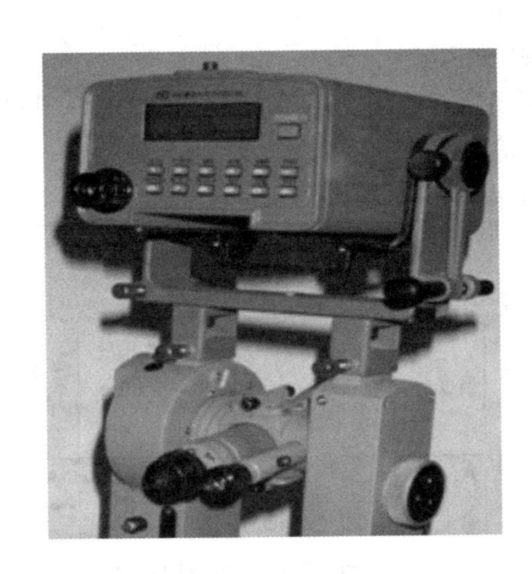

图 4-8　红外测距仪

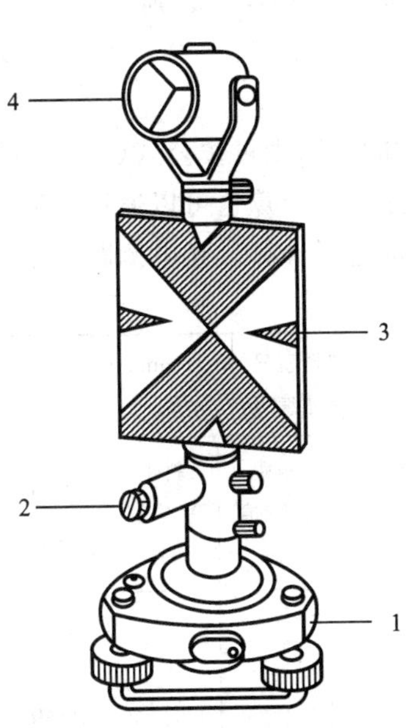

图 4-9　反射棱镜及照准觇牌

1—基座；2—光学对中器；

3—照准觇牌；4—反射棱镜

3. 光电测距成果整理

测距时所得的一般为野外测得的斜距，还必须经过改正才能得到两点间正确的水平距离。

1）仪器加常数、乘常数改正

仪器加常数是由仪器内光路等效发射面、接收面和仪器中心不一致，以及棱镜等效反射面和棱镜安置中心不一致造成的；仪器乘常数是由仪器的振荡频率发生变化造成的。仪器加常数改正与距离无关，仪器乘常数改正与距离成正比。现代测距仪都具有设置仪器常数并自动改正的功能。使用仪器前，应预先设置常数。但在使用过程中，常数不能改变，只有当仪器经专业检定部门检定，得出新的常数时，才能重新设置常数。

2）气象改正

仪器是按标准温度和标准气压设计制造的，但是在野外测量时，温度、气压会与标准值有差别，从而使测距结果产生系统误差。所以，测距时应测定环境温度和气压，利用仪器厂家提供的气象改正公式进行改正计算。目前，测距仪都具有设置气象参数并自动改正的功能，测距时只需将所测气象参数输入到测距仪中即可，甚至有的测距仪还具有自动测定气象参数的功能。

3）改正后的平距、高差计算

斜距观测值经过加、乘常数改正和气象改正后，即得到改正后的斜距 S。两点间的平距 D 和两点间测距仪与棱镜的高差 h' 是斜距在水平和垂直方向的分量，由经纬仪测定斜距方向的垂直角为 α，则有：

$$\left.\begin{aligned} D &= S\cos\alpha \\ h' &= S\sin\alpha \end{aligned}\right\} \tag{4-17}$$

若已知高差，则可按公式(4-17)计算倾斜改正。

水平距离的计算也可以通过输入天顶距或竖直角(电子经纬仪具有自动输入功能)由仪器自动进行计算。光电测距记录计算手簿见表 4-4。

表 4-4　光电测距记录计算手簿

仪器型号：RED mini 仪器编号：					天气： 日期：			观测者： 记录者：		
测站点 仪器高 /m	镜站点 觇标高 /m	斜距 观测值 /m	斜距 平均值 /m	竖盘 读数	竖直角 α	温度/℃	气压 /(mmHg)	气象 改正值 /m	改正后 斜距 S /m	平距 D /m
A点 1.503	B点 1.567	141.355 141.355 141.350 141.350 141.350	141.352	91°42′00″	−1°42′00″	25	761	+0.0013	141.353	141.291

注：1 mmHg=133.322 Pa。

【例 4-2】　用 RED mini 测距仪测得 A，B 两点间的斜距为 516.350 m，高差为 7.432 m，测距时温度为 20 ℃，气压为 740 mmHg。计算 A，B 两点间的水平距离。

注：RED mini 型测距仪的气象改正公式为：$\Delta l=\left(278.96-\dfrac{0.3872\,p}{1+0.00366\,t}\right)l$

【解】　气象改正值为：

$$\Delta l=\left(278.96-\frac{0.3872\times 740}{1+0.00366\times 20}\right)\times 0.51635=6.2\ (\text{mm})$$

倾斜改正值为：

$$\Delta l_h = -\frac{7.432^2}{2 \times 516.350} = -0.053\ (\text{m})$$

水平距离为：

$$D = l + \Delta l + \Delta l_h = 516.350 + 0.0062 - 0.053 = 516.303\ (\text{m})$$

三、光电测距的误差分析

光电测距仪测得的距离可写为：

$$D = \frac{c_0}{2fn}(N + \Delta N) + K \tag{4-18}$$

式中，K 为测距仪的加常数，它通过将测距仪安置在标准基线长度上进行比测，经回归统计计算求得。在式(4-18)中，待测距离 D 的误差来源于 c_0，f，n，ΔN 和 K 的测定误差。利用第五章的测量误差知识，通过将 D 对 c_0，f，n，ΔN 和 K 求全微分，然后利用误差传播定律求得 D 的方差 m_D^2 为：

$$m_D^2 = \left(\frac{m_{c_0}^2}{c_0^2} + \frac{m_n^2}{n^2} + \frac{m_f^2}{f^2}\right)D^2 + \frac{\lambda_{精}^2}{4}m_{\Delta N}^2 + m_K^2 \tag{4-19}$$

由式(4-19)可知，c_0，f，n 的误差与待测距离成正比，称为比例误差；ΔN 和 K 的误差与距离无关，称为固定误差。也可将式(4-19)缩写成：

$$m_D^2 = A^2 + B^2D^2 \tag{4-20}$$

或者写成常用的经验公式：

$$m_D = \pm(a + bD) \tag{4-21}$$

第三节　视距测量

视距测量是一种根据几何光学原理间接测距的方法。该方法利用十字丝分划板上的视距丝和刻有 cm 分划的视距尺(可用普通水准尺代替)，根据几何光学原理，测定两点间的水平距离。该方法也能同时测得两点之间的高差。

由于十字丝分划板上、下视距丝的位置固定，因此通过视距丝的视线所形成的夹角(视角)也是不变的，所以这种方法又称为定角视距测量。

视距测量测距简单、作业方便、观测速度快，一般不受地形条件的限制。但视距测量测程较短、测距精度较低，即使在比较好的外界条件下测距相对精度也仅有 1/200～1/300，低于钢尺量距；测定高差的精度低于水准测量和三角高程测量。因而普通视距测量广泛用于地形测量的碎部测量中。

一、视距测量的原理

1. 视准轴水平时的视距计算公式

如图 4-10 所示，AB 为待测距离，在 A 点安置经纬仪，B 点竖立视距尺，设望远镜视线水平(使竖直角为零,即竖直度盘读数为 90° 或 270°),瞄准 B 点的视距尺,此时视线与视距尺垂直。

在图 4-10 中,$p=\overline{mn}$ 为望远镜上、下视距丝的间距,$l=\overline{NM}$ 为视距间隔,f 为望远镜物镜焦距,δ 为物镜光心到仪器中心的距离。

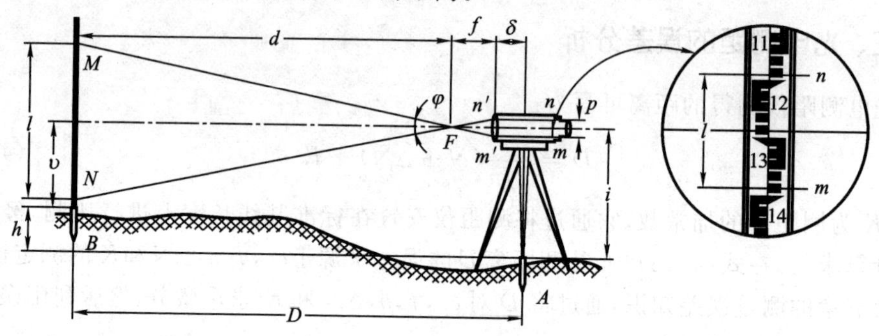

图 4-10 视准轴水平时视距测量

由于望远镜上、下视距丝的间距固定,因此从这两根丝引出去的视线在竖直面内的夹角也是固定的。设由上、下视距丝 n,m 引出去的视线在标尺上的交点分别为 N,M,则在望远镜视场内可以通过读取交点的读数 N,M 求出视距间隔 l。

图 4-10 所示的视距间隔为:

$$l=\text{下丝读数}-\text{上丝读数}=1.385-1.188=0.197\ (\text{m})$$

由于 $\triangle n'm'F$ 相似于 $\triangle NMF$,所以有 $\frac{d}{f}=\frac{l}{p}$,则:

$$d=\frac{f}{p}l \tag{4-22}$$

由图 4-10 及式(4-22)得:

$$D=d+f+\delta=\frac{f}{p}l+f+\delta \tag{4-23}$$

令 $K=\frac{f}{p}$,$C=f+\delta$,则有:

$$D=Kl+C \tag{4-24}$$

式中,K,C 分别为视距乘常数和视距加常数。设计制造仪器时,通常使 $K=100$,C 接近于零。因此,视准轴水平时的视距计算公式为:

$$D=Kl=100l \tag{4-25}$$

图 4-10 中对应的视距为:

$$D=100\times0.197=19.7\ (\text{m})$$

如果再在望远镜中读出中丝读数 v(或者取上、下丝读数的平均值),用小钢尺量出仪器高 i,则 A,B 两点的高差 h 为:

$$h=i-v \tag{4-26}$$

2. 视准轴倾斜时的视距计算公式

如图 4-11 所示，当视准轴倾斜时，由于视线不垂直于视距尺，所以不能直接应用式(4-25) 计算视距。由于 φ 角很小，约为 $34'23''$，所以可认为 $\angle M'MO \approx 90°$，又有 $\angle MOM' = \alpha$，即只要将视距尺绕与望远镜视线的交点 O 旋转如图所示的 α 角后就能与视线垂直，并有：

$$l' = l\cos\alpha \tag{4-27}$$

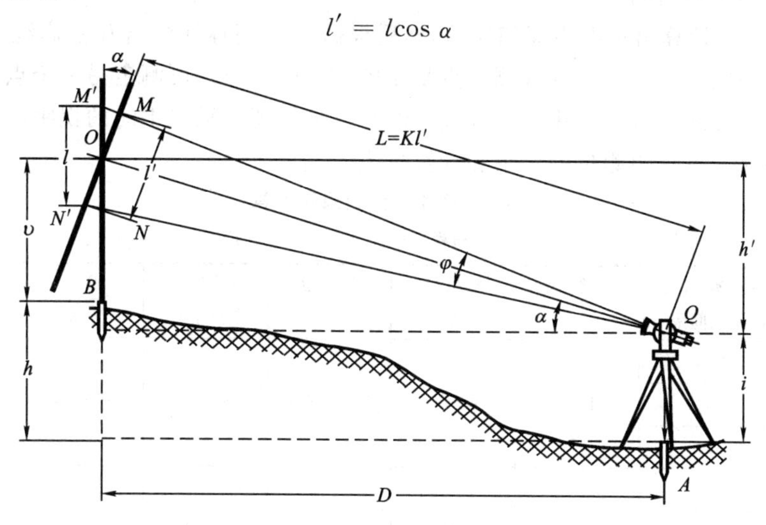

图 4-11　视准轴倾斜时的视距计算

则望远镜旋转中心 Q 与视距尺旋转中心 O 的视距为：

$$L = Kl' = Kl\cos\alpha \tag{4-28}$$

由此求得 A,B 两点间的水平距离为：

$$D = L\cos\alpha = Kl\cos^2\alpha \tag{4-29}$$

设 A,B 的高差为 h，则由图 4-11 可列出如下方程：

$$h + v = h' + i \tag{4-30}$$

式中，$h' = L\sin\alpha = Kl\cos\alpha\sin\alpha = \frac{1}{2}Kl\sin 2\alpha$，或者 $h' = D\tan\alpha$。h' 称为初算高差，将其代入上式，可得高差计算公式为：

$$\begin{aligned} h &= h' + i - v \\ &= \frac{1}{2}Kl\sin 2\alpha + i - v \\ &= D\tan\alpha + i - v \end{aligned} \tag{4-31}$$

二、视距测量的观测和计算

视距测量主要用于地形测量，以测定测站至地形点的水平距离及地形点的高程。视距测量的观测按下列步骤进行：

(1) 在控制点 A 上安置经纬仪，作为测站点。量取仪器高 i(取至 cm) 并抄录测站点

的高程 H_A(也取至 cm)。

(2) 立标尺于欲测定其位置的地形点上，尽量使尺子竖直，尺面对准仪器。

(3) 视距测量一般用经纬仪盘左位置进行观测，当望远镜瞄准标尺后，消除视差读取下丝读数 m 及上丝读数 n(读取 m,dm,cm,估读至 mm)，计算视距间隔 $l = m - n$。也可以直接读出视距间隔。

(4) 按公式计算出水平距离和高差，然后根据 A 点高程计算出 B 点高程。

以上只是完成对一个点的观测。重复步骤(2),(3),(4),可测定另一个点。

在十分平坦地区也可以用水准仪代替经纬仪采用视准轴水平时的视距测量方法。

用经纬仪进行视距测量的记录和计算见表 4-5。

表 4-5　视距测量记录和计算

测站:A　　测站高程:41.40 m　　仪器高:1.42 m

照准点号	下丝读数、上丝读数、视距间隔/m	中丝读数 v/m	竖盘读数 L	竖直角 α	水平距离 D/m	高差 h/m	高程 H/m
B	1.768 0.934 0.834	1.35	92°45′	+2°45′	83.21	+4.07	45.47
C	2.182 0.660 1.522	1.42	95°27′	+5°27′	150.83	+14.39	55.79
D	2.440 1.862 0.578	2.15	88°25′	−1°35′	57.76	−2.33	39.07

注:竖盘公式为 $\alpha = L - 90°$。

三、视距测量的误差分析

视距测量的主要误差来源有:视距丝在标尺上的读数误差、标尺不竖直误差、垂直角观测误差及外界气象条件的影响等。

1. 读数误差

视距间隔 l 由上、下视距丝在标尺上读数相减而得，由于视距常数 $K = 100$，因此视距丝的读数误差将扩大 100 倍地影响所测距离，即读数误差如果为 1 mm，则影响距离为 0.1 m。因此，在标尺上读数前，必须消除视差，读数时应十分仔细。另外，由于竖立标尺者不可能使标尺完全稳定不动，因此，上、下丝读数应几乎同时进行。建议应用经纬仪的竖盘微动螺旋将上丝对准标尺的整分米分划后，立即估读下丝的读数方法；同时，还要注意视距测量的距离不能太长，因为测量的距离越长，视距标尺 1 cm 分划的长度在望远镜十字丝分划板上的成像长度就越小，读数误差就越大。

2. 标尺不竖直误差

当标尺不竖直且偏离铅垂线方向 $d\alpha$ 角时，其对水平距离影响的微分关系为：

$$dD = -Kl\sin 2\alpha \frac{d\alpha}{\rho} \tag{4-32}$$

用目估使标尺竖直大约有1°的误差，即设 $Kl = 100$ m，按式(4-32)计算：当 $\alpha = 5°$ 时，$dD = 0.3$ m。由此可见，标尺倾斜对测定水平距离的影响随视准轴垂直角的增大而增大。在山区测量时，要特别注意将标尺竖直。视距标尺上一般装有水准器，立尺者在观测者读数时应参照尺上的水准器来保持标尺竖直及稳定。

3. 垂直角观测误差

垂直角观测误差在垂直角不大时对水平距离的影响较小，而主要是影响高差，其影响公式可对 h 微分得到：

$$dh = Kl\cos 2\alpha \frac{d\alpha}{\rho} \tag{4-33}$$

设 $Kl = 100$ m，$d\alpha = 1'$，则当 $\alpha = 5°$ 时，$dh = 0.03$ m。

由于视距测量时通常是用竖盘的一个位置（盘左或盘右）进行观测的，因此事先必须对竖盘的指标差进行检验和校正，使其尽可能小；或者每次测量之前测定指标差，在计算垂直角时加以改正。

4. 外界气象条件的影响

1）大气折光的影响

视线穿过大气时会产生折射，其光程从直线变为曲线，造成误差。由于视线靠近地面，折光大，所以规定视线应高出地面1 m以上。

2）大气湍流的影响

空气的湍流使视距成像不稳定，造成视距误差。当视线接近地面或水面时，这种现象更为严重，所以视线要高出地面1 m以上。此外，风和大气能见度对视距测量也会产生影响。风力过大，尺子会抖动，空气中的灰尘和水汽会使视距尺成像不清晰，造成读数误差，所以应选择良好的大气进行测量。

在以上的各种误差来源中，以读数误差和标尺不竖直误差的影响最为突出，必须给予充分注意。根据实践资料分析，在比较良好的外界条件下，距离在200 m以内时，视距测量的相对误差约为1/300。

第四节　直线定向

为了确定地面上两点间平面位置的相对关系，除了要测定两点间的水平距离外，还必须确定这条直线的方向。确定地面直线与标准方向间的水平夹角称为直线定向。进行直线定向，首先要选定一个标准方向作为定向基准，然后用直线与标准方向的水平夹角来表示该直线的方向。

一、标准方向

测量工作中常用的标准方向有以下三种：

1）真子午线方向

如图4-12所示，地表任意一点P与地球旋转轴所组成的平面与地球表面的交线称为P点的真子午线。真子午线在P点的切线方向称为P点的真子午线方向。可以应用天文测量方法或者陀螺经纬仪来测定地表任意一点的真子午线方向。

2）磁子午线方向

地表任意一点P与地球磁场南北极连线所组成的平面与地球表面的交线称为P点的磁子午线。磁子午线在P点的切线方向称为P点的磁子午线方向。可以应用罗盘仪来测定磁子午线方向。在P点安置罗盘，磁针自由静止时其轴线所指的方向即为P点的磁子午线方向。

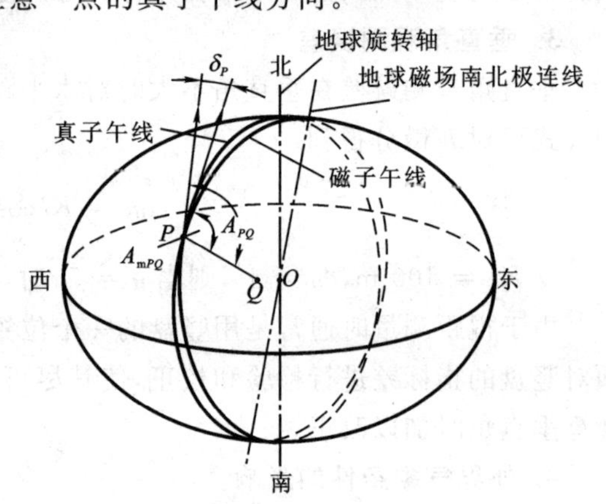

图4-12 真方位角与磁方位角关系图

3）坐标纵轴方向

过地表任意一点P且与其所在的高斯平面直坐标系或者假定坐标系的坐标纵轴平行的直线称为P点的坐标纵轴方向。在同一投影带中，各点的坐标纵轴方向是相互平行的。

二、直线定向的方法

测量工作中，常采用方位角或象限角来表示直线的方向。

1. 方位角

从直线起点的标准方向的北端起，顺时针到直线的水平夹角叫做方位角。方位角的取值范围是0°～360°。不同的标准方向所对应的方位角分别称为真方位角（用A表示）、磁方位角（用A_m表示）和坐标方位角（用α表示）。利用上述介绍的三个标准方向，可以对地表任一直线PQ定义三个方位角。

1）真方位角

由过P点的真子午线方向的北端起，顺时针到PQ的水平夹角，称为PQ的真子午线方位角，用A_{PQ}表示。

2）磁方位角

由过P点的磁子午线方向的北端起，顺时针到PQ的水平夹角，称为PQ的磁方位角，用A_{mPQ}表示。

磁方位角可以用罗盘仪测定。当测区内没有国家控制点可用而需要在小范围内建立假定坐标系的平面控制网时，可首先测量磁方位角，作为该控制网起始边的坐标方位角。

3）坐标方位角

由过 P 点的坐标纵轴方向的北端起，顺时针到 PQ 的水平夹角，称为 PQ 的坐标方位角，用 α_{PQ} 表示。

2. 三种方位角之间的关系

讨论任意一条直线 PQ 的三种方位角之间的关系，实际上就是讨论过 P 点的三种标准方向之间的关系。

1）真方位角 A_{PQ} 与磁方位角 A_{mPQ} 的关系

由于地球的南北极与地球磁场的南北极不重合，过地表任意一点的真子午线方向与磁子午线方向也不重合，两者之间的水平夹角称为磁偏角，用 δ_P 表示。磁偏角正负的定义为：以真子午线方向北端为基准，磁子午线方向北端偏东，$\delta_P > 0$；北端偏西，$\delta_P < 0$。图 4-12 中的 $\delta_P > 0$，由图可得：

$$A_{PQ} = A_{mPQ} + \delta_P \tag{4-34}$$

我国磁偏角的变化大约在 $+6° \sim -10°$ 之间。

2）真方位角 A_{PQ} 与坐标方位角 α_{PQ} 的关系

如图 4-13 所示，在高斯平面直角坐标系中，过其内任意一点 P 的真子午线是收敛于地球旋转轴南北两极的曲线。所以，只要 P 点不在赤道上，其真子午线方向与坐标纵轴方向就不重合，两者间的水平夹角称为子午线收敛角，用 γ_P 表示。子午线收敛角正负的定义为：以真子午线方向北端为基准，坐标纵轴方向北端偏东，$\gamma_P > 0$；北端偏西，$\gamma_P < 0$。图 4-13 中的 $\gamma_P > 0$，由图可得：

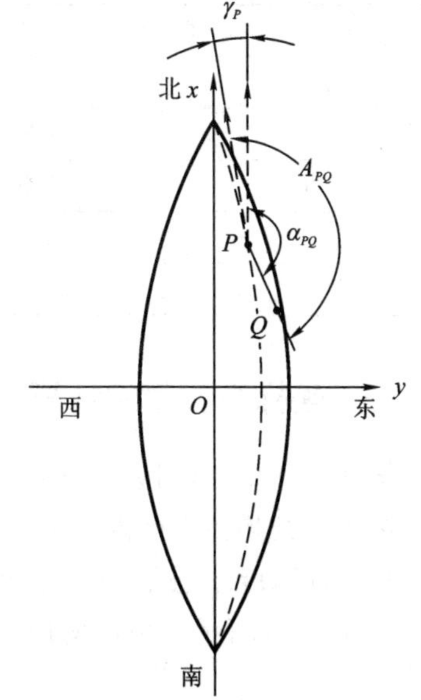

图 4-13　真方位角与坐标方位角的关系

$$A_{PQ} = \alpha_{PQ} + \gamma_P \tag{4-35}$$

其中，P 点的子午线收敛角可以按下列公式计算：

$$\gamma_P = (L_P - L_0)\sin B_P \tag{4-36}$$

式中，L_0 为 P 点所在中央子午线的经度；L_P，B_P 分别为 P 点的大地经度和纬度。

3）坐标方位角与磁方位角的关系

由式(4-34)和式(4-35)可得：

$$\alpha_{PQ} = A_{mPQ} + \delta_P - \gamma_P \tag{4-37}$$

3. 象限角

由标准方向的北端或南端沿顺时针或逆时针方向量至直线的锐角称为象限角。象限角的取值范围为 0° ~ 90°,用 R 表示。平面直角坐标系分为四个象限,以 Ⅰ,Ⅱ,Ⅲ,Ⅳ 表示。由于象限角可以自北端或南端量起,所以表示直线的方向时,不仅要注明其角度大小,而且要注明其所在象限。如图 4-14 所示,直线 OA,OB,OC,OD 分别位于四个象限中,其名称分别为北东(NE)、南东(SE)、南西(SW) 和北西(NW)。方位角和象限角可以互相换算,换算方法见表 4-6。

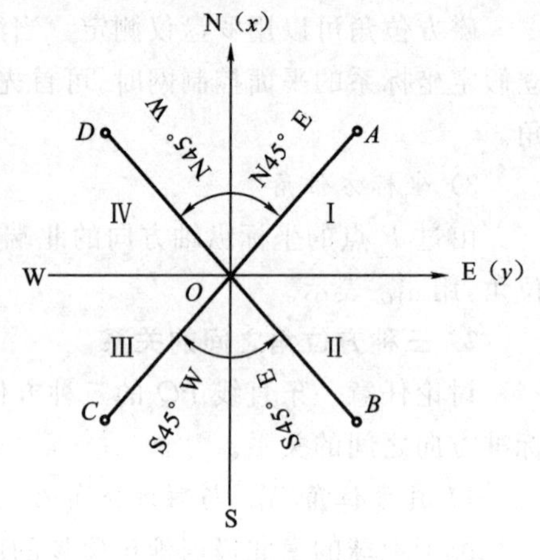

图 4-14　象限角

表 4-6　方位角和象限角的关系

象　限		由方位角 α 求象限角 R	由象限角 R 求方位角 α
编　号	名　称		
Ⅰ	北东(NE)	$R = \alpha$	$\alpha = R$
Ⅱ	南东(SE)	$R = 180° - \alpha$	$\alpha = 180° - R$
Ⅲ	南西(SW)	$R = \alpha - 180°$	$\alpha = 180° + R$
Ⅳ	北西(NW)	$R = 360° - \alpha$	$\alpha = 360° - R$

三、坐标方位角的计算

测量工作中,应用最多的是坐标方位角。在以后的讨论中,除非特别声明,否则所提及的方位角均指坐标方位角。

1. 由已知点的坐标反算坐标方位角

由图 4-15 所示的坐标增量三角形可得:

$$R_{AB} = \arctan \frac{\Delta y_{AB}}{\Delta x_{AB}} \tag{4-38}$$

式中,Δx_{AB} 为边长 $A \rightarrow B$ 的纵坐标增量;Δy_{AB} 为边长 $A \rightarrow B$ 的横坐标增量;R_{AB} 为边长 $A \rightarrow B$ 的象限角。

如果将边长 AB 看成一个矢量,则它的 x,y 坐标增量就是边长矢量在 x,y 轴方向上的投影分量。根据力学的力三角形法则,标出边长 $A \rightarrow B$ 的坐标增量的方向如图4-15 所示。可以根据边长的坐标增量方向与对应坐标轴方向的关系来判别坐标增量的正负。当坐标增量方向与对应坐标轴方向相同时,坐标增量为正;相反为负。图 4-15 中的 Δx_{AB},Δy_{AB} 均为负,所以象限角 R_{AB} 位于第三象限。由式(4-38) 所得的象限角 $R_{AB} > 0$。

根据坐标方位角的定义，由图 4-15 可得坐标方位角与象限角的关系为：

$$\alpha_{AB} = 180° + R_{AB} \tag{4-39}$$

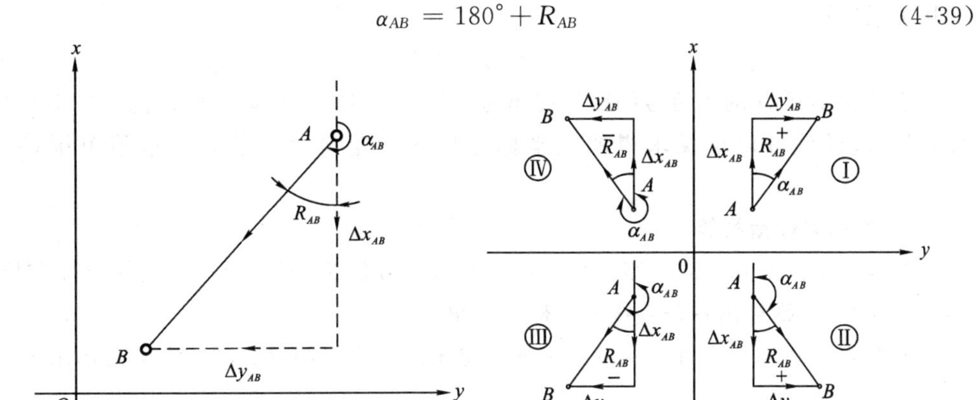

图 4-15　由坐标反算坐标方位角　　　　图 4-16　象限角与方位角的关系

图 4-16 以坐标增量 Δx_{AB}，Δy_{AB} 为纵、横轴画出了当象限角 R_{AB} 分别位于 Ⅰ，Ⅱ，Ⅲ，Ⅳ 象限时坐标方位角与象限角的关系。由图可以总结出坐标方位角与坐标增量正负的关系，见表 4-7。

表 4-7　坐标增量正负号

象　限	坐标方位角	cos α	sin α	Δx	Δy
Ⅰ	0°～ 90°	+	+	+	+
Ⅱ	90°～ 180°	−	+	−	+
Ⅲ	180°～ 270°	−	−	−	−
Ⅳ	270°～ 360°	+	−	+	−

【例 4-3】　图 4-15 中，A，B 两点的坐标分别为：$x_A = 512.562$ m，$y_A = 847.389$ m，$x_B = 315.645$ m，$y_B = 694.021$ m。计算 AB 坐标方位角 α_{AB}。

【解】

$$\Delta x_{AB} = x_B - x_A = 315.645 - 512.562 = -196.917\ (\text{m})$$

$$\Delta y_{AB} = y_B - y_A = 694.021 - 847.389 = -153.368\ (\text{m})$$

$$R_{AB} = \arctan\frac{\Delta y_{AB}}{\Delta x_{AB}} = 37°54'47''$$

因 $\Delta x_{AB} < 0$，$\Delta y_{AB} < 0$，所以象限角位于第三象限，故坐标方位角为：

$$\alpha_{AB} = R_{AB} + 180° = 217°54'47''$$

2. 正、反坐标方位角

正、反坐标方位角是一个相对概念，如果称 α_{AB} 为正方位角，则 α_{BA} 就是 α_{AB} 的反方位角，反之亦然。由图 4-17 容易看出，正、反坐标方位角的关系为：

$$\alpha_{BA} = \alpha_{AB} + 180^\circ$$

通用关系应该为：

$$\alpha_{BA} = \alpha_{AB} \pm 180^\circ \tag{4-40}$$

上式中180°前的正负号的取号规律为：当$\alpha_{AB} < 180^\circ$时，取正号；当$\alpha_{AB} > 180^\circ$时，取负号。这样就可以确保求得的反坐标方位角一定满足方位角的取值范围(0°～360°)。

3. 坐标方位角推算

在实际工作中并不需要测定每条直线的坐标方位角，而是通过与已知坐标方位角的直线联测后，推算出各条直线的坐标方位角。

如图4-18所示，已知$A \to B$的坐标方位角α_{AB}，用经纬仪观测了水平角β，求$B \to 1$的坐标方位角α_{B1}。

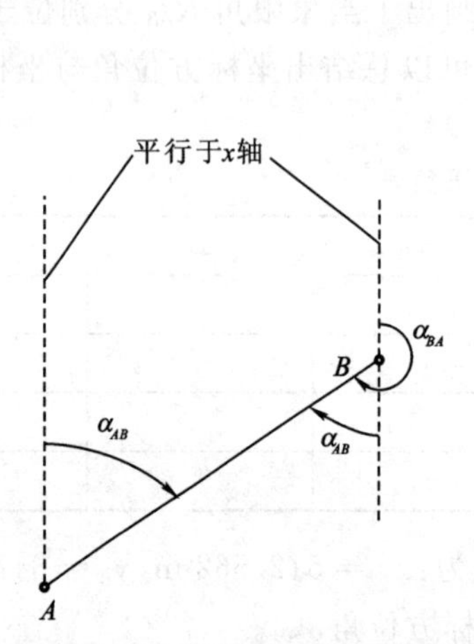

图4-17　正、反坐标方位角的关系

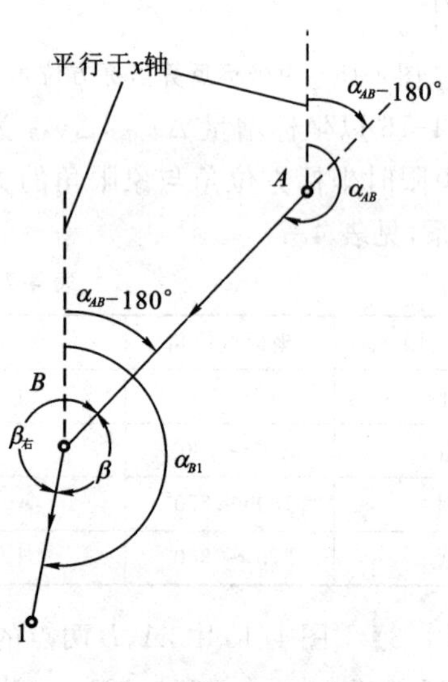

图4-18　坐标方位角推算

分别过A，B点作x轴的平行线，如图中虚线所示，根据坐标方位角的定义及图中的几何关系容易得出：

$$\begin{aligned}\alpha_{B1} &= \alpha_{AB} - 180^\circ + \beta \\ &= \alpha_{AB} + \beta - 180^\circ\end{aligned} \tag{4-41}$$

由于观测的水平角β位于坐标方位角推算路线$A \to B \to 1$的左边，所以称β角相对于上述推算路线为左角。如果观测的是右角$\beta_{右}$，则有$\beta = 360^\circ - \beta_{右}$，将其代入式(4-41)得：

$$\alpha_{B1} = \alpha_{AB} - \beta_{右} + 180^\circ \tag{4-42}$$

式(4-41)和式(4-42)就是坐标方位角的推算公式。由此可以写出推算坐标方位角的一般公式为：

$$\left.\begin{aligned}\alpha_{前} &= \alpha_{后} + \beta_{左} \pm 180^\circ \\ \alpha_{前} &= \alpha_{后} - \beta_{右} \pm 180^\circ\end{aligned}\right\} \tag{4-43}$$

式中，用 $\beta_{左}$ 推算时是加 $\beta_{左}$，用 $\beta_{右}$ 推算时是减 $\beta_{右}$，简称“左加右减”；等号右边最后一项 180° 前正负号的取号规律是：当等号右边前两项的计算结果小于 180° 时取正号，大于 180° 时取负号。实际中，可以按照下列公式计算坐标方位角：

$$\left.\begin{aligned}\alpha_{前} &= \alpha_{后} + \beta_{左} + 180^\circ \\ \alpha_{前} &= \alpha_{后} - \beta_{右} + 180^\circ\end{aligned}\right\} \tag{4-44}$$

若计算的前进边坐标方位角在 $0^\circ \sim 360^\circ$，则就是正确的坐标方位角。若按此公式计算的坐标方位角大于 360°，再减 360°；若小于 0°，再加 360°，这样就可以确保求得的坐标方位角一定满足方位角的取值范围（$0^\circ \sim 360^\circ$）。

【例 4-4】　已知起始边 AB 的坐标方位角为 $40^\circ48'00''$，观测角如图 4-19 所示，试求多边形 BC，CD，DA 边的坐标方位角。

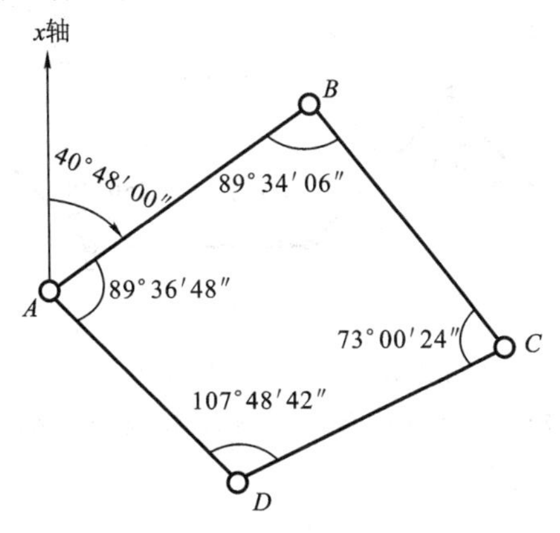

图 4-19　导线观测数据

【解】　由题意知，计算坐标方位角的路线为 $ABCDA$，因此，观测角度变成前进方向的右角，由式(4-44)可得：

$$\alpha_{BC} = 40^\circ48'00'' - 89^\circ34'06'' + 180^\circ = 131^\circ13'54''$$

$$\alpha_{CD} = 131^\circ13'54'' - 73^\circ00'24'' + 180^\circ = 238^\circ13'30''$$

$$\alpha_{DA} = 238^\circ13'30'' - 107^\circ48'42'' + 180^\circ = 310^\circ24'48''$$

检核：

$$\alpha_{AB} = 310^\circ24'48'' - 89^\circ36'48'' - 180^\circ = 40^\circ48'00''$$

思考题与习题

1. 直线定线的目的是什么？直线定线有哪些方法？应如何进行？
2. 简述用钢尺在平坦地面量距的步骤。

3. 用钢尺量距时，会产生哪些误差？

4. 说明视距测量的方法。

5. 说明脉冲式和相位式光电测距的基本原理。

6. 为什么相位式光电测距仪要设置精、粗测尺配合使用？

7. 进行视距测量时，仪器高为 1.45 m；上、中、下丝在水准尺上的读数分别为 1.386 m，1.270 m，1.154 m；测得竖直角为 $+3°56'$。求立尺点到测站点的水平距离和高差。

8. 直线定向的目的是什么？它与直线定线有何区别？

9. 标准方向有哪几种？它们之间有什么关系？

10. 何谓坐标方位角？若 $\alpha_{AB}=298°36'48''$，则 α_{BA} 等于多少？

11. 如图 1 所示，已知 $\alpha_{12}=75°32'$，求其余各边的坐标方位角。

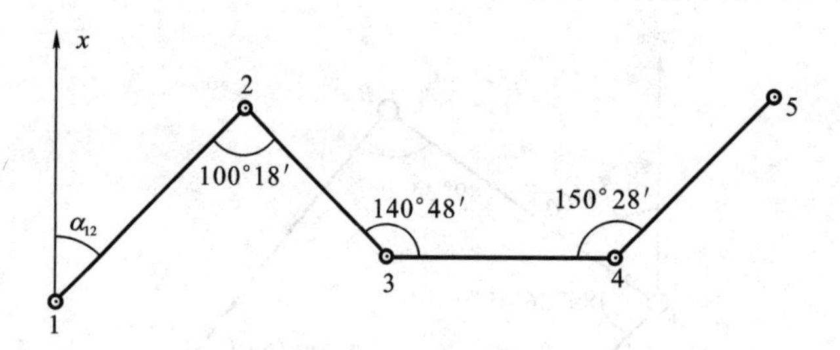

图 1　习题 11 的图

12. 如图 2 所示，已知 $\alpha_{AB}=140°36'$，求其余各边的坐标方位角。

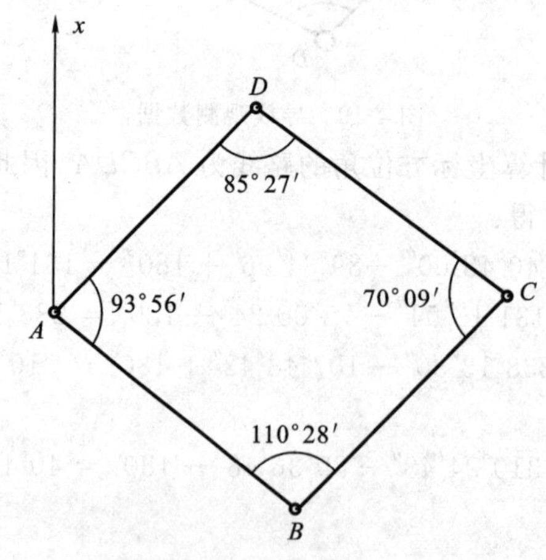

图 2　习题 12 的图

第五章　测量误差的基本知识

第一节　测量误差概述

一、测量误差的概念

当对一个未知量如某个角度、某两点间的距离或高差等进行多次重复观测时，每次所得到的结果往往并不完全一致，而且与其真实值也往往存在差异。这种差异实质上是观测值与真实值（简称真值）之间的差异，称为测量误差或者观测误差，亦称为真误差。

设观测值为 $L_i(i=1,2,\cdots,n)$，其真值为 X，则测量误差 Δ_i 的数学表达式为：

$$\Delta_i = L_i - X \quad (i=1,2,\cdots,n) \tag{5-1}$$

在通常情况下，每次观测都会有观测误差存在。例如，在水准测量中，闭合路线的高差理论上应该等于零，但实际观测值的闭合差往往不为零；观测某一平面三角形的三个内角时，所得观测值之和常常不等于理论值 180°。这些现象都表明了在观测值中不可避免地存在测量误差。

二、测量误差的来源

测量工作是观测者使用某种测量仪器或工具，在一定的外界条件下进行的观测活动。因此，测量误差的来源主要有以下三个方面：

(1) 仪器误差。由于仪器、工具构造上有一定的缺陷，而且仪器、工具本身精密度也有一定的限制，所以使用这些仪器进行测量时会给观测结果带来误差，例如经纬仪的视准轴不垂直于横轴、横轴不垂直于竖轴等。

(2) 观测误差。主要体现在仪器的对中、照准、读数等几个方面。这是由于观测者测量技术水平或者感官能力的局限造成的。

(3) 外界环境的影响。在观测中，不断变化的温度、湿度、风力、可见度、大气折光等外界因素也会给测量带来误差。

大量的实践证明，测量误差主要是上述三方面因素的综合影响造成的。因此，通常把仪器、观测者和外界环境合称为观测条件。

在实际工作中，根据不同的测量目的和要求，允许在测量结果中含有一定程度的测量误差，但必须设法将误差限制在满足测量目的和要求的范围以内。

三、测量误差的分类

根据误差性质的不同，测量误差可以分为系统误差、偶然误差和粗差三大类。

1. 系统误差

在一定的观测条件下对某量进行一系列观测，若测量误差的符号和大小保持不变或按照一定的规律变化，则这种误差称为系统误差。例如，用名义长度为 30 m，而检定长度为 30.008 m 的钢尺进行量距而产生的影响，地球曲率和大气折光对高程测量的影响等均属于系统误差。

由于系统误差具有符号和大小保持不变或者按一定的规律变化的特性，因此在观测成果中的影响具有累积性，对观测结果的危害性很大。所以在测量工作中，应尽量设法减弱或消除系统误差的影响。系统误差可以通过下列三种有效的方法进行处理：

(1) 按要求严格检校仪器，将因仪器而产生的系统误差控制在允许范围内。

(2) 在观测方法和观测程序上采取必要的措施，限制或削弱系统误差的影响，如在水准测量中保持前、后视距尽量相等，在角度测量中采用盘左、盘右进行观测等。

(3) 利用计算公式对观测值进行必要的改正，如在距离丈量中，对观测值进行尺长、温度和倾斜等三项改正。

2. 偶然误差

在一定的观测条件下进行一系列的观测，如果误差的大小和符号都表现出随机性，这样的误差就称为偶然误差。从表面上看，偶然误差没有一定的规律可遵循，但当对大量的偶然误差进行统计分析时，就会发现其规律性，并且随着偶然误差个数的增加，其规律性也越明显。

偶然误差是由于观测者的感官能力和仪器性能受到一定的限制，以及观测时不断变化的外界条件的影响等原因造成的，如在普通水准测量时，水准尺毫米数值的估读误差；在角度测量时，用经纬仪瞄准目标的照准误差；忽大忽小变化的风力对仪器、立尺的影响等。

3. 粗差

粗差属于一种大量级的测量误差，在一些教材上亦称之为错误。在测量成果中，是不允许有粗差存在的。一旦发现粗差的存在，该观测值必须剔除并重新测量。

粗差产生的原因较多，但往往与测量失误有关，例如测量数据的误读、记录人员的误记、照准错误的目标、对中操作产生较大的目标偏离等。

在实际测量中，只要严格遵守相关测量规范，粗差是可以被发现并剔除的，系统误差也可以被改正，而偶然误差却是不可避免的，并且很难完全消除。因此，在消除或大大削弱了粗差和系统误差的观测值误差后，偶然误差就占据了主导地位，其大小将直接影响测量成果的质量。因此，了解和掌握偶然误差的统计规律，对提高测量精度是很有必要的。

第二节　偶然误差的基本特性

前已述及，在观测结果中主要存在偶然误差，为了研究观测结果的质量，就必须进一步研究偶然误差的性质。下面通过一个例子来对偶然误差进行统计分析，并总结其基本特性。

在相同的观测条件下，独立地对217个平面三角形的三个内角进行了观测。平面三角形三个内角之和的真值应该等于180°，但由于观测值含有误差，往往不等于真值。为研究方便，假设已经通过采取措施和加改正等方法消除了粗差和系统误差，因此，观测值的真误差主要是偶然误差。各三角形内角和的真误差为：

$$\Delta_i = L_i - 180^\circ \quad (i = 1,2,\cdots,n) \tag{5-2}$$

式中，Δ_i 为第 i 个三角形内角和的真误差；L_i 为第 i 个三角形三个内角观测值之和。

通过式(5-2)可计算出217个三角形内角观测值之和的真误差。将真误差按照误差区间 $d_\Delta = 3''$ 进行归类，统计出在各区间内的正、负误差的个数 k，并计算出 k/n（n 为观测值总数，$n = 217$），则 k/n 即为误差在该区间的频率，列成误差频率分布表见表5-1。

表5-1　误差频率分布表

误差区间 $d_\Delta=3''$	正误差 $+\Delta$		负误差 $-\Delta$		总　数	
	个数 k	频率 k/n	个数 k	频率 k/n	个数 k	频率 k/n
$0''\sim3''$	30	0.138	29	0.134	59	0.272
$3''\sim6''$	21	0.097	20	0.092	41	0.189
$6''\sim9''$	15	0.069	18	0.083	33	0.152
$9''\sim12''$	14	0.065	16	0.073	30	0.138
$12''\sim15''$	12	0.055	10	0.046	22	0.101
$15''\sim18''$	8	0.037	8	0.037	16	0.074
$18''\sim21''$	5	0.023	6	0.028	11	0.051
$21''\sim24''$	2	0.009	2	0.009	4	0.018
$24''\sim27''$	1	0.005	0	0	1	0.005
$>27''$	0	0	0	0	0	0
合　计	108	0.498	109	0.502	217	1.000

为了充分反映误差分布的情况，除了用上述表格的形式外，还可以用直方图来表示。以 Δ 为横坐标，以频率 k/n 与区间 d_Δ 的比值 $k/(nd_\Delta)$ 为纵坐标，绘制如图5-1所示的频率直方图。

可以设想，如果对三角形做更多次的观测，即 $n\to\infty$，同时将误差区间 d_Δ 无限地缩小，那么图5-1中的细长状矩形的顶边所形成的折线将变成一条光滑的曲线，称为误差

分布曲线,如图 5-2 所示。在概率论中,这条曲线又称为正态分布曲线(或高斯曲线),其概率密度函数为:

$$f(\Delta)=\frac{1}{\sigma\sqrt{2\pi}}\mathrm{e}^{-\frac{\Delta^2}{2\sigma^2}} \tag{5-3}$$

式中,e 为自然对数的底;σ 为误差分布的标准差。

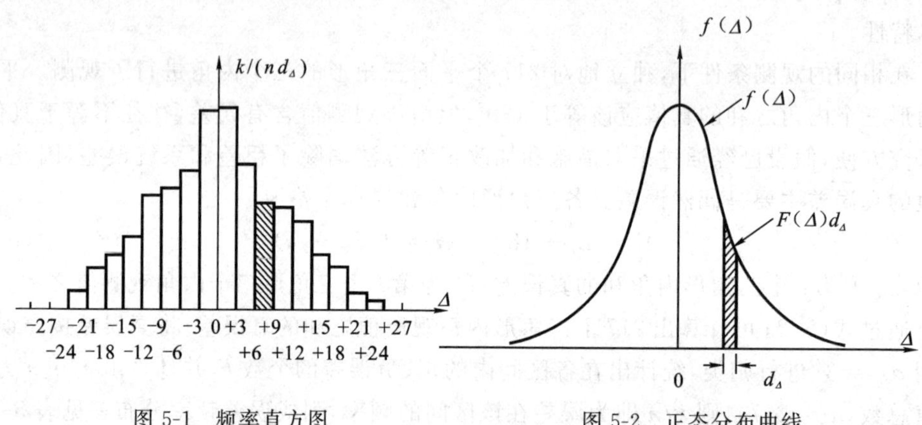

图 5-1　频率直方图　　　　图 5-2　正态分布曲线

从表 5-1,图 5-1 和图 5-2 中可以总结出偶然误差具有以下的特性:

(1) 有界性。在一定的观测条件下进行观测时,偶然误差的绝对值不会超过一定的限值。

(2) 对称性。绝对值相等的正、负误差出现的概率相同。

(3) 趋向性。绝对值较小的误差比绝对值较大的误差出现的概率大。

(4) 抵偿性。当观测次数无限增多时,偶然误差的算术平均值趋近于零,即

$$\lim_{n\to\infty}\frac{\Delta_1+\Delta_2+\cdots+\Delta_n}{n}=\lim_{n\to\infty}\frac{[\Delta]}{n}=0 \tag{5-4}$$

式中,[] 为高斯求和符号,即$[\Delta]=\sum\Delta_i$;n 为观测值的个数。

第三节　衡量观测值精度的指标

精度是指在一定的观测条件下,对某个量进行观测,其误差分布的密集或离散的程度。

由于精度是表征误差的特征,而观测条件又是造成误差的主要来源,因此,在相同的观测条件下进行的一组观测,尽管每一个观测值的真误差不一定相等,但它们都对应着同一个误差分布,即对应着同一个标准差。因此,可以称这组观测为等精度观测,所得到的观测值为等精度观测值。如果仪器的精度不同,或观测方法不同,或外界条件的变化较大,就属于不等精度观测,所对应的观测值就是不等精度观测值。

为了更方便地衡量观测结果精度的优劣，必须有一个评定精度的统一数字指标。中误差、平均误差、相对中误差和容许误差(极限误差)是测量工作中最常用的衡量精度的指标。

一、中误差

误差分布曲线中的标准差 σ 是衡量精度的一个指标，但它只是理论上的表达式。在实际测量中，观测次数总是有限的。为了评定精度，我们引入中误差 m，它实际上是标准差 σ 的一个估值。随着观测次数 n 的增加，m 将趋近于标准差 σ。中误差 m 的表达式为：

$$m = \pm\sqrt{\frac{[\Delta\Delta]}{n}} \tag{5-5}$$

中误差 m 和标准差 σ 的区别在于观测次数 n 上。标准差 σ 表征了一组等精度观测在 $n \to \infty$ 时误差分布的扩散特征，即理论上的观测精度指标；而中误差 m 则是一组等精度观测在 n 为有限次数时的观测精度指标。

中误差 m 不同于各个观测值的真误差 Δ_i，它反映的是一组观测精度的整体指标；而真误差 Δ_i 是描述每个观测值误差的个体指标。在一组等精度观测中，各观测值具有相同的中误差，但各个观测值的真误差往往不等于中误差，且彼此也不一定相等，有时差别还比较大(见表 5-1)，这是由于真误差具有偶然误差特性的缘故。

和标准差一样，中误差的大小也反映出一组观测值误差的离散程度。中误差 m 越小，表明该组观测值误差的分布越密集，各观测值之间的整体差异也越小，这组观测值的精度就越高；反之，该组观测值的精度就越低。

【例 5-1】 对某个量进行两组观测，各组均为等精度观测，其真误差分别如下所示，试评定哪组观测值的精度高？

第一组：$+3''，-2''，-4''，+2''，0''，-4''，+3''，+2''，-3''，-1''$；

第二组：$0''，-2''，-7''，+2''，+1''，+1''，-8''，0''，+3''，-1''$。

【解】 根据公式(5-5)，分别计算两组观测值的中误差：

$$m_1 = \pm\sqrt{\frac{3^2+(-2)^2+(-4)^2+2^2+0^2+(-4)^2+3^2+2^2+(-3)^2+(-1)^2}{10}}$$

$$= \pm 2.7''$$

$$m_2 = \pm\sqrt{\frac{0^2+(-2)^2+(-7)^2+2^2+1^2+1^2+(-8)^2+0^2+3^2+(-1)^2}{10}}$$

$$= \pm 3.6''$$

由于第一组中误差 m_1 小于第二组中误差 m_2，因此，可以判定第一组观测值的精度较高。

二、平均误差

在测量工作中，有时为了计算简便，采用平均误差 θ 这一指标。平均误差就是在一组等精度观测中，各误差绝对值的平均值，其表达式为：

$$\theta = \pm \frac{[|\Delta|]}{n} \tag{5-6}$$

式中，$[|\Delta|]$为误差绝对值的总和。

【例 5-2】 在例题 5-1 中，请计算两组观测值的平均误差。

【解】 根据公式(5-6)分别计算两组观测值的平均误差：

$$\theta_1 = \pm \frac{3+2+4+2+0+4+3+2+3+1}{10} = \pm 2.4''$$

$$\theta_2 = \pm \frac{0+2+7+2+1+1+8+0+3+1}{10} = \pm 2.5''$$

需要说明的是，平均误差虽然计算简便，但是在评定误差分布上，其可靠性不如中误差准确。因此，我国的有关规范均统一采用中误差作为衡量精度的指标。

三、相对误差

中误差和真误差都属于绝对误差。在实际测量中，有时依据绝对误差还不能完全反映出误差分布的全部特征，这在量距工作中特别明显。例如，分别丈量长度为 500 m 和 100 m 的两段距离，中误差均为±0.02 m，此时显然就不能认为这两组的测量精度相等。因为在量距工作中，误差的分布特征除了和中误差有关外，还与距离的长短有关。因此，在计算精度指标时，还应该考虑距离长短的影响，这就引出相对误差的概念。如果相对误差是由中误差求得的，则称之为相对中误差。

相对中误差 K 是中误差的绝对值与相应观测值的比值，是一个无量纲的相对值，通常用分子为 1，分母为整数的分数形式来表述。相对中误差的表达式为：

$$K = \frac{|m|}{D} = \frac{1}{D/|m|} \tag{5-7}$$

式中，D 为量距的观测值。

利用式(5-7)可得出上述两组距离测量的相对中误差分别为：

$$K_1 = \frac{|m_1|}{D_1} = \frac{0.02}{500} = \frac{1}{25\,000}$$

$$K_2 = \frac{|m_2|}{D_2} = \frac{0.02}{100} = \frac{1}{5\,000}$$

由于第一组的相对中误差比较小，因此第一组的精度较高。

在距离测量中，由于不知道其真值，所以不能直接运用式(5-7)来计算相对中误差，而是常采用往、返观测值的相对较差来进行校核。相对较差的表达式为：

$$\frac{|D_{往} - D_{返}|}{D_{平均}} = \frac{\Delta D}{D_{平均}} = \frac{1}{D_{平均}/\Delta D} \tag{5-8}$$

从式(5-8)可以看出，相对较差实质上是相对真误差，它反映了该次往、返观测值的误差情况。显然，相对较差越小，观测结果越可靠。

还有一点值得注意的是，当用经纬仪观测角度时，只能用中误差而不能用相对误差作为精度的衡量指标，因为测角误差与角度的大小是没有关系的。

四、极限误差和容许误差

由偶然误差的特性可知，在一定的观测条件下，误差的绝对值不会超过某一限值。这个限值称为极限误差。误差理论和大量的实践证明，在一组等精度观测中，从统计意义上来说，偶然误差的概率值与区间的大小有一定的联系：

$$P\{-\sigma<\Delta<+\sigma\}=\int_{-\sigma}^{+\sigma}f(\Delta)\mathrm{d}\Delta=\int_{-\sigma}^{+\sigma}\frac{1}{\sigma\sqrt{2\pi}}\mathrm{e}^{-\frac{\Delta^2}{2\sigma^2}}\mathrm{d}\Delta=0.683 \tag{5-9}$$

$$P\{-2\sigma<\Delta<+2\sigma\}=\int_{-2\sigma}^{+2\sigma}f(\Delta)\mathrm{d}\Delta=\int_{-2\sigma}^{+2\sigma}\frac{1}{\sigma\sqrt{2\pi}}\mathrm{e}^{-\frac{\Delta^2}{2\sigma^2}}\mathrm{d}\Delta=0.955 \tag{5-10}$$

$$P\{-3\sigma<\Delta<+3\sigma\}=\int_{-3\sigma}^{+3\sigma}f(\Delta)\mathrm{d}\Delta=\int_{-3\sigma}^{+3\sigma}\frac{1}{\sigma\sqrt{2\pi}}\mathrm{e}^{-\frac{\Delta^2}{2\sigma^2}}\mathrm{d}\Delta=0.997 \tag{5-11}$$

上述诸式说明，在一定的观测条件下，绝对值大于一倍标准差 $\pm\sigma$ 的偶然误差出现的概率为32%，大于两倍标准差 $\pm 2\sigma$ 的偶然误差出现的概率为4.5%，大于三倍标准差 $\pm 3\sigma$ 的偶然误差出现的概率只有0.3%，而0.3%的概率事件可以认为已经接近于零事件。因此，通常将三倍标准差 3σ 作为偶然误差的极限误差。

在实际测量工作中，由于对误差控制的要求不尽相同，有些时候要求较高，有些时候要求较低，因此，常将中误差的2倍或者3倍作为偶然误差的容许值，称为容许误差，即

$$|\Delta_{容}|=2|m| \quad 或 \quad |\Delta_{容}|=3|m|$$

通常前者要求比较严格，后者要求相对宽松。如果在观测值中出现有大于容许误差的观测值误差，则认为该观测值不可靠，应舍弃不用，并重新测量。

第四节　误差传播定律

在实际测量工作中，有些量往往是不能直接观测得到的，需要借助其他的观测量按照一定的函数关系间接计算得到。由于直接观测的量含有误差，因而它的函数亦必然存在误差。阐述各观测量的中误差与其函数的中误差之间关系的定律，称为误差传播定律。

设 Z 是独立观测量 $x_1,x_2,\cdots,x_n$ 的一般函数，即

$$Z=f(x_1,x_2,\cdots,x_n) \tag{5-12}$$

其中，函数 Z 的中误差为 m_Z，各独立观测量 $x_1,x_2,\cdots,x_n$ 的中误差分别为 $m_1,m_2,\cdots,m_n$。设 l_i 为各独立观测量 x_i 相应的观测值，Δ_i 为各观测值 l_i 的偶然误差，那么根据式(5-12)有：

$$Z=f(l_1-\Delta_1,l_2-\Delta_2,\cdots,l_n-\Delta_n) \tag{5-13}$$

用泰勒级数展开并保留一次项成线性函数的形式,则式(5-13)可整理为:

$$Z=f(l_1,l_2,\cdots,l_n)-\left(\frac{\partial f}{\partial x_1}\Delta_1+\frac{\partial f}{\partial x_2}\Delta_2+\cdots+\frac{\partial f}{\partial x_n}\Delta_n\right) \tag{5-14}$$

等式(5-14) 右边的第二项就是函数 Z 的误差 Δ_Z 的表达式,即

$$\Delta_Z=\frac{\partial f}{\partial x_1}\Delta_1+\frac{\partial f}{\partial x_2}\Delta_2+\cdots+\frac{\partial f}{\partial x_n}\Delta_n \tag{5-15}$$

上式就是观测值真误差与其函数真误差之间的关系。设各独立观测量 x_i 都观测了 k 次,则函数的误差 Δ_Z 的平方展开式并求和为:

$$\begin{aligned}\sum_{j=1}^{k}\Delta_{Zj}^2=&\left(\frac{\partial f}{\partial x_1}\right)^2\sum_{j=1}^{k}\Delta_{1j}^2+\left(\frac{\partial f}{\partial x_2}\right)\sum_{j=1}^{k}\Delta_{2j}^2+\cdots+\left(\frac{\partial f}{\partial x_n}\right)^2\sum_{j=1}^{k}\Delta_{nj}^2+\\&2\frac{\partial f}{\partial x_1}\cdot\frac{\partial f}{\partial x_2}\sum_{j=1}^{k}\Delta_{1j}\Delta_{2j}+2\frac{\partial f}{\partial x_1}\cdot\frac{\partial f}{\partial x_3}\sum_{j=1}^{k}\Delta_{1j}\Delta_{3j}+\cdots\end{aligned} \tag{5-16}$$

因为 $\Delta_i,\Delta_j(i\neq j)$ 均为独立观测值的偶然误差,其乘积 $\Delta_i\Delta_j$ 也必然具有偶然误差的特性。因此,根据偶然误差特性,有:

$$\lim_{k\to\infty}\frac{\sum\Delta_i\Delta_j}{k}=0\quad(i\neq j) \tag{5-17}$$

所以当观测次数 k 足够多时,式(5-16) 可以简写成:

$$\sum_{j=1}^{k}\Delta_{Zj}^2=\left(\frac{\partial f}{\partial x_1}\right)^2\sum_{j=1}^{k}\Delta_{1j}^2+\left(\frac{\partial f}{\partial x_2}\right)^2\sum_{j=1}^{k}\Delta_{2j}^2+\cdots+\left(\frac{\partial f}{\partial x_n}\right)^2\sum_{j=1}^{k}\Delta_{nj}^2 \tag{5-18}$$

根据中误差的定义式(5-5),有:

$$\sum_{j=1}^{k}\Delta_{Zj}^2=km_Z^2 \tag{5-19}$$

$$\sum_{j=1}^{k}\Delta_{ij}^2=km_i^2 \tag{5-20}$$

上式中,$i=1,2,\cdots,n$。将式(5-19) 和(5-20) 代入式(5-18),可得:

$$m_Z^2=\left(\frac{\partial f}{\partial x_1}\right)^2m_1^2+\left(\frac{\partial f}{\partial x_2}\right)^2m_2^2+\cdots+\left(\frac{\partial f}{\partial x_n}\right)m_n^2$$

则:

$$m_Z=\pm\sqrt{\left(\frac{\partial f}{\partial x_1}\right)^2m_1^2+\left(\frac{\partial f}{\partial x_2}\right)^2m_2^2+\cdots+\left(\frac{\partial f}{\partial x_n}\right)^2m_n^2} \tag{5-21}$$

式(5-21) 就是一般函数的误差传播定律的表达式。若将式(5-5) 中的误差 Δ 用数学上常用的微分符号 d 替换,很显然,这是一个函数的全微分表达式。而式(5-21) 中只用到了全微分表达式的系数,故在利用误差传播定律求函数中误差时,只需对函数求全微分即可。利用式(5-21) 可以推导出一些典型函数的误差传播定律。常见函数的误差传播计算公式见表 5-2。

表 5-2　常见函数的误差传播公式

函数名称	函数关系式	中误差传播公式
和差函数	$Z = x_1 \pm x_2$ $Z = x_1 \pm x_2 \pm \cdots \pm x_n$	$m_Z = \pm \sqrt{m_1^2 + m_2^2}$ $m_Z = \pm \sqrt{m_1^2 + m_2^2 + \cdots + m_n^2}$
倍数函数	$Z = Cx$　（C 为常数）	$m_Z = \pm Cm$
线性函数	$Z = k_1x_1 \pm k_2x_2 \pm \cdots \pm k_nx_n$	$m_Z = \pm \sqrt{k_1^2m_1^2 + k_2^2m_2^2 + \cdots + k_n^2m_n^2}$

误差传播定律在测绘领域的应用十分广泛，不仅可以求得观测值函数的中误差，还可以研究确定容许误差，或事先分析观测可能达到的精度等。

应用误差传播定律时，首先应根据问题的性质列出正确的观测值函数关系式，再利用误差传播公式求解。下面举例说明误差传播定律的应用。

【例 5-3】　在视距测量中，当视线水平时读得的视距间隔 $l = 1.35\ \text{m} \pm 1.2\ \text{mm}$，试求水平距离 D 及其中误差 m_D。

【解】　视线水平时，水平距离 D 为：

$$D = Kl = 100 \times 1.35 = 135.00\ (\text{m})$$

根据误差传播定律的倍数关系式，可求得 m_D 为：

$$m_D = 100m_l = \pm 100 \times 1.2 = \pm 120\ \text{mm} = \pm 0.12\ (\text{m})$$

则水平距离的最终结果可以写成：$D = 135.00\ \text{m} \pm 0.12\ \text{m}$。

【例 5-4】　设对某三角形 $\triangle abc$ 的内角作 n 次等精度观测，三角形闭合差 $w_i = a_i + b_i + c_i - 180^\circ\ (i = 1, 2, \cdots, n)$，试求各角观测值的中误差 m_β。

【解】　设闭合差 w_i 的中误差为 m_w。根据误差传播定律的和差函数关系式，有：

$$m_w = \pm m_\beta \sqrt{3}$$

由于三角形内角和的真值是 180°，所以三角形的闭合差属于真误差，因此有：

$$m_w = \pm \sqrt{\frac{[w^2]}{n}} = \pm \sqrt{\frac{[ww]}{n}}$$

代入式 $m_w = \pm m_\beta\sqrt{3}$，可得：

$$m_\beta = \pm \sqrt{\frac{[ww]}{3n}} \tag{5-22}$$

这就是按照三角形闭合差计算观测角中误差的菲列罗公式。该公式广泛地用于评定三角形的测角精度。

【例 5-5】　坐标增量计算公式 $\Delta_x = D\cos\alpha$，设观测值 $D = 152.60\ \text{m} \pm 0.06\ \text{m}$，坐标方位角 $\alpha = 106°30'15'' \pm 8''$，求 Δ_x 的中误差 m_x。

【解】　根据式(5-21)，有：

$$\frac{\partial f}{\partial D} = \cos\alpha \quad 和 \quad \frac{\partial f}{\partial \alpha} = -D\sin\alpha$$

则：

$$m_x = \pm\sqrt{\left(\frac{\partial f}{\partial D}\right)^2 m_D^2 + \left(\frac{\partial f}{\partial \alpha}\right)^2 m_\alpha^2}$$

$$= \pm\sqrt{\cos^2\alpha \cdot m_D^2 + (-D\sin\alpha)^2 {m_\alpha}^2}$$

将 m_α 的单位由角度变为弧度，则有：

$$m_x = \pm\sqrt{(-0.284)^2 \times 0.06^2 + (-152.60 \times 0.959)^2 \times (\frac{8}{206\ 265})^2}$$

$$\approx \pm 0.02\ (\mathrm{m})$$

第五节　同精度直接观测值的中误差

在实际测量工作中，为了提高测量成果的精度，同时也为了发现和消除粗差和系统误差，往往会对某个未知量进行重复观测。重复测量形成了多余观测，由于观测值必然含有误差，这就使观测值之间产生了矛盾。为了消除这种矛盾，必须依据一定的数据处理准则和适当的计算方法对观测值进行合理的调整和改正，从而得到未知量的最佳结果，同时对观测质量进行评定。

一、算术平均值及其中误差

设对某未知量进行了 n 次等精度观测，其观测值分别为 $L_1, L_2, \cdots, L_n$，则算术平均值 x 为：

$$x = \frac{L_1 + L_2 + \cdots + L_n}{n} = \frac{[L]}{n} \tag{5-23}$$

对于等精度直接观测，观测值的算术平均值是最接近于未知量真值的一个估值，称为最或然值或最可靠值。下面用偶然误差的统计特性来证明这一结论。

设观测值的真值为 X，则观测值的真误差为：

$$\Delta_i = L_i - X \quad (i = 1, 2, \cdots, n) \tag{5-24}$$

将 $i = 1, 2, \cdots, n$ 的各式两端相加，并除以 n，得：

$$\frac{[\Delta]}{n} = \frac{[L]}{n} - X$$

将式(5-23)代入上式，并整理得：

$$x = X + \frac{[\Delta]}{n}$$

根据偶然误差特性，当观测次数 n 无限增大时，有：

$$\lim_{n \to \infty} \frac{[\Delta]}{n} = 0$$

则可以得出：

$$\lim_{n \to \infty} x = X \tag{5-25}$$

由此可以得到观测值的算术平均值是最接近于未知量真值 X 的一个估值。

在实际测量中，观测次数总是有限的，所以算术平均值只是趋近于真值，但不能视为等同于未知量的真值。此外，在数据处理时，不论观测次数有多少，均以算术平均值 x 作为未知量的最或然值，这是误差理论中的一个公理。这种只有一个未知量的平差问题，在传统的平差计算中称为直接平差。

下面推导算术平均值的中误差公式。

由式(5-23)得：

$$x=\frac{L_1}{n}+\frac{L_2}{n}+\cdots+\frac{L_n}{n}$$

式中，$\frac{1}{n}$ 为常数。

由于各独立观测值的精度相同，所以设其中误差均为 m。现以 m_x 表示算术平均值的中误差，则按式(5-21) 可得算术平均值的中误差为：

$$m_x^2=\frac{m^2}{n^2}+\frac{m^2}{n^2}+\cdots+\frac{m^2}{n^2}=\frac{m^2}{n}$$

故：

$$m_x=\frac{1}{\sqrt{n}}m \tag{5-26}$$

由上式可知，算术平均值的中误差为观测值的 $\frac{1}{\sqrt{n}}$ 倍中误差。那么是不是随意增加观测个数对 L 的精度都有利而经济上又合算呢？设观测值精度一定，例如设 $m=1$，当 n 取不同值时，按式(5-26) 算得的 m_x 值如表 5-3 所示。

表 5-3 算术平均值的中误差与观测次数的关系

n	1	2	3	4	5	6	10	20	30	40	50	100
m_x	1.00	0.71	0.58	0.50	0.45	0.41	0.32	0.22	0.18	0.16	0.14	0.10

由表中的数据可以看出，随着 n 的增大，m_x 值不断减小，即 x 的精度不断提高。但是，当观测次数增加到某一定的数目以后，再增加观测次数，精度提高得很少。由此可见，要提高最或然值的精度，单靠增加观测次数是不经济的。由于精度受观测条件的限制，而观测条件中诸多因素的影响有的属于系统误差，当 n 达到某个值而使 m 小于该系统误差，或该系统误差有明显影响时，此 m 值便不能代表真实精度而没有实际意义了。例如用读至厘米的皮尺丈量某距离 100 次，求得毫米的读数精度，这显然是不会令人接受的。因此，为了提高观测精度，还需要考虑采用适当的仪器、改进操作方法等来提高观测结果的精度。

二、同精度直接观测值的中误差

在实际测量中，观测值的真值 X 是不知道的。因此，不能直接利用式(5-1) 求出观

测值的真误差 Δ_i，也就不能直接利用式(5-5) 即 $m=\pm\sqrt{\frac{[\Delta\Delta]}{n}}$ 求出观测值的中误差。但观测值的算术平均值 x 是可以得到的，且算术平均值 x 与观测值 L_i 的差值也是可以计算的，即

$$v_i = x - L_i \quad (i=1,2,\cdots,n) \tag{5-27}$$

式中，v_i 为算术平均值 x 与观测值 L_i 的差值，称为观测值改正数。

设某组进行了 n 次等精度观测，则将 n 次的观测值改正数 v_i 相加，有：

$$[v] = [L] - nx = 0 \tag{5-28}$$

可以看到，在等精度观测条件下，观测值改正数的总和为零。式(5-28) 可以作为计算的检核内容，如果 v_i 计算无误，则其总和必然为零。下面通过观测值的算术平均值 x 和观测值改正数 v_i 来推导观测值中误差的计算公式。

将式(5-1)和式(5-27)两端相加，得：

$$\Delta_i + v_i = x - X \quad (i=1,2,\cdots,n) \tag{5-29}$$

令 $\delta = x - X$，则：

$$\Delta_i = \delta - v_i \quad (i=1,2,\cdots,n) \tag{5-30}$$

将式(5-30)等号的两端取平方和，得：

$$[\Delta^2] = [v^2] + n\delta^2 - 2\delta[v]$$

从式(5-28) 可知，$[v]=0$，所以：

$$[\Delta^2] = [v^2] + n\delta^2 \tag{5-31}$$

另外，因为 $\delta = x - X$，所以：

$$\begin{aligned}
\delta^2 &= (x-X)^2 \\
&= \left(\frac{[L]}{n} - X\right)^2 \\
&= \frac{1}{n^2}[(l_1 - X) + (l_2 - X) + \cdots + (l_n - X)]^2 \\
&= \frac{1}{n^2}(\Delta_1 + \Delta_2 + \cdots + \Delta_n)^2 \\
&= \frac{1}{n^2}(\Delta_1^2 + \Delta_2^2 + \cdots + \Delta_n^2 + 2\Delta_1\Delta_2 + 2\Delta_1\Delta_3 + \cdots) \\
&= \frac{[\Delta^2]}{n^2} + \frac{2(\Delta_1\Delta_2 + \Delta_1\Delta_3 + \cdots)}{n^2}
\end{aligned}$$

根据偶然误差的特性，当 $n \to \infty$ 时，等式右边的第二项趋近于零，所以有：

$$\delta^2 = \frac{[\Delta^2]}{n^2} \tag{5-32}$$

将式(5-32)代入式(5-31)，得：

$$\frac{[\Delta^2]}{n} = \frac{[v^2]}{n} + \frac{[\Delta^2]}{n^2}$$

整理后得：

$$m=\pm\sqrt{\frac{[vv]}{n-1}} \tag{5-33}$$

上式就是等精度观测中用观测值改正数 v_i 计算观测值中误差的公式，称为白塞尔公式。

【例 5-6】 在等精度观测条件下，对某段距离丈量 4 次，结果分别为 62.345 m，62.339 m，62.350 m，62.342 m。试求观测值中误差、最或然值中误差及其相对中误差。

【解】 设算术平均值为 x，则有：

$$x=\frac{1}{4}\times(62.345+62.339+62.350+62.342)=62.344\ (\mathrm{m})$$

观测值改正数计算如表 5-4 所示。

表 5-4　观测值改正数的计算数据

丈量结果/m	观测值改正数 v/mm	v^2
62.345	−1	1
62.339	+5	25
62.350	−6	36
62.342	+2	4
	$[v]=0$	$[v^2]=66$

根据式(5-33)，观测值中误差 m 为：

$$m=\pm\sqrt{\frac{66}{4-1}}=\pm 4.7\ (\mathrm{mm})$$

根据式(5-26)，最或然值中误差 m_x 为：

$$m_x=\pm 4.7\times\frac{1}{\sqrt{4}}=\pm 2.3\ (\mathrm{mm})$$

最或然值的相对中误差为：

$$K=\frac{m_x}{D_{平均}}=\frac{2.3}{62.344\times 1\ 000}\approx\frac{1}{27\ 100}$$

第六节　权

在对某未知量进行不等精度观测时，由于各观测值的中误差不相等，所以各观测值便具有不同的可靠性。因此，在求未知量的最可靠值时，不能像等精度观测那样简单地取算术平均值进行求解。为了求未知量的最可靠值，这里引入权的概念。

一、权

首先来看一个例子，当用相同仪器和方法观测某未知量时，分两组进行观测，第一组观测 2 次，第二组观测 4 次，但每组内各观测值是等精度的，其观测值与中误差如表 5-5 所示。

表 5-5 观测值与中误差数据

组　别	观测值	观测值中误差 m	平均值 x	平均值中误差 M
第一组	l_1 l_2	m m	$L_1=\frac{1}{2}(l_1+l_2)$	$M_1=\pm\frac{m}{\sqrt{2}}$
第二组	l_3 l_4 l_5 l_6	m m m m	$L_2=\frac{1}{4}(l_3+l_4+l_5+l_6)$	$M_2=\pm\frac{m}{\sqrt{4}}$

由于是不等精度观测，所以测量的结果不能简单等于 L_1 和 L_2 的平均值，而应该为：

$$L=\frac{l_1+l_2+l_3+l_4+l_5+l_6}{6}$$

上式实际上是：

$$L=\frac{2L_1+4L_2}{2+4} \tag{5-34}$$

从不等精度观测平差的观点来看，观测值 L_1 是 2 次观测值的平均值，L_2 是 4 次观测值的平均值，所以 L_1 和 L_2 的可靠性不一样。本例中，可取 2 和 4 反映出它们两者的轻重分量，以示区别。

由上面的例子可以看出，对于不等精度观测，各观测值的配置比最合理的是随观测值精度的高低而成比例增减。为此，将权衡观测值之间精度高低的相对值称为权。权通常用字母 P 表示，且恒取正值，无量纲。观测值精度越高，它的权就越大，参与计算最或然值的比重也就越大。

一定的观测条件，对应着一定的观测值中误差。观测值中误差越小，其值越可靠，权就越大。因此，我们可以通过中误差来确定观测值的权。设不等精度观测值的中误差分别为 $m_1,m_2,\cdots,m_n$，则权的计算公式为：

$$P_i=\frac{m_0^2}{m_i^2} \tag{5-35}$$

式中的 m_0 起比例常数的作用，可以取任意数，但一经选定，同组各观测值的权必须用同一个 m_0 值计算。选择适当的 m_0 值，可以使权的计算变得简单。

【例 5-7】 以不等精度观测某水平角度，各观测值的中误差分别为 $m_1=\pm 2.0''$，$m_2=\pm 3.0''$，$m_3=\pm 6.0''$，求各观测值的权。

【解】 根据权的计算式(5-35)，可得：

$$P_1=\frac{m_0^2}{m_1^2}=\frac{m_0^2}{4},\quad P_2=\frac{m_0^2}{m_2^2}=\frac{m_0^2}{9},\quad P_3=\frac{m_0^2}{m_3^2}=\frac{m_0^2}{36}$$

令 $m_0=1$,则:

$$P_1=1/4,\quad P_2=1/9,\quad P_3=1/36$$

令 $m_0=2$,则:

$$P_1=1,\quad P_2=4/9,\quad P_3=1/9$$

令 $m_0=6$,则:

$$P_1=9,\quad P_2=4,\quad P_3=1$$

可以看出,尽管各组的 m_0 值不同,导致各观测值的权的大小也随之变化,但各组中权之间的比值却未变化。因此,权只有相对意义,起作用的不是权本身的绝对值大小,而是它们之间的比值关系。

$P=1$ 的权称为单位权。$P=1$ 的观测值称为单位权观测值。单位权观测值的中误差称为单位权中误差。

由式(5-35)可得中误差的另一表达式为:

$$m_i=m_0\sqrt{\frac{1}{P_i}}\tag{5-36}$$

在前例的式(5-34)中,2 和 4 分别就是平均值 L_1 和 L_2 的权,即 $P_1=2,P_2=4$,于是式(5-34)可写为:

$$L=\frac{P_1L_1+P_2L_2}{P_1+P_2}=\frac{P_1}{[P]}L_1+\frac{P_2}{[P]}L_2\tag{5-37}$$

这就是加权算术平均值,是非等精度观测值的最可靠值。

二、加权算术平均值的中误差

对某未知量进行了 n 次不等精度观测,观测值为 $L_1,L_2,\cdots,L_n$,其相应的权为 $P_1,P_2,\cdots,P_n$,则加权算术平均值 x 的定义表达式为:

$$x=\frac{P_1L_1+P_2L_2+\cdots+P_nL_n}{P_1+P_2+\cdots+P_n}=\frac{[PL]}{[P]}\tag{5-38}$$

下面推导加权算术平均值的中误差 M_x。

将式(5-39)写成如下形式:

$$x=\frac{[PL]}{[P]}=\left(\frac{P_1}{[P]}\right)L_1+\left(\frac{P_2}{[P]}\right)L_2+\cdots+\left(\frac{P_n}{[P]}\right)L_n\tag{5-39}$$

利用误差传播定律的公式,可得:

$$M_x^2=\left(\frac{P_1}{[P]}\right)^2m_1^2+\left(\frac{P_2}{[P]}\right)^2m_2^2+\cdots+\left(\frac{P_n}{[P]}\right)^2m_n^2\tag{5-40}$$

根据式(5-37)有:

$$M_x^2=\frac{m_0^2}{P_x}\tag{5-41a}$$

$$m_i^2 = \frac{m_0^2}{P_i} \tag{5-41b}$$

将上两式代入式(5-40),整理后可得:

$$P_x = [P] \tag{5-42}$$

即加权平均值的权等于各观测值的权之和。

加权算术平均值中误差的表达式为:

$$M_x = \pm \frac{m_0}{\sqrt{[P]}} \tag{5-43}$$

可以推导,用改正数计算单位权中误差的公式为:

$$m_0 = \pm \sqrt{\frac{[Pvv]}{n-1}} \tag{5-44}$$

所以用观测值改正数 v_i 来计算加权平均值中误差 M_x 的公式为:

$$M_x = \pm \sqrt{\frac{[Pvv]}{[P](n-1)}} \tag{5-45}$$

这是实际测量工作中常用的计算公式。

思考题与习题

1. 误差的来源有哪几个方面?

2. 观测误差分为哪几类?

3. 什么叫系统误差?它有哪些特点?如何使之消除或者削弱?

4. 什么叫偶然误差?它具有哪些统计特性?

5. 衡量精度的指标有哪些?测量中常用什么指标来衡量观测值的精度?

6. 在相同的观测条件下,对某段距离丈量了4次,各次丈量的结果分别为95.523 m,95.526 m,95.530 m,95.525 m。试求:

(1) 距离的算术平均值;

(2) 算术平均值中误差及其相对中误差。

7. 测得一正方形的边长 $a = 82.54\ \text{m} \pm 0.06\ \text{m}$。试求正方形面积及其中误差。

第六章　小区域控制测量

第一节　控制测量概述

在绪论中已经指出，测量工作应遵循“从整体到局部”、“先控制后碎部”的原则，即在测量工作中先进行控制测量，然后以这些控制点为依据，再进行碎部测量或施工放样工作。这样可以保证所观测点位的精度，减少误差的积累。

在测区内选择一些有控制意义的点（控制点）构成的几何图形称为控制网。控制网可分为平面控制网和高程控制网。控制网按规模分有国家控制网、城市控制网、小区域控制网和图根控制网。测定控制点平面坐标的工作称为平面控制测量，可用来确定控制点的平面位置（x，y）；测量控制点高程的工作称为高程控制测量，可用来确定控制点的高程（H）。

一、国家控制网

在全国范围内按统一的方案建立的控制网称为国家控制网或基本控制网。它用精密仪器、精密方法测定，并进行严格的数据处理，最后求定控制点的平面位置和高程。国家控制网是全国各种比例尺测图的基本控制。

国家控制网按其精度可分为一、二、三、四等四个级别，由高级向低级逐级控制，逐级加密。一等三角锁是国家平面控制网的骨干，是在全国范围内沿经纬线方向布设的。在一等锁环内再布设二等全面网，作为全国平面控制的基础。三、四等控制网是在二等网基础上的进一步加密（见图 6-1）。国家平面控制网主要是用三角测量、精密导线测量和 GPS 测量的方法建立的。国家高程控制网也分为四个等级，一等水准路线是国家高程控制网的骨干，二等水准网布设在一等水准环内，三、四等水准网则是国家高程控制网的进一步加密（见图 6-2）。国家高程控制网的建立主要采用精密水准测量的方法。

二、城市控制网

城市平面控制网一般可分为二、三、四等三角网及一、二级小三角网或者一、二、三级导线。作为进一步加密，还可以再布设图根小三角网或图根导线。城市控制网也要分级建立，主要技术要求参照《城市测量规范》（CJJ 8—99），可参见表 6-1、表 6-2。城市高程控制网分为二、三、四等，点的高程一般采用水准测量的方法测定，技术指标见表 6-3。

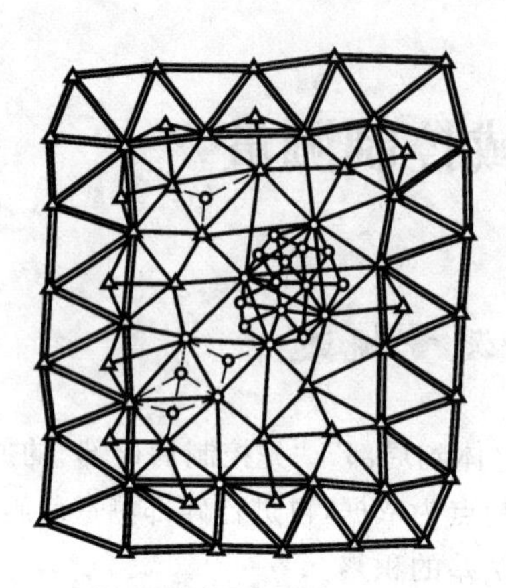

图 6-1　国家平面控制网

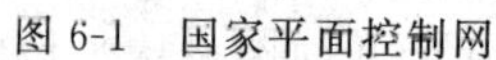

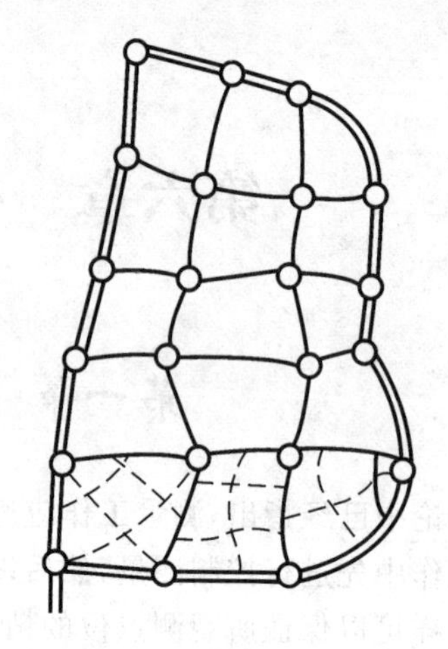

图 6-2　国家高程控制网

表 6-1　城市三角测量的主要技术指标

等　级	平均边长 /km	测角中误差 /(″)	起始边相对中误差	最弱边相对中误差	三角形最大闭合差/(″)	测回数		
						DJ_1	DJ_2	DJ_6
二　等	9	±1	1/300 000	1/120 000	±3.5	12	—	—
三　等	5	±1.8	首级 1/200 000 加密 1/120 000	1/80 000	±7	6	9	—
四　等	2	±2.5	首级 1/120 000 加密 1/80 000	1/45 000	±9	4	6	—
一级小三角	1	±5	1/400 00	1/20 000	±15	—	2	6
二级小三角	0.5	±10	1/20 000	1/10 000	±30	—	1	2
图根小三角	最大视距的 1.7 倍	首级 ±20, 加密 ±30	1/10 000		±60	—	—	1

注:① 当最大测图比例尺为 1∶1 000 时,一、二级小三角边长可适当放长,但最长不大于表中规定的 2 倍;

② 图根小三角的方位角闭合差,首级为$\pm 40''\sqrt{n}$,加密为$\pm 60''\sqrt{n}$,其中 n 为测站数。

表 6-2　城市光电测距导线测量的主要技术指标

等　级	闭合环或附合导线长度/km	平均边长 /km	测角中误差 /(″)	测距中误差 /mm	方位角闭合差 /(″)	导线全长相对闭合差	测回数		
							DJ_1	DJ_2	DJ_6
三　等	15	3	±1.5	±18	$\pm 3\sqrt{n}$	1/60 000	8	12	—
四　等	10	1.6	±2.5	±18	$\pm 5\sqrt{n}$	1/40 000	4	6	—
一　级	3.6	0.3	±5	±15	$\pm 10\sqrt{n}$	1/14 000	—	2	4
二　级	2.4	0.2	±8	±15	$\pm 16\sqrt{n}$	1/10 000	—	1	3
三　级	1.5	0.12	±12	±15	$\pm 24\sqrt{n}$	1/6 000	—	1	2

注:n 为测站数。

表 6-3 城市水准测量的主要技术指标 单位:mm

等级	每千米高差中数中误差		测段、区段、路线往返测高差不符值	测段、路线的左右路线高差不符值	附合路线或环线闭合差		检测已测测段高差之差
	偶然中误差 M_Δ	全中误差 M_W			平原丘陵	山区	
二等	±1	±2	$\pm 4\sqrt{L_S}$	—	$\pm 4\sqrt{L}$		$\pm 6\sqrt{L_i}$
三等	±3	±6	$\pm 12\sqrt{L_S}$	$\pm 8\sqrt{L_S}$	$\pm 12\sqrt{L}$	$\pm 15\sqrt{L}$	$\pm 20\sqrt{L_i}$
四等	±5	±10	$\pm 20\sqrt{L_S}$	$\pm 14\sqrt{L_S}$	$\pm 20\sqrt{L}$	$\pm 25\sqrt{L}$	$\pm 30\sqrt{L_i}$

注:① L_S 为测段、区段或路线的长度,L 为附合路线或环线长度,L_i 为检测测段长度,均以 km 计;

② 当水准路线环线由不同等级水准路线构成时,闭合差的限差应按各等级路线长度分别计算,然后取其平方和的平方根为限差。

三、小区域控制网

在比较小的区域(一般不超过 15 km^2)范围内建立的控制网,称为小区域控制网。在这个范围内,水准面可以看成是水平面,不需要将观测成果归算到高斯平面上,而是直接在平面上计算各点的坐标值。小区域控制网的建立,应尽量与国家或城市控制网连接,将国家或城市网的高级控制点作为小区域控制网的起算和校核依据。当测区范围内无高级控制点,或者不便于引用时,也可以建立独立的平面控制网。小区域平面控制网也要根据面积大小分级建立,主要采用一、二、三级导线测量,一、二级小三角网测量或交会定点测量,其面积和等级的关系见表 6-4。

表 6-4 小区域控制网面积和等级的关系

测区面积	首级控制	图根控制
2～15 km^2	一级小三角或一级导线	二级图根控制
0.5～2 km^2	二级小三角或二级导线	二级图根控制
0.5 km^2 以下	图根控制	

小区域高程控制网是根据测区面积的大小和工程要求,采取分级布设的方法建立的。一般情况下,先以国家或城市高级高程控制点为基础,在测区范围内建立三、四等水准路线或水准网,再以此测定图根点的高程。对于地形起伏大的山区,可采用三角高程测量的方法建立高程控制网。

四、图根控制网

直接为测图目的建立的控制网称为图根控制网。图根控制网的控制点又称图根点。图根控制网也应尽可能与上述各种控制网连接,形成统一系统。个别地区连接有困难时,也可建立独立的图根控制网。由于图根控制专为测图而做,所以图根点的密度和精度要满足测图要求。在山区,也可以采用三角高程测量的方法来建立图根高程控制网，但其精度较水准测量低。小区域和图根导线测量的技术要求参见表 6-5。

表 6-5　小区域和图根导线测量的技术要求

等　级	测　图比例尺	附合导线长度/m	平均边长/m	测距相对中误差	测角中误差/(″)	导线全长相对中误差	测回数		角度闭合差/(″)
							DJ$_2$	DJ$_6$	
一　级		2 500	250	1/20 000	±5	1/10 000	2	4	$\pm 10\sqrt{n}$
二　级		1 800	180	1/15 000	±8	1/7 000	1	3	$\pm 16\sqrt{n}$
三　级		1 200	120	1/10 000	±12	1/5 000	1	2	$\pm 24\sqrt{n}$
图　根	1∶500	500	75	1/3 000	±20	1/2 000		1	$\pm 60\sqrt{n}$
	1∶1 000	1 000	110						
	1∶2 000	2 000	180						

在小区域平面控制测量工作中，由于导线的布设形式灵活，通视方向要求较少，适用于布设在建筑物密集、视线障碍较多的地区，同时也适用于狭长地区，如铁路、公路、隧道等工程项目。随着光电测距仪和全站仪的日益普及，导线测量已成为建立小区域平面控制网的主要方式，特别是在图根控制测量中应用更为广泛。本章第二节将介绍导线测量的方法。

平面控制网除了采用经典的三角网和导线网之外，卫星大地测量的方法也逐渐成熟起来。目前最常用的是 GPS 卫星全球定位系统。20 世纪 80 年代末，我国开始应用 GPS 定位技术建立平面控制网，并逐渐成为布设的主要方法。根据我国颁布的《全球定位系统(GPS)测量规范》(GB/T 18314—2001)，GPS 控制网划分为 A～E 共五个级别。其中 A，B 级相当于国家一、二等三角点，C，D 级相当于城市三、四等。

GPS 控制网不仅在精度方面比传统的大地控制网有大大的提高，而且其三维坐标体系是建立在具有严格动态定义的、先进的、国际公认的 ITRF 框架内的，这为今后我国的经济和社会持续发展提供了基础测绘保障。本章将在第六节对 GPS 技术进行介绍。

第二节　导线测量

导线是由若干条直线连成的折线。每条直线称为导线边。相邻两条导线边之间的水平角称为转折角(见图 6-3 中的 β_1，β_2)，其中已知边与相邻新布设的导线边之间的夹角通常称为连接角(见图6-3 中的 φ_A，φ_C)。导线端点称为导线点。在导线测量中，测定了转折角和导线边长后，即可根据已知坐标方位角和已知坐标算出各导线点的坐标。

一、单一导线的布设形式

按照测区的条件和需要，导线可以布置成下列三种形式：

1. 附合导线

从一个已知高级控制点和已知方向出发，经过一系列的导线点，最后附合到另一个已知高级控制点和已知方向上，这种导线称为附合导线(见图 6-3)。

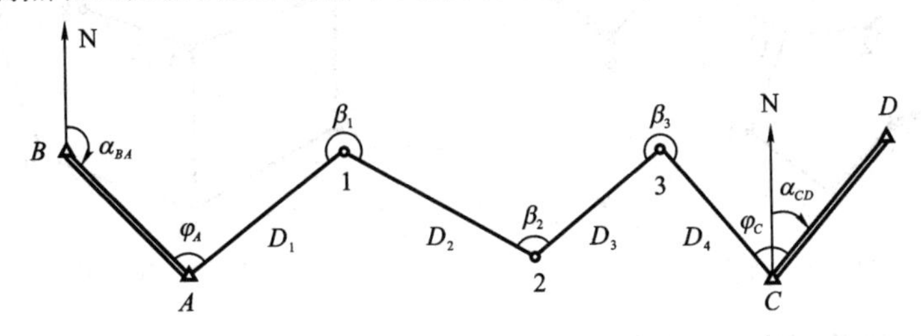

图 6-3 附合导线

由于附合导线附合在两个已知点和两个已知方向上，所以具有检核条件，图形强度好，是小区域控制测量的首选方案。

2. 闭合导线

起、止于同一已知高级控制点，中间经过一系列的导线点，形成一闭合多边形，这种导线称闭合导线(见图 6-4)。闭合导线具有严格的几何条件，是小区域控制测量的常用布设形式。但由于闭合导线起、止于同一点，产生图形的整体偏转不易被发现，因而图形强度不及附合导线。

3. 支导线

从一已知控制点开始，既不附合到另一已知点，又不回到原来起始点的导线称为支导线(见图 6-5)。

支导线没有图形检核条件，因此发生错误不易被发现，一般只能用在无法布设附合导线或闭合导线的少数特殊情况，并且要对导线的边长和边数进行限制。

前面三种布设形式是导线的基本布设形式，除此之外，根据具体情况，导线还可以布设成一个或多个结点的导线网(见图 6-6 和图 6-7)。

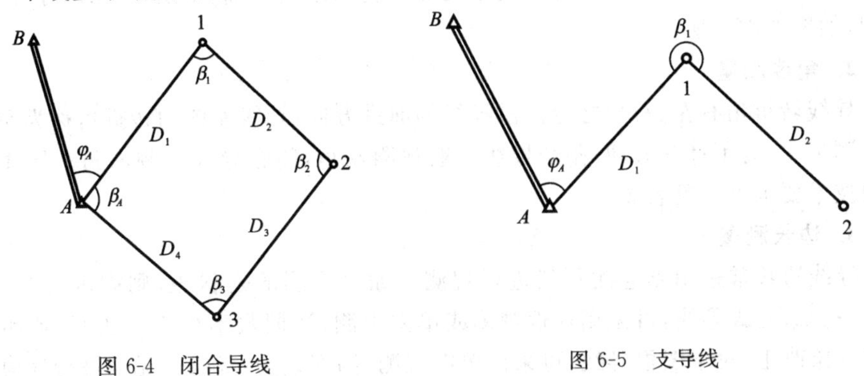

图 6-4 闭合导线　　图 6-5 支导线

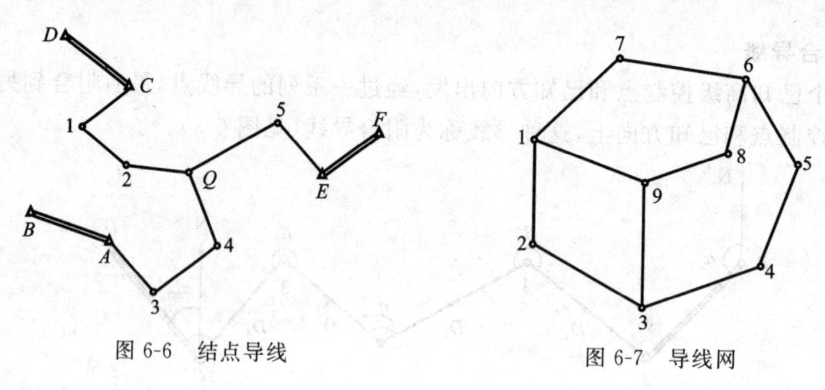

图 6-6 结点导线

图 6-7 导线网

二、导线测量的外业工作

1. 踏勘选点

在踏勘选点前，应尽量搜集测区的有关资料，如地形图、已知控制点的坐标和高程、控制点的点之记等。踏勘是为了了解测区范围、地形和控制点情况，以便确定导线的形式和布置方案。选点应考虑导线测量、地形测量和施工放线的方便。选点应遵循下面几点原则：

(1) 两相邻导线点间能相互通视；

(2) 应选择土质比较坚硬之处，并能长期保存、寻找和观测；

(3) 应选在地势较高、视野开阔处，便于碎部测量；

(4) 边长应大致相等；

(5) 点的密度适宜、分布均匀，以便控制整个测区。

导线点选定后，应在地面上建立标志，并按照一定的顺序编号。导线点的标志分为永久性标志和临时性标志。临时性标志一般选用木桩，如有需要，可在木桩周围浇灌混凝土，如图 6-8(a)所示；永久性标志可选用混凝土桩和标石，如图 6-8(b)所示。为了便于今后的查找，还应量出导线点至附近明显地物的距离，绘制草图，注明尺寸等，称为点之记，如图 6-8(c)所示。

2. 角度测量

导线转折角有左、右角之分。沿导线的前进方向，导线左侧的转折角称为左角。在导线测量中，为了计算方便，附合导线一般观测左角，闭合导线观测内角。导线角度测量的技术要求可参见表 6-5。

3. 边长测量

导线边长常采用光电测距仪进行观测。如果观测的是斜距，则需进行倾斜改正。对于一、二、三级导线，可采用往返观测或单向观测，测回数不少于两测回，观测时还应进行气象改正；对于图根导线，可采用单向观测，测回数为一测回，无需进行气象改正。

如果采用钢尺量距的方法测量导线边长，对于一、二、三级导线，应按照精密方法进行往返测量；对于图根导线，则可以按照普通量距方法进行往返测量。取往、返测量结果的

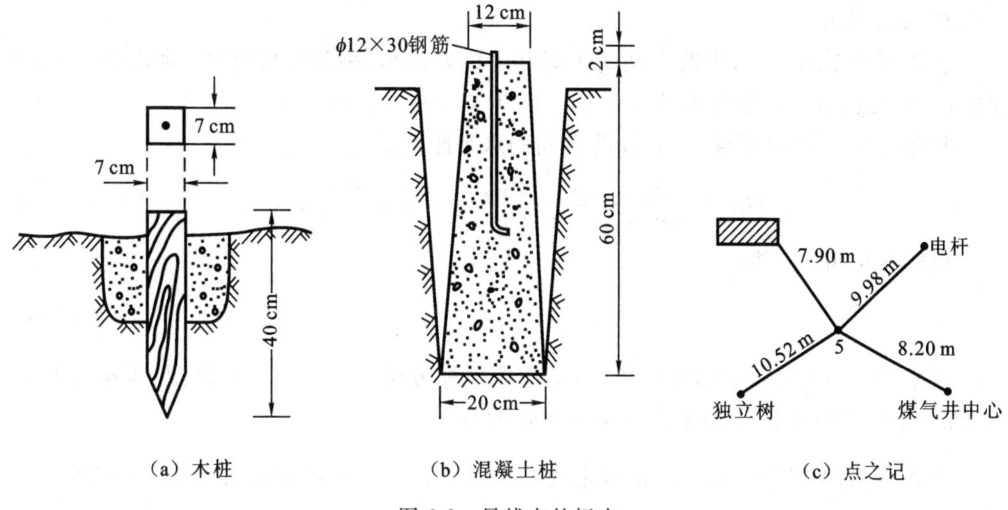

（a）木桩　　（b）混凝土桩　　（c）点之记

图 6-8　导线点的标志

平均值作为测量结果，其相对误差不得低于 1/3 000，特殊、困难地区可放宽至 1/1 000。

三、导线测量的内业计算

导线测量的内业计算，是根据角度、边长测量的结果和一定的计算规则，求得各导线点的平面坐标(x，y)。

进行导线内业计算前，应全面检查导线测量的外业记录有无遗漏、错记或错算，成果是否符合精度要求，并检查抄录的起算数据是否正确。

1. 导线坐标计算的基本公式

1）坐标正算

已知一个点的坐标、该点至未知点的距离和坐标方位角，计算未知点的坐标，称为坐标正算。如图 6-9 所示，设已知点 A 的坐标为 $A(x_A, y_A)$，A 和 B 两点间的距离为 D_{AB}，坐标方位角为 α_{AB}，求未知点的坐标 $B(x_B, y_B)$。从图中可以看出，A 点至 B 点的坐标增量为：

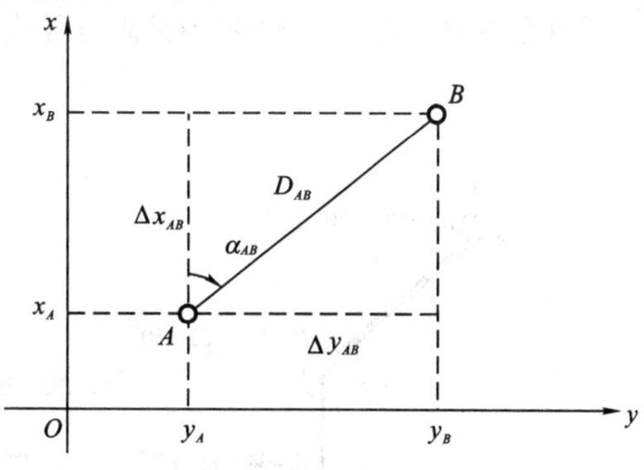

图 6-9　坐标增量的计算

$$\left.\begin{aligned}\Delta x_{AB} &= D_{AB}\cos\alpha_{AB}\\ \Delta y_{AB} &= D_{AB}\sin\alpha_{AB}\end{aligned}\right\}\tag{6-1}$$

则未知点 B 的坐标为：

$$\left.\begin{aligned}x_B &= x_A + \Delta x_{AB}\\ y_B &= y_A + \Delta y_{AB}\end{aligned}\right\}\tag{6-2}$$

式(6-1) 和式(6-2) 对于已知坐标方位角 α_{AB} 在任何象限均适用。

2）坐标反算

已知两个点的坐标，求两点间的距离和坐标方位角，称为坐标反算。设 A，B 两点的坐标已知（见图 6-9），分别为 $A(x_A,y_A)$ 和 $B(x_B,y_B)$，求 D_{AB} 和 α_{AB}。

通过图 6-9，可以反算出 A，B 两点间的水平距离为：

$$D_{AB}=\frac{\Delta y_{AB}}{\sin\alpha_{AB}}=\frac{\Delta x_{AB}}{\cos\alpha_{AB}}=\sqrt{\Delta x_{AB}^2+\Delta y_{AB}^2} \tag{6-3}$$

坐标方位角 α_{AB} 为：

$$\alpha_{AB}=\arctan\frac{\Delta y_{AB}}{\Delta x_{AB}} \tag{6-4}$$

利用式(6-4)反算坐标方位角时，应注意坐标方位角 α_{AB} 所在的象限，再确定其方位角值。坐标方位角所在的象限与坐标增量的符号有关：

当 Δx_{AB} 符号为"+"，Δy_{AB} 符号也为"+"时，α_{AB} 在第一象限，$\alpha_{AB}=\arctan\frac{\Delta y_{AB}}{\Delta x_{AB}}$；

当 Δx_{AB} 符号为"－"，Δy_{AB} 符号为"+"时，α_{AB} 在第二象限，$\alpha_{AB}=\pi-\arctan\left|\frac{\Delta y_{AB}}{\Delta x_{AB}}\right|$；

当 Δx_{AB} 符号为"－"，Δy_{AB} 符号为"－"时，α_{AB} 在第三象限，$\alpha_{AB}=\pi+\arctan\left|\frac{\Delta y_{AB}}{\Delta x_{AB}}\right|$；

当 Δx_{AB} 符号为"+"，Δy_{AB} 符号为"－"时，α_{AB} 在第四象限，$\alpha_{AB}=2\pi-\arctan\left|\frac{\Delta y_{AB}}{\Delta x_{AB}}\right|$。

2. 附合导线坐标计算

观测成果检查完毕后，应绘制导线略图，将各项数据注记于图上的相应位置，以便进行导线的计算。图 6-10 所示为某附合导线的导线略图。

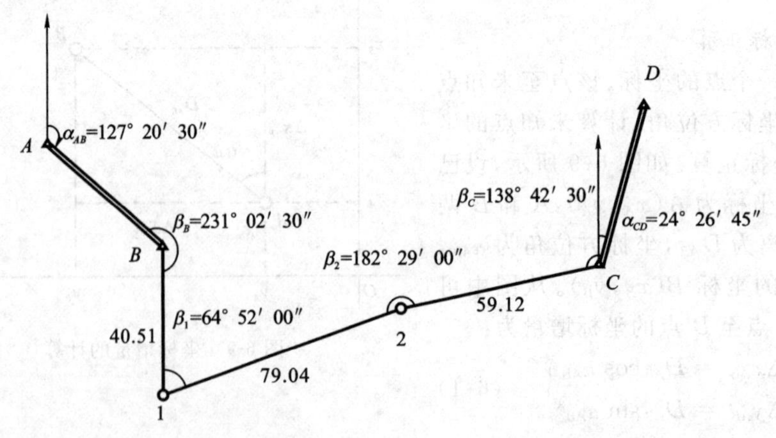

图 6-10　附合导线略图

对于记录、计算时数据小数位数的取舍，四等以下导线的角值保留至秒(″)，边长和坐标值保留至毫米(mm)，图根导线的边长和坐标值则保留至厘米(cm)。

现以图 6-10 为例，介绍附合导线内业计算步骤，计算表格见表 6-6。

表 6-6　附合导线坐标计算

点号	观测角及改正数	改正后角度值	坐标方位角	边长/m	坐标增量及改正数		改正后坐标增量		坐标		点号
	° ′ ″	° ′ ″	° ′ ″		$\Delta x'$/m	$\Delta y'$/m	Δx/m	Δy/m	x/m	y/m	
①	②	③	④	⑤	⑥	⑦	⑧	⑨	⑩	⑪	
A											A
			127　20　30								
B	+4 231　02　30	231　02　34							3 509.58	2 675.89	B
			178　23　04	40.51	+1 −40.49	+1 1.14	−40.48	1.15			
1	+3 64　52　00	64　52　03							3 469.10	2 677.04	1
			63　15　07	79.04	+2 35.57	+1 70.58	35.59	70.59			
2	+4 182　29　00	182　29　04							3 504.69	2 747.63	2
			65　44　11	59.12	+2 24.29	+1 53.90	24.31	53.91			
C	+4 138　42　30	138　42　34							3 529.00	2 801.54	C
			24　26　45								
D											D
∑	617　06　00			178.67	19.37	125.62	19.42	125.65			

辅助计算

角度闭合差检核：

$\alpha_{CD} = 24°26'45''$

$\alpha'_{CD} = \alpha_{AB} + \sum \beta_{测} - n \times 180°$

$= 24°26'30''$

$f_\beta = \alpha'_{CD} - \alpha_{CD} = -15''$

$f_{\beta容} = \pm 60''\sqrt{n} = \pm 120''$

$f_\beta < f_{\beta容}$

导线闭合差检核：

$f_x = \sum \Delta x' - (x_C - x_B)$

$= -0.05$ m

$f_y = \sum \Delta y' - (y_C - y_B)$

$= -0.03$ m

$f = \sqrt{f_x^2 + f_y^2} = 0.06$ m

$K = f/\sum D \approx 1/2\,978$

$K_{容} = 1/2\,000, K < K_{容}$

示意简图

A　B　D　1　2　C

注：有下划线的数字表示的是已知值。

下面按照计算的步骤逐步介绍计算过程。

1) 角度闭合差的计算与调整

根据各观测值 β_i，从起始边 AB 推算出另一已知边 CD 的坐标方位角为：

$$\alpha'_{CD}=\alpha_{AB}+\sum_{i=1}^{n}\beta_i+n\times180° \quad (左角) \tag{6-5a}$$

$$\alpha'_{CD}=\alpha_{AB}-\sum_{i=1}^{n}\beta_i+n\times180° \quad (右角) \tag{6-5b}$$

需要说明的是，由上式计算出的坐标方位角 α'_{CD} 如果大于 360°，则需要将整周期数去掉。由于观测值存在误差，所以由观测值推导出来的 CD 边方位角与其已知值 α'_{CD} 不符，两者的差值称为角度闭合差 f_β，即

$$f_\beta=\alpha'_{CD}-\alpha_{CD} \tag{6-6}$$

本例中，$\alpha'_{CD}=24°26'30''$，而已知值 $\alpha_{CD}=24°26'45''$，则 $f_\beta=-15''$。

角度闭合差 f_β 的大小反映了角度观测的质量。各级导线角度闭合差的容许值 $f_{\beta容}$ 见表 6-5，图根钢尺量距导线角度闭合差容许值为：

$$f_{\beta容}=\pm60''\sqrt{n} \tag{6-7}$$

式中，n 为观测角的个数(含转折角和连接角)。

若 f_β 超过容许值，则测角不符合要求，应对角度进行检查和重测；若 f_β 不超过容许值要求的范围，则角度观测符合要求，接下来就可以对角度进行闭合差调整。

由于导线的各转折角是在相同观测条件下观测得到的，观测角度时的操作次数也相同，因此各角度观测值的误差可认为大致相等，所以闭合差应进行改正。改正时，当观测角为左角时，应将闭合差反符号取值后再平均分配到各观测角值上；当观测角为右角时，则应将闭合差同符号取值后再平均分配到各观测角。每个观测值的改正数为 v_β：

$$v_\beta=-\frac{f_\beta}{n} \quad (左角) \tag{6-8a}$$

$$v_\beta=\frac{f_\beta}{n} \quad (右角) \tag{6-8b}$$

对于图根导线，角度只需要精确到秒(″)。如果闭合差不能被整除，则将余数凑整到短边大角上去，则改正后的观测角值 $\hat{\beta}_i$ 为：

$$\hat{\beta}_i=\beta_i+v_\beta \tag{6-9}$$

本例中，角度闭合差为 $-15''$，平均分配到四个角值中，由于不能被整除，所以四个角值的改正数分别为 $+4''$，$+4''$，$+4''$，$+3''$，填入表 6-6 中第 ② 栏。改正后的角值填入表6-6 中的第 ③ 栏内，并检核 $\sum v_\beta=-f_\beta$。

2) 导线边坐标方位角的推算

根据改正后的导线转折角和起始边的已知方位角，可以推算出各导线边坐标方位角。推算公式为：

$$\alpha_{前}=\alpha_{后}+\beta_{左}+180° \quad (左角) \tag{6-10a}$$

$$\alpha_{前}=\alpha_{后}-\beta_{右}+180° \quad (右角) \tag{6-10b}$$

式中，$\alpha_{前}$ 为待求的导线边坐标方位角；$\alpha_{后}$ 为已推算的导线边坐标方位角；$\beta_{左}$ 和 $\beta_{右}$ 分别表示观测角为左角和右角。

通过上式可以依次计算出各导线边的坐标方位角 α_{B1}，α_{12}，α_{2C}，最后再推算出 α_{CD}。

此时的推算值应该等于 CD 边的已知坐标方位角值，这是方位角的检核条件之一。将推算值依次填入表 6-6 中的第④栏内。

3）坐标增量的计算与改正

利用计算得到的各边方位角和边长，可以计算出各边的坐标增量，并将结果填入表 6-6 中的第⑥和⑦栏。

$$\begin{aligned} \Delta x_{ij} &= D_{ij}\cos\alpha_{ij} \\ \Delta y_{ij} &= D_{ij}\sin\alpha_{ij} \end{aligned} \tag{6-11}$$

坐标增量之和理论上应与已知控制点 B,C 的坐标差值相等。若不一致，则存在误差，称为坐标增量闭合差，分别用 f_x,f_y 表示。计算公式为：

$$\left.\begin{aligned} f_x &= \sum\Delta x-(x_C-x_B) \\ f_y &= \sum\Delta y-(y_C-y_B) \end{aligned}\right\} \tag{6-12}$$

由于闭合差 f_x,f_y 的存在，使得推算出来的 C' 点与已知点 C 不重合，如图 6-11 所示。$C'C$ 就是导线全长的闭合差，用 f 表示，则 $f=\sqrt{f_x^2+f_y^2}$。

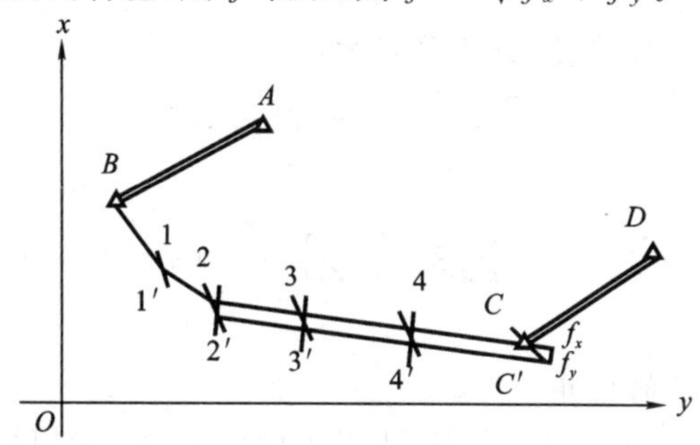

图 6-11 导线全长闭合差

全长闭合差 f 与导线边长之和的比值称为导线全长相对闭合差，即

$$K=\frac{f}{\sum D}=\frac{1}{\sum D/f} \tag{6-13}$$

全长相对闭合差 K 的大小反映了测角和测边的综合精度。不同导线的相对闭合差容许值见表 6-5。图根导线全长相对闭合差 K 的容许值为 1/2 000，困难地区可以放宽到1/1 000。

本例中，$f_x=-0.05$ m，$f_y=-0.03$ m，$f=0.06$ m，$K=1/2\,978<K_{容}$，见表6-6。

若 $K>K_{容}$，则不满足精度要求，应分析其原因，必要时需重测；若 $K\leqslant K_{容}$，则满足精度要求，可以对坐标增量进行闭合差改正。

闭合差改正的方法是将 f_x,f_y 反符号取值，然后以边长的长短按正比例进行分配。对于第 i 边的坐标增量改正数为：

$$v_{\Delta x_i}=-\frac{f_x}{\sum D}D_i$$

$$v_{\Delta y_i} = -\frac{f_y}{\sum D} D_i \tag{6-14}$$

将改正后的坐标增量填入表 6-6 中的第 ⑧ 和 ⑨ 栏内。改正后的坐标增量之和应与 B,C 的坐标差值相等,并以此作为计算的检核条件。

4) 导线点坐标的计算

根据起始点 B 的坐标及改正后的各边坐标增量,即可计算出各导线点的坐标,并最后推算出另一已知点 C 的坐标。C 点坐标的计算值应该等于其已知坐标值,这也是检核条件。然后将计算结果填入表 6-6 中的第 ⑩ 和 ⑪ 栏内。

3. 闭合导线坐标计算

闭合导线坐标的计算与附合导线的计算方法和步骤基本一致,也要满足角度闭合条件和坐标闭合条件,但具体计算公式与附合导线略有不同。下面就不同之处逐一介绍。

1) 角度闭合差的计算

闭合导线测的是内角,所以各内角和 $\sum \beta_{测}$ 应等于 n 边形内角和的理论值 $\sum \beta_{理}$。如果不相等,即存在角度闭合差。计算公式为:

$$\sum \beta_{理} = (n-2) \times 180° \tag{6-15}$$

所以,角度闭合差为:

$$f = \sum \beta_{测} - \sum \beta_{理} = \sum \beta_{测} - (n-2) \times 180° \tag{6-16}$$

2) 坐标增量闭合差的计算

闭合导线的起点、终点为同一个点,所以坐标增量的理论值均为零;如果不为零,则存在闭合差。计算公式为:

$$f_x = \sum \Delta x_{算}, \quad f_y = \sum \Delta y_{算} \tag{6-17}$$

导线的全长相对闭合差 K 与附合导线的计算公式一样。

除上述两点外,其余点的计算、检核和改正步骤均与附合导线相同,这里不再叙述。图 6-12 是闭合导线的计算例题示意图,表 6-7 为计算过程和结果记录表。

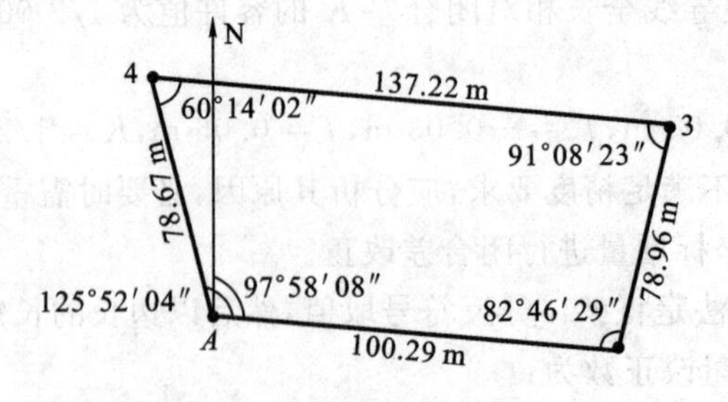

图 6-12　闭合导线

表 6-7　闭合导线坐标计算

点号	观测角及改正数 ° ′ ″	改正后角度值 ° ′ ″	坐标方位角 ° ′ ″	边长/m	坐标增量及改正数 Δx′/m	坐标增量及改正数 Δy′/m	改正后坐标增量 Δx/m	改正后坐标增量 Δy/m	坐标 x/m	坐标 y/m
A									5 032.70	4 537.66
			97 58 08	100.29	0 −13.90	0 99.32	−13.90	99.32		
2	−14 82 46 29	82 46 15							5 018.80	4 636.98
			0 44 23	78.96	0 78.95	0 1.02	78.95	1.02		
3	−15 91 08 23	91 08 08							5 097.75	4 638.00
			271 52 31	137.22	−1 4.49	0 −137.15	4.48	−137.15		
4	−14 60 14 02	60 13 48							5 102.23	4 500.85
			152 06 19	78.67	0 −69.53	0 36.81	−69.53	36.81		
A	−15 125 52 04	125 51 49							5 032.70	4 537.66
			97 58 08							
2										
$\sum$	360 00 58	360 00 00		395.14	0.01	0	0	0		

辅助计算：

$f_\beta=\sum\beta_{测}-\sum\beta_{理}=360°00'58''-360°00'00''=+58''$

$f_{\beta容}=\pm 60''\sqrt{n}=\pm 120''$

$|f_\beta<f_{\beta容}|$　成果合格

$f_x=\sum\Delta x=0.01\ \text{m}$　$f_y=\sum\Delta y=0.00\ \text{m}$

$f=\sqrt{f_x^2+f_y^2}=0.01\ \text{m}$　$K=\dfrac{f}{\sum D}=\dfrac{0.001}{395.14}=\dfrac{1}{39\ 000}<\dfrac{1}{2\ 000}$

第三节　交会定点

当原有控制点的密度不能满足工程需要时，可根据实际情况对控制点进行加密。加密方法常采用交会法。常见的交会法有前方交会、侧方交会、后方交会和距离交会。

一、前方交会

根据两个已知控制点的坐标及在两个已知点上的观测水平角确定待定点坐标的方法，称为前方交会。如图 6-13 所示，在已知点 A，B 分别对待定点 P 进行水平角 α，β 观测，通过计算即可求得 P 点的坐标。

下面介绍前方交会定点的计算方法和步骤。

1. 根据已知坐标计算边 *AB* 的方位角和边长

如图 6-13 所示，A，B 点是已知的高级控制点，根据式(6-3) 和式(6-4) 可以反算出 AB 边的边长 D_{AB} 和 AB 的坐标方位角 α_{AB}。

2. 计算 *AP* 和 *BP* 边的坐标方位角

由图 6-13 可知：

$$\left.\begin{aligned} \alpha_{AP} &= \alpha_{AB} - \alpha \\ \alpha_{BP} &= \alpha_{AB} + \beta \end{aligned}\right\} \qquad (6\text{-}18)$$

按正弦定理：

$$\left.\begin{aligned} D_{AP} &= D_{AB}\frac{\sin\beta}{\sin(\alpha+\beta)} \\ D_{BP} &= D_{AB}\frac{\sin\alpha}{\sin(\alpha+\beta)} \end{aligned}\right\} \qquad (6\text{-}19)$$

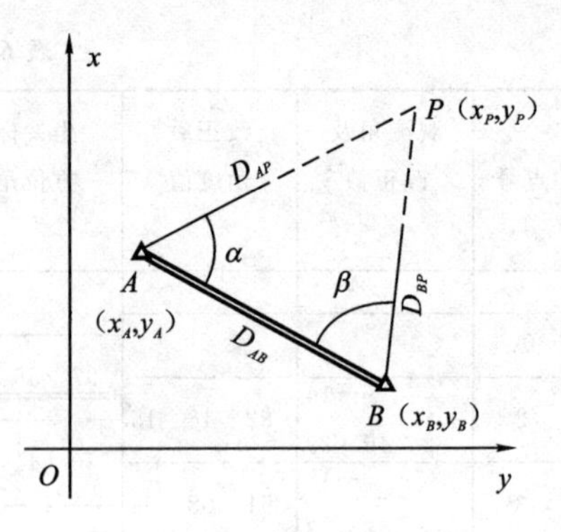

图 6-13　前方交会

3. 计算 *P* 点的坐标

由 $D_{AP} = D_{AB}\frac{\sin\beta}{\sin(\alpha+\beta)}$ 得：

$$x_P = x_A + D_{AB}\frac{\sin\beta}{\sin(\alpha+\beta)}\cos(\alpha_{AB}-\alpha)$$

$$= x_A + D_{AB}\frac{\sin\beta}{\sin(\alpha+\beta)}(\cos\alpha_{AB}\cos\alpha + \sin\alpha_{AB}\sin\alpha)$$

因为：

$$D_{AB}\cos\alpha_{AB} = x_B - x_A$$

$$D_{AB}\sin\alpha_{AB} = y_B - y_A$$

所以：

$$x_P = x_A + \frac{(x_B - x_A)\sin\beta\cos\alpha + (y_B - y_A)\sin\beta\sin\alpha}{\sin\alpha\cos\beta + \cos\alpha\sin\beta}$$

化简后得：

$$x_P = \frac{x_A\cot\beta + x_B\cot\alpha + y_B - y_A}{\cot\alpha + \cot\beta} \qquad (6\text{-}20a)$$

同理可得：

$$y_P = \frac{y_A\cot\beta + y_B\cot\alpha + x_A - x_B}{\cot\alpha + \cot\beta} \qquad (6\text{-}20b)$$

应用公式(6-20)时，要特别注意 *A*,*B*,*P* 的点号必须按照逆时针顺序排序(见图 6-13)，否则公式中的加减号将有改变。

在一般测量中，为了检核，常布设三个已知点进行交会，如图 6-14 所示。这样可以推算出两组 *P* 点坐标(x_{P_1}，y_{P_1})和(x_{P_2}，y_{P_2})。当两组推算的 *P* 点坐标较差 ΔD 在容许限差内，则取它们的平均值作为 *P* 点坐标的最终结果。坐

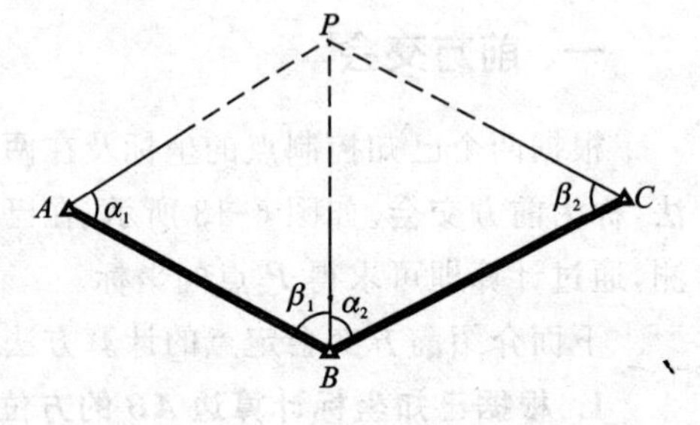

图 6-14　两组前方交会

标较差的计算式为：

$$\Delta D=\sqrt{(x_{P_1}-x_{P_2})^2+(y_{P_1}-y_{P_2})^2}\leqslant 0.2M\,(\text{mm}) \tag{6-21}$$

式中，M 为测图比例尺的分母。

二、侧方交会

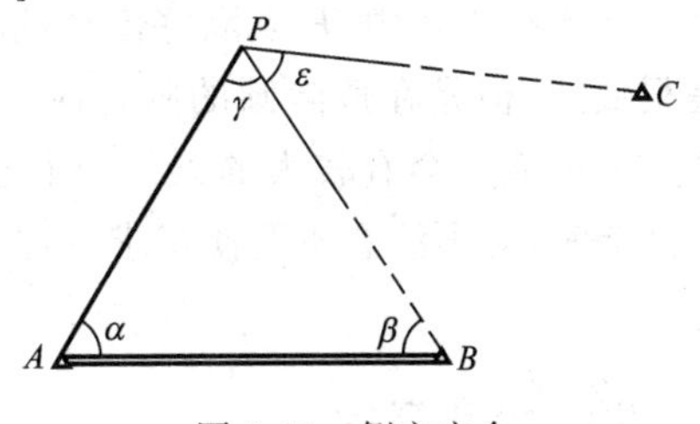

图 6-15 侧方交会

侧方交会是用已知控制点和待定点上的测角来计算待定点坐标的一种方法。如图 6-15 所示，如果在已知点 A 及待求点 P 上，分别观测了 α 和 γ 角，则可以计算出 β 角。这样就和前方交会一样，根据 A，B 两点的坐标和水平角 α，β，按前方交会的公式求出 P 点的坐标。这种方法适用于已知点不便安置仪器时的情况。为了得到检核，可利用第三个已知点 C 进行检核。

三、后方交会

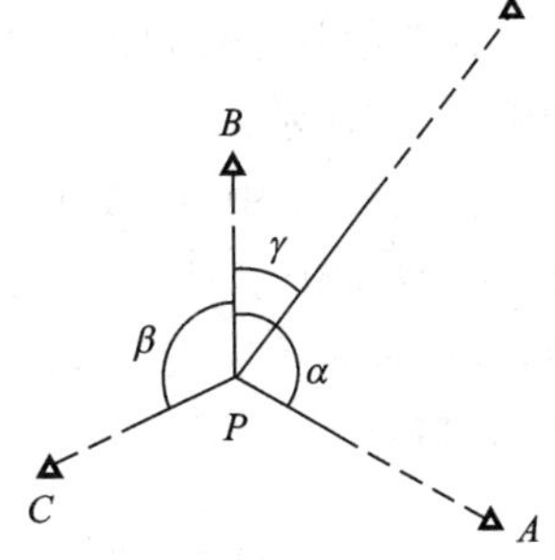

图 6-16 后方交会

在待定点上向三个以上已知点进行水平角观测，然后根据三个已知点的坐标和两个水平角观测值确定待定点坐标的方法，称为后方交会法（见图 6-16）。后方交会法的优点是不必在多个已知点上设站观测，野外工作量较少。

后方交会法内业计算量较大，而且计算公式很多，常见的有辅助点法、余切公式法和仿权计算法等。这里仅给出仿权计算法的有关公式：

$$\left.\begin{aligned}x_P&=\frac{P_Ax_A+P_Bx_B+P_Cx_C}{P_A+P_B+P_C}\\y_P&=\frac{P_Ay_A+P_By_B+P_Cy_C}{P_A+P_B+P_C}\end{aligned}\right\} \tag{6-22}$$

其中：

$$\left.\begin{aligned}P_A&=\frac{1}{\cot A-\cot\alpha}\\P_B&=\frac{1}{\cot B-\cot\beta}\\P_C&=\frac{1}{\cot C-\cot\gamma}\end{aligned}\right\} \tag{6-23}$$

仿权计算法中重复运算比较多，但由于计算公式相同，所以只是改变变量的计算，因此此法特别适合编程计算。

这里需要注意的是，在后方交会中，若 P 点刚好落在通过 A，B，C 三点的外接圆圆周上（见图 6-17），则 P 点的坐标无法确定。因为，在这一圆周的任意点与 A，B，C 组成的

夹角 α,β 均相同,因此 P 点无解,故称此圆为危险圆。

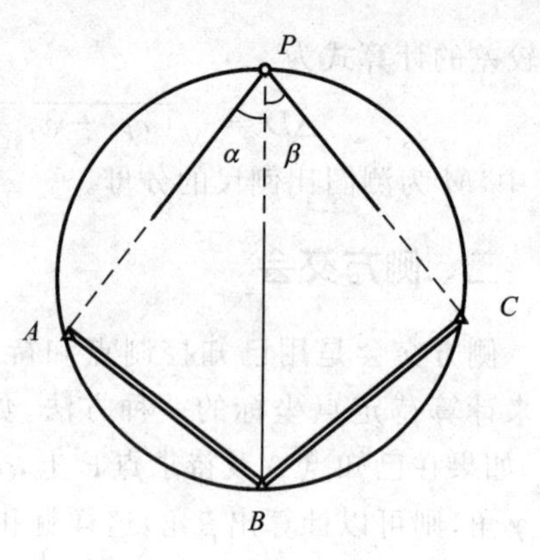

图 6-17　后方交会的危险圆

在实际工作中,P 点刚好落在危险圆的概率是很低的。但是在危险圆的附近时,推算得到的 P 点坐标值也会有较大的误差。因此,在进行后方交会时,必须注意不要使待求点位于危险圆附近。

四、距离交会

距离交会法就是在两个已知的控制点上分别测定它们到待定点的距离,进而求出待定点的坐标。为了进一步检核成果,常采用另一个已知点 C 作为校核条件,即通常所说的三边交会法,如图 6-18 所示。

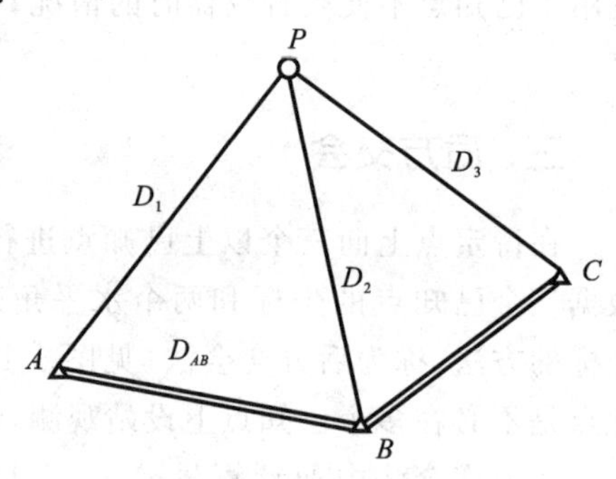

图 6-18　三边交会

在图 6-18 中,设 A,B,C 为已知点,D_1,D_2,D_3 为 AP,BP,CP 边长的观测值。在 $\triangle ABP$ 中,根据观测的边长 D_1,D_2 及坐标反算的边长 D_{AB},可得:

$$\cos A = \frac{D_{AB}^2 + D_1^2 - D_2^2}{2D_{AB}D_1} \qquad (6\text{-}24)$$

同样,可以通过 A,B 两点坐标反算出 AB 边的坐标方位角 α_{AB},则:

$$\alpha_{AP} = \alpha_{AB} - A \qquad (6\text{-}25)$$

$$\begin{aligned} x'_P &= x_A + D_1 \cos \alpha_{AP} \\ y'_P &= y_A + D_1 \sin \alpha_{AP} \end{aligned} \qquad (6\text{-}26)$$

为了校核成果,我们常会对 $\triangle BCP$ 用上述公式同样推算出 P 点的另一组坐标值(x''_P,y''_P),若两组结果的较差在容许范围内,则取平均值作为 P 点的最终坐标结果。

第四节　三、四等水准测量

一、概述

小区域高程控制测量常采用水准测量和三角高程测量两种方法。水准测量一般是指三、四等水准测量,起算点的高程应引自国家一、二等水准点。水准测量路线的布设形式可以采用附合水准路线或水准网。

三、四等水准测量使用的水准尺通常是一对双面水准尺。水准尺黑面的起始注记值为0,红面的起始注记值为4.687 m或4.787 m。国家三、四等水准测量的精度要求比普通水准测量高,视线长度和读数误差的限差见表6-8,高差闭合差等技术要求见表6-3。

表6-8　三、四等水准测量视线长度和读数限差

等　级	视线长度/m	前后视距差/m	前后视距累积差/m	红、黑尺面读数差/mm	红、黑尺面高差之差/mm
三　等	65	3.0	6.0	2.0	3.0
四　等	80	5.0	10.0	3.0	5.0

二、三、四等水准测量的观测顺序

以常见的DSZ_3自动安平水准仪及木质双面水准尺为例,水准测量在一个测站上的观测顺序为:

(1) 照准后视尺黑面,读取上、下、中丝读数;

(2) 照准前视尺黑面,读取中、上、下丝读数;

(3) 照准前视尺红面,读取中丝读数;

(4) 照准后视尺红面,读取中丝读数。

这种“后—前—前—后”(黑—黑—红—红)的观测顺序,主要是为了减少水准仪与水准尺下沉产生的误差。对于四等水准测量,也可以采用“后—后—前—前”(黑—红—黑—红)的顺序。只有在一个测站全部记录、计算与检核合格后,方可搬站继续进行下一测站观测。

三、测站的计算与检核

三、四等水准测量手簿见表6-9。

1. 视距的计算与检核

后视距离:⑨=(①－②)×100;

前视距离:⑩=(④－⑤)×100;

前后视距差:⑪=⑨－⑩;

前后视距累积差:⑫=上站⑫＋本站⑪,即前后视距累积差为各测站视距差的代数和。

对于三等水准测量,前后视距差不得超过±3 m,前后视距累积差不得超过±5 m;对于四等水准测量,前后视距差不得超过±5 m,前后视距累积差不得超过±10 m。

2. 水准尺读数的计算与检核

同一水准尺的红、黑尺面中丝差应等于红、黑尺零点差K,即4.787 m或4.687 m。

前尺检核:⑬ = ⑥ + K − ⑦;

表 6-9　三、四等水准测量手簿

<table>
<tr><td rowspan="4">测站编号</td><td rowspan="4">点　号</td><td>后尺</td><td>上丝
下丝</td><td>前尺</td><td>下丝
上丝</td><td rowspan="4">方向及尺号</td><td colspan="2">中丝读数</td><td rowspan="4">K＋黑－红</td><td rowspan="4">平均高差/m</td><td rowspan="4">备　注</td></tr>
<tr><td colspan="2">后视距离</td><td colspan="2">前视距差</td><td rowspan="3">黑尺面</td><td rowspan="3">红尺面</td></tr>
<tr><td colspan="2">前后视距差</td><td colspan="2">累积差</td></tr>
<tr></tr>
<tr><td></td><td></td><td colspan="2">①
②
⑨
⑪</td><td colspan="2">④
⑤
⑩
⑫</td><td>后
前
后－前</td><td>③
⑥
⑮</td><td>⑧
⑦
⑯</td><td>⑭
⑬
⑰</td><td>⑱</td><td></td></tr>
<tr><td>1</td><td>A
|
TP1</td><td colspan="2">1.571
1.197
37.4
－0.2</td><td colspan="2">0.739
0.363
37.6
－0.2</td><td>后 01
前 02
后－前</td><td>1.384
0.551
＋0.833</td><td>6.171
5.239
＋0.932</td><td>0
－1
＋1</td><td>＋0.832</td><td rowspan="5">01,02 号尺的红、黑尺零点差分别为：
$K_1=4.787$
$K_2=4.687$</td></tr>
<tr><td>2</td><td>TP1
|
TP2</td><td colspan="2">2.121
1.747
37.4
－0.1</td><td colspan="2">2.196
1.821
37.5
－0.3</td><td>后 02
前 01
后－前</td><td>1.934
2.008
－0.074</td><td>6.621
6.796
－0.175</td><td>0
－1
＋1</td><td>－0.074</td></tr>
<tr><td>3</td><td>TP2
|
TP3</td><td colspan="2">1.914
1.539
37.5
－0.2</td><td colspan="2">2.055
1.678
37.7
－0.5</td><td>后 01
前 02
后－前</td><td>1.726
1.866
－0.140</td><td>6.513
6.554
－0.041</td><td>0
－1
＋1</td><td>－0.140</td></tr>
<tr><td>4</td><td>TP3
|
TP4</td><td colspan="2">1.965
1.700
26.5
－0.2</td><td colspan="2">2.141
1.874
26.7
－0.7</td><td>后 02
前 01
后－前</td><td>1.832
2.007
－0.175</td><td>6.519
6.793
－0.274</td><td>0
＋1
－1</td><td>－0.174</td></tr>
<tr><td>5</td><td>TP4
|
B</td><td colspan="2">1.531
1.062
46.9
－0.2</td><td colspan="2">2.820
2.349
47.1
－0.9</td><td>后 01
前 02
后－前</td><td>1.304
2.583
－1.279</td><td>6.092
7.271
－1.179</td><td>－1
－1
0</td><td>－1.279</td></tr>
</table>

后尺检核：⑭ ＝ ③ ＋ K － ⑧。

三等水准测量⑬，⑭的限差为±2 mm；四等水准测量⑬，⑭的限差为±3 mm。

3. 高差的计算与检核

黑尺面高差：⑮＝③－⑥；

红尺面高差：⑯＝⑧－⑦。

由于前、后尺红、黑零点差不同，往往使得⑮，⑯相差 0.100 m，故黑、红面高差平均值在计算时应将其去掉。

黑、红尺面高差之差的检核：⑰＝⑭－⑬＝⑮－(⑯±0.100)。

在三等水准测量中，高差之差的限值为±3 mm；在四等水准测量中，高差之差的限值为±5 mm。

一个测站平均高差：⑱$=\frac{1}{2}$(⑮+⑯±0.100)。

当该测站后尺的红、黑尺零点差为4.687时，上式取+0.100；当后尺的红、黑尺零点差为4.787时，上式取−0.100。

4. 每页计算的总检核

每页记录的数据除完成上述计算外，还应进行下列总检核工作。

视距部分：$\sum$⑨ − $\sum$⑩ = 末站⑫。

如果记录手簿有多页，则需增加检核：$\sum$⑨ − $\sum$⑩ = 本页末站⑫ − 上页末站⑫。

高差部分：$\sum$⑮ = $\sum$③ − $\sum$⑥；

$\sum$⑯ = $\sum$⑧ − $\sum$⑦；

$\sum$⑱ = $\frac{1}{2}$($\sum$⑮ + $\sum$⑯ ± 0.100)　（测站数为奇数时）；

$\sum$⑱ = $\frac{1}{2}$($\sum$⑮ + $\sum$⑯)　（测站数为偶数时）。

5. 测量成果的计算与检核

三、四等水准附合或闭合路线高差闭合差的计算、调整方法与普通水准测量相同。

第五节　三角高程测量

根据已知点高程及两点间的垂直角和距离确定待定点高程的方法称为三角高程测量。

当两点间地形起伏较大而不利于水准观测时，可采用三角高程测量的方法测定两点间的高差，进而求得待定点的高程。三角高程测量的精度一般低于水准测量，常用于山区的高程控制测量和地形测量。

一、三角高程测量的原理

如图6-19所示，已知点A的高程为H_A，B为待定点，待求高程为H_B。在点A安置经纬仪，照准点B目标顶端M，测得竖直角为α。量取仪器高i和目标高υ。如果测得AM之间的距离为D'，则A，B点的高差h_{AB}为：

$$h_{AB}=D'\sin\alpha+i-\upsilon \tag{6-27}$$

如果测得A，B点的水平距离为D，则高差h_{AB}为：

$$h_{AB} = D\tan\alpha + i - v \tag{6-28}$$

则 B 点高程为：

$$H_B = H_A + h_{AB} \tag{6-29}$$

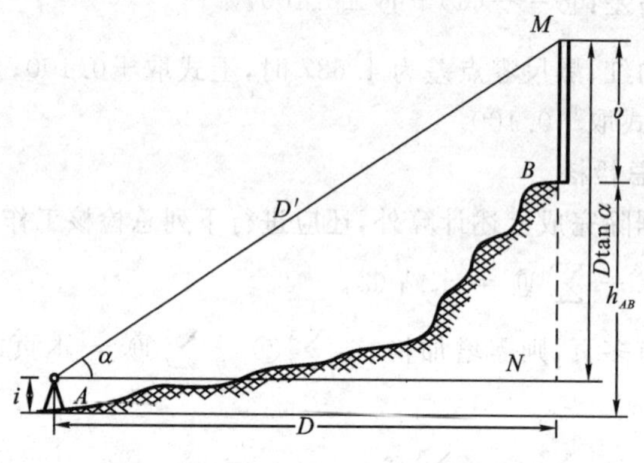

图 6-19　三角高程测量原理

二、地球曲率和大气折光对高差的影响与改正

上述计算公式是在假定地球表面为水平面（即水准面为水平面）、观测视线为直线的基础上推导得到的。当地面上两点间的距离小于 300 m 时，可以近似认为这些假设条件是成立的，上述公式也可以直接应用。但当地面上两点间的距离超过 300 m 时，就需要考虑地球曲率对高程的影响，应对曲率加以改正，称为球差改正，其改正数为 c；同时，由于观测视线受大气折光的影响而成为一条向上凸起的弧线，所以也要对大气折光的影响加以改正，称为气差改正，其改正数为 γ。以上两项改正合称为球气差改正，简称二差改正，其改正数为 $f = c - \gamma$。

1. 地球曲率的改正

当地面两点间的距离较长（超过 300 m）时，大地水准面是一个曲面，此时不能视为水平面，所以应用式(6-27) 至式(6-29) 时，须加上球差改正 c，其计算公式为：

$$c = \frac{D^2}{2R} \tag{6-30}$$

式中，R 为地球的平均曲率半径，计算时可取 $R = 6\ 371$ km。

2. 大气折光的改正

在进行竖直角测量时，由于大气层密度分布不均匀，观测视线受大气折光的影响总是一条向上凸起的曲线，使竖直角观测值比实际值偏大，因此，须进行气差改正。一般认为大气折光的曲率半径约为地球曲率半径的 7 倍，则气差改正数 γ 为：

$$\gamma = \frac{D^2}{14R} \tag{6-31}$$

由式(6-30) 和式(6-31) 得二差改正数 f 为：

$$f = c - \gamma = \frac{D^2}{2R} - \frac{D^2}{14R} \approx 0.43\frac{D^2}{R} \tag{6-32}$$

于是，A，B 之间的高差计算公式：

$$h_{AB} = D\tan\alpha + i - \upsilon + 0.43\frac{D^2}{R}$$

进而可根据已知点 A 的高程计算出未知点 B 的高程。

以上是考虑二差改正的三角高程测量中高程的计算方法。在实际测量中，还常采用对向观测的方法消除地球曲率和大气折光对高程的影响，即先由 A 点向 B 点观测（称为直觇），然后再由 B 点向 A 点观测（称为反觇），取对向观测所得高差绝对值的平均值为最终结果，以消除或减弱二差的影响。

三、三角高程测量的观测与计算

1. 三角高程测量的观测方法

三角高程测量路线一般布设成闭合或附合路线的形式，每边均采用对向观测。在每个测站上，要进行以下操作：

(1) 在测站上安置经纬仪，量取仪器高 i 和目标高 υ；

(2) 采用盘左、盘右观测竖直角 α；

(3) 用光电测距仪测量两点间的斜距 D'，或用三角测量方法计算得到两点间的平距 D；

(4) 采用反觇，重复步骤(1)至(3)。

某三角高程测量的附合路线 A—1—2—B 如图 6-20 所示，A，B 为已知高程控制点，其高程分别为 $H_A = 1\,506.45$ m，$H_B = 1\,587.28$ m，1 和 2 为高程待定点。观测记录和高差计算见表 6-10，高差计算结果标注于图 6-20 中。闭合差改正和各点高程计算参阅第二章有关内容。

表 6-10　三角高程附合路线的高差计算

起算点	A		1		2	
待定点	1		2		B	
觇　法	直　觇	反　觇	直　觇	反　觇	直　觇	反　觇
竖直角 α	11°38′30″	−11°24′00″	6°52′15″	−6°35′18″	−10°04′45″	10°20′30″
平距 D/m	581.38	581.38	488.01	488.01	530.00	530.00
$D\tan\alpha$/m	119.78	−117.23	58.80	−56.36	−94.21	96.71
仪器高 i/m	1.44	1.49	1.49	1.50	1.50	1.48
目标高 υ/m	2.50	3.00	3.00	2.50	2.50	3.00
二差改正 f/m	0.02	0.02	0.02	0.02	0.02	0.02
高差 h/m	+118.74	−118.72	+57.31	−57.34	−95.19	95.22
平均高差/m	+118.73		+57.32		−95.20	

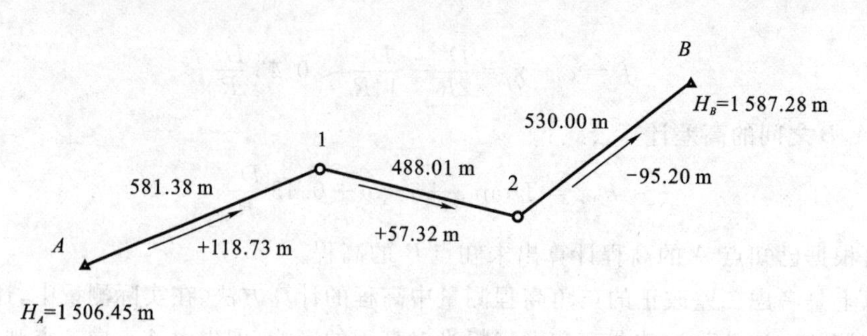

图 6-20　三角高程附合路线计算

2. 三角高程的计算

(1) 三角高程直觇、反觇测量所得的高差，经过二差改正后，其互差不应大于 $\pm 40D$(单位为 mm)，其中 D 为边长，以 km 为单位。若精度满足要求，则取对向观测所得高差的平均值。

(2) 计算闭合或附合路线的闭合差 f_h(单位为 m) 时，闭合差的容许限差为：

$$f_{h容} = \pm 0.05\sqrt{\sum D^2} \tag{6-33}$$

式中，水平距离 D 以 km 为单位。

若 $f_h \leqslant f_{h容}$，则按照第二章中关于闭合差的改正进行分配，再按改正后的高差推算各点的高程。

第六节　全球定位系统(GPS)简介

全球定位系统(GPS 是英文缩写词，全名为 Global Positioning System)是由美国政府从 20 世纪 70 年代开始研制的，历时 20 余年，耗资 200 亿美元，于 1994 年全面建成。全球定位系统是具有陆、海、空全方位实时三维导航与定位能力的卫星导航与定位系统。

一、系统的组成

GPS 系统包括三大部分：空间部分——GPS 卫星星座；地面控制部分——地面监控系统；用户设备部分——GPS 信号接收机，如图 6-21 所示。

1. 空间部分

GPS 卫星星座由 21 颗工作卫星和 3 颗在轨备用卫星组成，记作(21＋3)GPS 星座。如图 6-22 所示，24 颗卫星均匀分布在 6 个轨道平面内，每个轨道有 4 颗，分别以 11 小时 58 分钟的周期环绕地球飞行。

位于地平线以上的卫星颗数随着时间和地点的不同而不同，最少可以见到 4 颗，最多可以见到 11 颗。在用 GPS 信号导航定位时，为了解算测站的三维坐标，必须观测 4

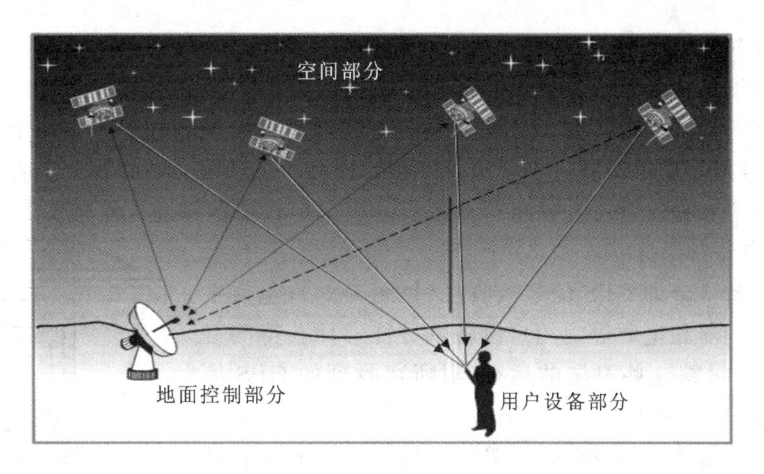

图 6-21　GPS 的组成

颗 GPS 卫星，称为定位星座。

2. 地面监控系统

对于导航定位来说，GPS 卫星(见图 6-23)是一动态已知点。卫星的位置是依据卫星发射的星历——描述卫星运动及其轨道的参数——算得的。每颗 GPS 卫星所播发的星历，是由地面监控系统提供的。卫星上的各种设备是否正常工作，以及卫星是否一直沿着预定轨道运行，都要由地面设备进行监测和控制。

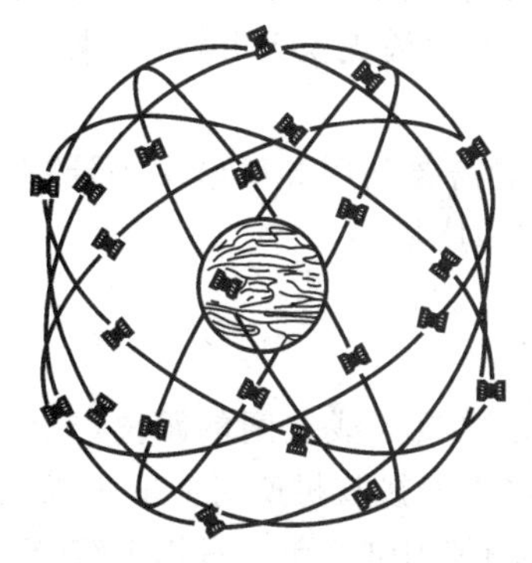

图 6-22　GPS 卫星星座

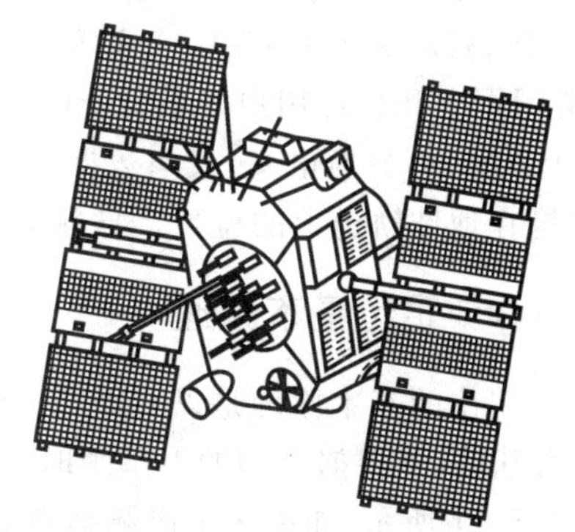

图 6-23　GPS 卫星

卫星的地面监控系统包括一个主控站、三个注入站和五个监测站。

主控站设在美国本土科罗拉多，其任务是收集、处理本站和监测站收到的全部资料，编算出每颗卫星的星历和 GPS 时间系统，将预测的卫星星历、钟差、状态数据以及大气传播改正编制成导航电文传送到注入站；负责纠正卫星的轨道偏离，必要时调度卫星，让备用卫星取代失效的工作卫星；负责监测整个地面监测系统的工作，检验注入给卫星的导航电文，监测卫星是否将导航电文发送给了用户。

三个注入站分别设在大西洋的阿森松岛、印度洋的迪戈加西亚岛和太平洋的卡瓦加兰，其任务是将主控站发来的导航电文注入相应卫星的存储器中。此外，注入站要能自动向主控站发射信号，每分钟报告一次自己的工作状态。

五个监测站除了位于主控站和三个注入站之处的四个站以外，还在夏威夷设立了一个监测站。监测站的主要任务是为主控站提供卫星的观测数据。在每个监测站，均用 GPS 信号接收机对每颗可见卫星每 6 min 进行一次伪距测量和积分多普勒观测，采集气象要素等数据。在主控站进行遥控自动采集定轨数据并进行各项改正。

3. 用户设备部分

用户设备部分即 GPS 信号接收机（见图 6-24），包括主机、天线、控制器和电源等。用户设备部分能够捕获待测卫星的信号，并跟踪这些卫星的运行，对所接收到的 GPS 信号进行变换、放大和处理，以便测量出 GPS 信号从卫星到接收机天线的传播时间，解译出 GPS 卫星所发送的导航电文，实时地计算出测站的三维位置，甚至三维速度和时间。

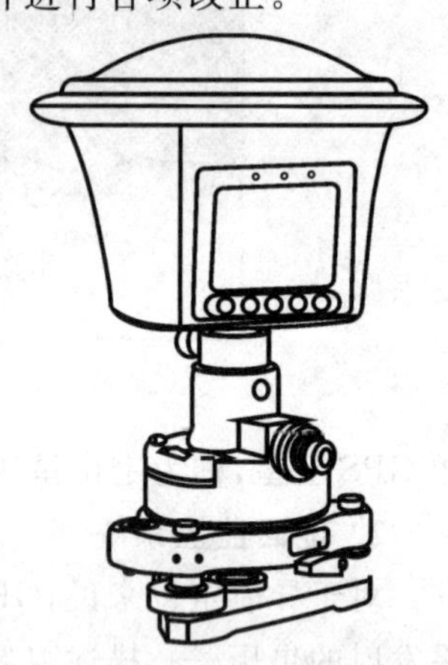

图 6-24　GPS 信号接收机

二、GPS 卫星信号

GPS 卫星信号是 GPS 卫星向广大用户发送的用于导航定位的调制波。GPS 卫星信号主要有三类：

(1) C/A 码(Coarse/Acquisition Code)，又称为粗码，是普通用户用以测定测站到卫星间距离的一种主要信号。

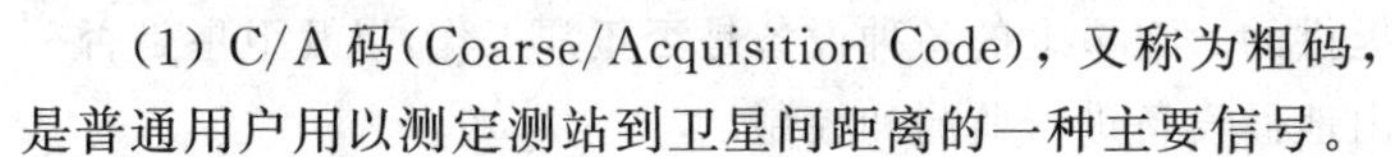

(2) P 码(Precise Code)，又被称为精码。用户一般无法利用 P 码来进行导航定位，但美国军方和特许用户则不受影响。

(3) D 码，即导航电文，又叫数据码。用户一般需要利用导航电文来计算某一时刻 GPS 卫星在地球轨道上的位置。导航电文也被称为广播星历

三、GPS 定位基本原理

GPS 定位的基本原理是以 GPS 卫星和用户接收机天线之间的距离（或距离差）的观测量为基础，并根据已知的卫星瞬时坐标来确定用户接收机所对应的三维坐标。

如图 6-25 所示，如果测量出测站点 P（接收机无线中心）至三颗以上 GPS 卫星的距离并解算出该时刻 GPS 卫星的空间坐标，则可据此利用距离交会法解算出测站 P 的位置。设时刻 T_i 在测站点 P 用 GPS 接收机同时测得 P 点至三颗 GPS 卫星 s^1, s^2, s^3 的距离为 ρ_1, ρ_2, ρ_3，通过 GPS 电文解译出该时刻三颗 GPS 卫星的三维坐标分别为 (X^j, Y^j, Z^j)，$j = 1,2,3$。用距离交会的方法求解 P 点的三维坐标 (X, Y, Z) 的观测方程为：

$$\left.\begin{aligned}\rho_1^2 &= (X-X^1)^2+(Y-Y^1)^2+(Z-Z^1)^2\\ \rho_2^2 &= (X-X^2)^2+(Y-Y^2)^2+(Z-Z^2)^2\\ \rho_3^2 &= (X-X^3)^2+(Y-Y^3)^2+(Z-Z^3)^2\end{aligned}\right\}\tag{6-34}$$

上述方程中有三个未知数，从理论上讲，只需观测三颗卫星至接收机之间的距离即可求得接收机的坐标，但实际上因接收机钟差改正也是未知数，所以接收机必须同时至

少测定至四颗卫星的距离才能解算出接收机的三维坐标值。

ρ 的获得可采用伪距测量和载波相位测量两种方法。伪距测量和载波相位测量方法可参见有关文献。

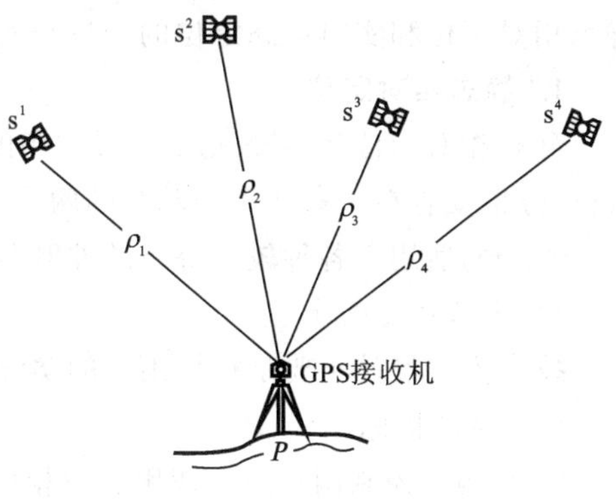

图 6-25　GPS 定位原理

四、GPS 坐标系统

由于 GPS 是全球性的定位导航系统，所以其坐标系统也必须是全球性的。为了使用方便，它是通过国际协议确定的，通常称为协议地球坐标系(Conventional Terrestrial System,CTS)。目前,GPS 测量中所使用的协议地球坐标系统称为 WGS—84 世界大地坐标系(World Geodetic System—84)。

WGS—84 世界大地坐标系的几何定义是:原点是地球质心,z 轴指向 BIH1984.0 定义的协议地球极(CTP)方向,x 轴指向 BIH1984.0 的零子午面和 CTP 赤道的交点,y 轴与 z 轴和 x 轴构成右手坐标系。

CTP(Conventional Terrestrial Pole) 是协议地球极的简称。由于极移现象的存在，地极的位置在地极平面坐标系中是一个连续的变量,其瞬时坐标(X_p,Y_p) 由国际时间局(Bureau International de I′ Heure,简称 BIH) 定期向用户公布。WGS—84 就是以国际时间局 1984 年第一次公布的瞬时地极(BIH1984.0) 作为基准建立的地球瞬时坐标系,严格来讲属于准协议地球坐标系。

除上述几何定义外,WGS—84 还有严格的物理定义,它拥有自己的重力场模型和重力计算公式,可以算出相对于 WGS—84 椭球的大地水准面差距。WGS—84 可与我国 1980 年国家大地坐标系的基本大地参数比较,它们之间坐标的互相转换方法请参阅有关文献。

在实际测量定位工作中,虽然 GPS 卫星的信号依据 WGS—84 坐标系,但求解结果却是测站之间的基线向量或三维坐标差。在数据处理时,根据上述结果,并以现有已知点(三点以上)的坐标值作为约束条件,进行整体平差计算,得到各 GPS 测站点在当地现有坐标系中的实用坐标,从而完成 GPS 测量结果向我国的 1980 年国家大地坐标系 C80 或当地独立坐标系的转换。

五、GPS 定位方法与实施

近几年来,随着 GPS 接收系统硬件和处理软件的发展,已有多种测量方案可供选择。这些不同的测量方案,也可以作为 GPS 测量的作业模式,如静态绝对定位、静态相对定位、快速静态定位、准动态定位、实时动态定位等。现对土木工程测量中最常用的静态相对定位和实时动态定位的方法与实施做一简单介绍。

1. 静态相对定位

静态相对定位是GPS测量中最常用的精密定位方法。它采用两台(或两台以上)接收机,分别安置在一条或多条基线的两个端点,同步观测四颗以上卫星。精度可达(5＋$10^{-6}D$ mm,适用于各种较高等级的控制测量,其工作程序如下:

1) 技术方案设计

技术方案设计主要是根据用户的实际需求,确定施测方法,设计GPS测量控制网。

(1) 精度指标。

GPS测量控制网一般是使用载波相位静态相对定位的方法,使用两台或两台以上的GPS信号接收机对一组卫星进行同步观测。控制网的精度指标以网中基线观测的距离误差来确定。表6-11为《全球定位系统城市测量技术规程》规定的精度指标。

表6-11 城市及工程GPS控制网精度指标

等 级	平均距离/km	a/m	$b/10^{-6}$	最弱边相对中误差
二 等	9	≤10	≤2	1/120 000
三 等	5	≤10	≤5	1/80 000
四 等	2	≤10	≤10	1/45 000
一 级	1	≤10	≤10	1/20 000
二 级	＜1	≤15	≤20	1/10 000

(2) 网形设计。

与传统控制测量不同,在GPS测量时,各站点之间不必通视,只要保证有一定的高度角与天顶距即可。这为GPS控制网的布设提供了灵活性。

GPS网图形设计要根据用户要求,确定具体的布网观测方案,高质量、低成本地完成既定的测量任务。通常在设计GPS网时,必须顾及测站选址、卫星选择、仪器设备装置与后勤交通保障等因素。当网点位置、接收机数量确定以后,网的设计就主要体现在观测时间的确定、网形构造及各点设站观测的次数上。

GPS网一般应根据同一时间段内观测的基线边,即同步观测边构成闭合图形(同步环),例如三边形(需三台接收机,同步观测三条边,其中两条是独立边)、四边形(需四台接收机)或多边形等,其目的是增加检核条件,提高网的可靠性。然后,按点连式、边连式和网连式这三种基本构网方法(见图6-26),将各种独立的同步环有机地连接成一个整体。由不同的构网方式,又可增加若干条复测基线闭合条件和非同步图形(异步环)闭合条件(即用不同时段观测的独立基线联合推算异步环中的某一基线,将推算结果与直接解算的该基线结果进行比较,所得到的坐标差闭合条件),从而进一步提高GPS网的几何强度及可靠性。关于各点观测次数的确定,通常应遵循“网中每点必须至少独立设站观测两次”的基本原则。

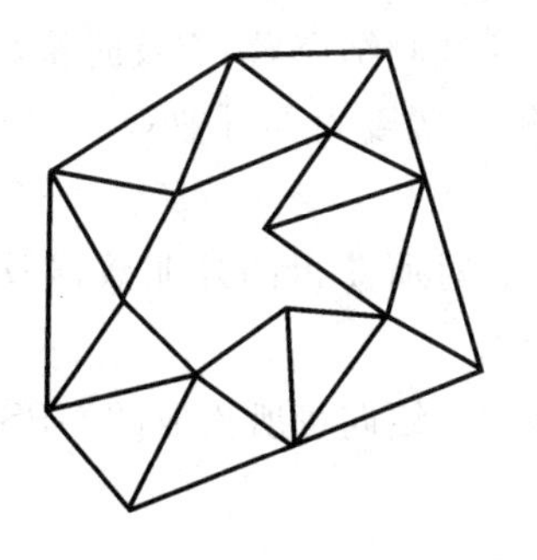
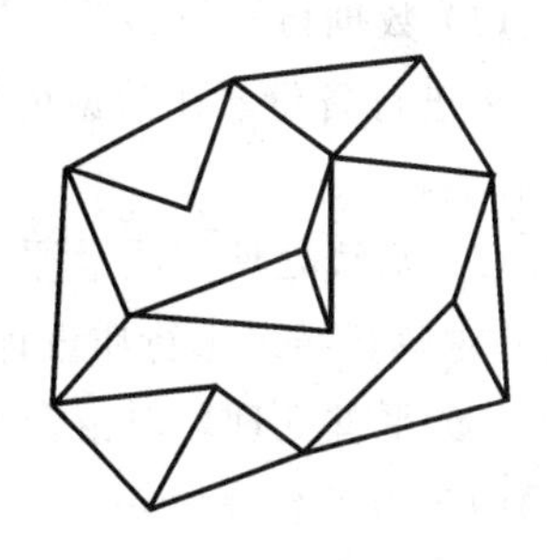

图 6-26　GPS 布网方案

2）选点与建立标志

由于 GPS 测量观测站之间不要求通视，而且网形结构灵活，故选点工作远较常规大地测量简便，且成本低。但 GPS 测量又有其自身的特点，因此在选点时，应满足以下要求：

（1）点位应选在交通方便、易于安置接收设备的地方，且视野应开阔，以便于与常规地面控制网的联测。

（2）GPS 点应避开对电磁波有强烈吸收、反射等干扰影响的金属和其他障碍物体，如高压线、电台电视台、高层建筑、大范围水面等。

站点选定后，应按要求埋置标石，以便保存。最后，应绘制点之记、测站环视图和 GPS 网选点图，作为提交的选点技术资料。

3）外业观测

外业观测是指利用 GPS 信号接收机采集来自 GPS 工作卫星的电磁波信号。外业观测的作业过程大致可以分为天线安置、接收机操作和观测记录三个步骤。外业观测应严格按照技术设计时所拟定的观测计划实施，只有这样才能协调好外业观测的进程，保证测量成果的精度。为了顺利地完成观测任务，在外业观测之前，必须对所选定的接收设备进行严格的检验，并按相关规范和测量方法对接收机进行必要的设置。

天线的安置是实现精密定位的重要环节之一，在外业观测时应严格对中、整平、定向，并精确量取天线高度。

4）观测成果检核与数据处理

当观测任务结束后，必须在测区及时对外业观测数据进行严格的检核，并根据情况采取淘汰或必要的重测、补测措施。只有确保观测准确无误，才能进行后续的平差计算和数据处理。

GPS 测量采用连续同步观测的方法，一般 15 s 自动记录一组数据，其数据之多、信息量之大是常规测量方法无法相比的，而且其数据处理的过程也比较复杂。在实际工作中，借助于电子计算机，能使数据处理工作的自动化达到很高的程度。以下是 GPS 测量数据处理的基本步骤：

(1) 数据传输与转储。外业观测结束后,应及时将观测数据传输到计算机中,并根据要求进行备份。在数据传输时,需要对照外业观测记录手簿,检查所输入的记录是否正确。

(2) 基线处理与质量评估。对所获得的外业数据及时地进行处理,解算出基线向量,并对解算结果进行质量评估。

(3) 平差处理。对由合格的基线向量所构成的 GPS 基线向量网进行平差处理,得出网中各点的坐标成果。

(4) 技术总结。

2. 实时动态(RTK)定位

常规的 GPS 测量方法都需要事后进行解算才能获得厘米级的精度,而实时动态 RTK(Real Time Kinematic)定位是能够在野外实时得到厘米级定位精度的测量方法,它是以载波相位观测量为根据的实时差分 GPS 测量技术。

实时动态定位技术的基本原理是:在基准站上安置一台 GPS 接收机,对所有可见卫星进行连续观测,并将其观测数据通过发射台实时地发送给流动观测站。在流动观测站上,GPS 接收机在接收卫星信号的同时通过接收电台接收基准站传送的数据,然后由 GPS 控制器根据相对定位的原理,实时地计算出厘米级的流动站三维坐标。RTK 技术的关键在于数据处理技术和数据传输技术。在进行 RTK 定位时,要求基准站接收机实时地把观测数据(伪距观测值、相位观测值)及已知数据传输给流动站接收机。

六、RTK GPS 应用简介

GPS 的应用领域非常广泛,它不仅用于导弹、飞船的导航定位,而且广泛用于飞机、汽车、船舶的导航定位。除此之外,公安、银行、医疗、消防等常用它建立监控、报警、救援系统;企业也用它建立现代物流管理系统;农业、林业、环保、资源调查、物理勘探、电信等亦离不开导航定位。特别是随着卫星导航接收机的集成微型化,出现了各种融通信、计算机、GPS 于一体的个人信息终端,使卫星导航技术从专业应用走向大众应用,成为继通信、互联网之后的 IT 第三个新的增长点。以 GPS 为代表的卫星导航定位应用产业越来越受到人们的关注。

在测量领域,GPS 主要用于高精度的控制测量,如国家等级控制点和城市控制网以及各种精度的控制点测量。动态 DGPS 还可以用于精度要求不高(亚米级)的定(勘)界测量和一般 GIS 前端数据采集。RTK 测量不仅可以快速完成Ⅰ,Ⅱ级导线控制测量,而且非常适用于各种工程放样施工测量和工程设备实时位置控制,亦可用于地形不太复杂区域的碎部测量。下面以南方公司生产的动态 RTK GPS 灵锐 S86 为例简述 RTK 放样测量的方法。

南方灵锐 S86 是新一代全集成的一体化 RTK 接收机，它采用目前最先进的 GPS 主板和数据链技术，提供对自主电台发射和 GPRS/CDMA 等通讯技术的支持，主机与手簿采用无线蓝牙通讯。

图 6-27 南方灵锐 S86 基准站

1. S86 RTK 系统的组成

(1) 基准站(见图 6-27)：

① 基准站 GPS 接收主机(内置 GPRS/CDMA 模块)；

② 基准站无线电数据链电台；

③ 电台发射天线；

④ 高容量蓄电池(12 V/38 AH)。

(2) 移动站(见图 6-28)：

① 移动站 GPS 接收主机(内置 GPRS/CDMA 模块)；

② 移动站 GPS 数据链接收天线；

③ 安装处理软件的 PSION 手簿控制器(见图 6-29)；

④ 移动站碳纤对中杆。

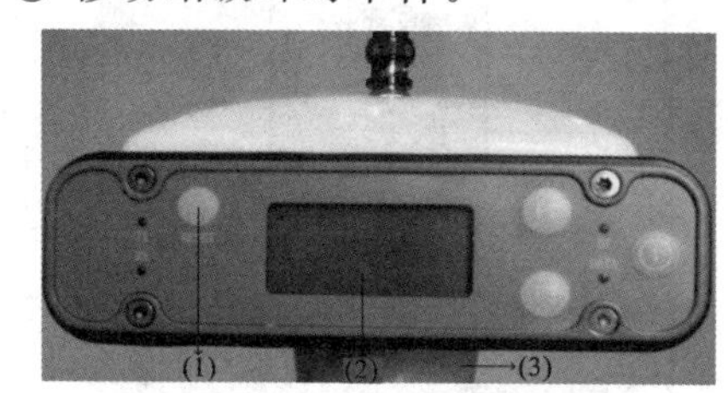

图 6-28 南方灵锐 S86 移动站

图 6-29 PSION 手簿控制器

2. 作业准备

要检查基准站蓄电池、移动站以及 PSION 控制器的电池电量是否充足。如果使用 GPRS/CDMA 通讯方式，要确保手机卡账号有足够的资金，并将基准站 GPS 天线安置在视野开阔且附近没有电磁干扰的地方。如果基准站安置在已知点上，还要对 GPS 进行对中、整平，并量取 GPS 天线高。如果采用电台通讯方式，需将电台及电台发射天线连接好并安装在较高的对中杆支架上，确保电台信号的畅通。一切准备就绪后，按开机键先启动基准站，等待基准站初始化后开始发射数据，再打开移动站开始做测量准备。

3. 放样测量

南方 RTK GPS 采用工程之星手簿控制软件。工程之星控制软件中提供各种放样模式：点放样、线放样、曲线放样。在 RTK 放样测量之前，还必须做坐标系转换工作。由于 GPS 测量的原始坐标是基于 WGS—84 坐标系统的，所以需要将放样的坐标转换到地方坐标系，而工程之星软件本身就提供对各种坐标转换方式，可以实现任意坐标系的转换。

一切准备就绪后，从手簿控制器启动工程之星软件，控制器就会通过蓝牙与移动站连接，如图 6-30 所示。从工程之星的测量进入点放样或其他放样，如图 6-31 所示。选择点放样后，软件提示输入或选择放样点坐标，如图 6-32 所示。选择增加可以向坐标库中增加放样点，选择打开可以打开一个存储放样点坐标的坐标库文件。打开文件后，可以选中坐标点名下的任意一点，然后单击确定按钮，软件就进入放样计算过程并显示放样点位差，并指导仪器操作员向待放样点移动，直至到达目标为止，如图 6-33 所示。

利用 RTK GPS 实施工程放样，不仅可以节省人手、提高效率，而且还具有速度快、直观性强、无误差积累、可以实现现场计算和现场设计等诸多优势，是工程放样，特别是道路、桥梁施工最有力的工具。

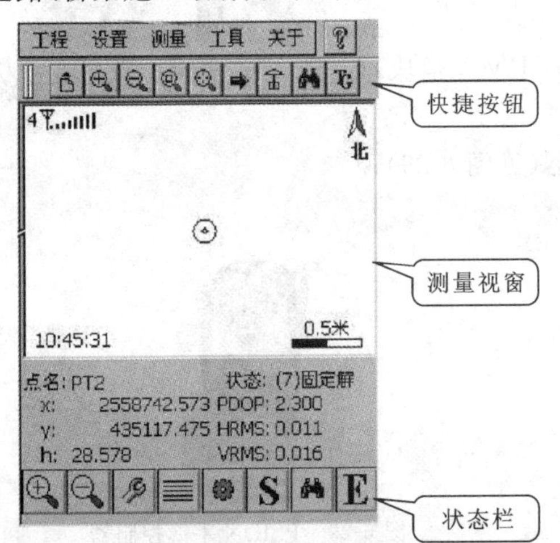

图 6-30　工程之星软件

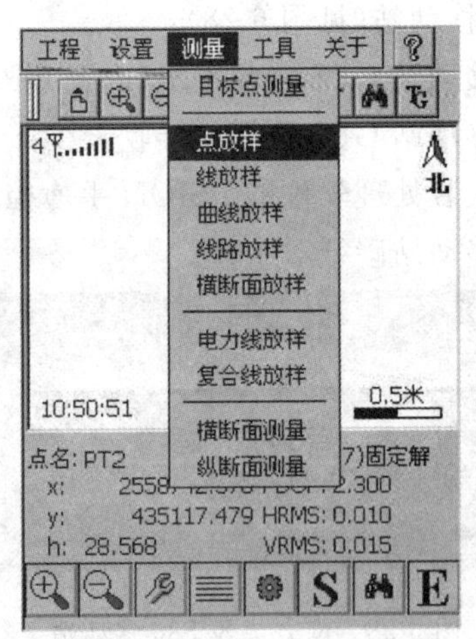

图 6-31　进入点放样

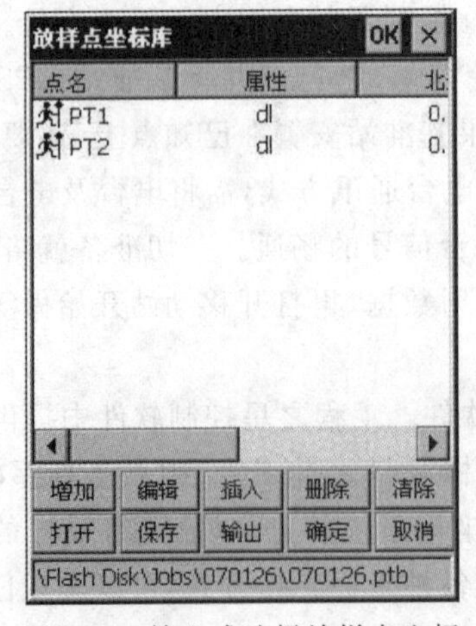

图 6-32　输入或选择放样点坐标

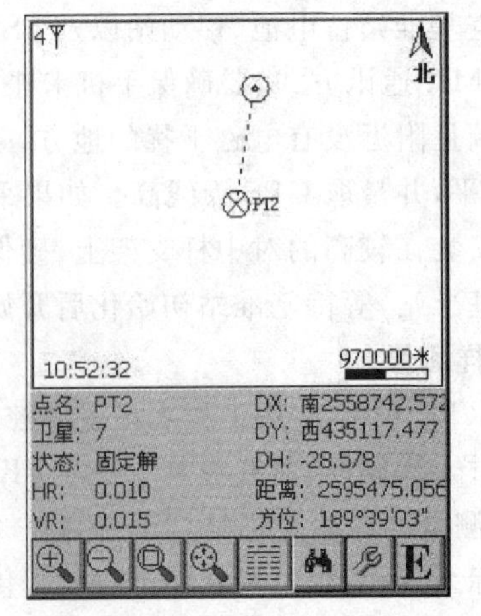

图 6-33　放样计算过程

思考题与习题

1. 控制测量的作用是什么？控制网分为哪几种？

2. 什么叫坐标正算？什么叫坐标反算？

3. 单一导线的布设主要有哪几种形式？试绘图说明。

4. 导线测量的外业主要有哪些工作？选择导线点时应注意什么问题？

5. 交会定点主要有哪几种形式？

6. 三、四等水准测量中，在一个测站上的观测顺序有何规定？为什么？

7. 设某图根导线为附合导线，其水平角和边长观测结果如表1所示，下划线的数字为已知值，试计算各导线点的坐标。

表1　附合导线观测记录计算表

点　号	观测角(左角)及改正数	坐标方位角	边长 D/m	坐标增量及改正数		坐标值	
	° ′ ″	° ′ ″		Δx/m	Δy/m	x/m	y/m
A		218 36 24					
B	63 47 26		267.22			875.44	946.07
1	140 36 06		103.76				
2	235 25 24		154.65				
3	100 17 57		178.43				
C	267 33 17	126 17 49				930.76	1 547.00
D							
$\sum$							
辅助计算							

8. 某闭合导线观测结果如表2所示，表中数字为观测值记录，带下划线的数字为已知值，试列表计算各导线点的坐标。

表 2 闭合导线观测记录计算表

点 号	观测角(左角)	坐标方位角	边长 D	坐标增量		坐标值	
	° ′ ″	° ′ ″	/m	Δx/m	Δy/m	x/m	y/m
1		335 24 00				1 633.55	2 018.30
			201.60				
2	108 27 18						
			263.40				
3	84 10 18						
			241.00				
4	135 49 11						
			200.40				
5	90 07 01						
			231.40				
1	121 27 02					1 633.55	2 018.30
2		335 24 00					

9. 前方交会中，已知 A,B 点坐标分别为：$x_A = 500.000$，$y_A = 500.000$；$x_B = 526.825$，$y_B = 433.160$。通过观测得到 $\alpha = 91°03'24''$，$\beta = 50°35'23''$。试计算 P 点坐标。

第七章　地形图基本知识

按一定法则，有选择地在平面上表示地球表面各种自然现象和社会现象的图，通称地图。地图分为普通地图和专题地图。地形图是普通地图的一种。地球表面错综复杂，有高山、丘陵、平原，有江、河、湖、海，还有各种人工建筑物，这些统称为地形。习惯上把地形分为地物和地貌两大类。地物是指地面上有明显轮廓的、自然形成的物体或人工建造的建筑物、构筑物，如房屋、道路、水系等。地貌是指地面的高低起伏变化等自然形态，如高山、丘陵、平原、洼地等。地形图就是将一定范围内的地物、地貌沿铅垂线投影到水平面上，再按规定的符号和比例尺，综合舍取，缩绘而成的图。因此，地形图既表示了地物的平面分布情况，又用特定的符号表示了地貌的起伏情况。

第一节　地形图的比例尺

地形图上任意线段的长度 d 与它所对应的地面上实际水平距离 D 之比，称为地形图的比例尺。比例尺通常注记在南图廓外下方中央位置。

一、比例尺的种类

1. 数字比例尺

数字比例尺用分子为 1 的分数表示，即

$$\frac{d}{D}=\frac{1}{D/d}=\frac{1}{M} \tag{7-1}$$

式(7-1) 也可以写成 1∶M 的形式，其中 M 为比例尺的分母。比例尺通常把分子约化为1。对于 1∶1 000 的地形图，图上 1 cm 代表实地水平距离为 10 m。可见 M 值愈大，比值愈小，比例尺愈小；相反，M 值愈小，比值愈大，比例尺愈大。

为了满足经济建设和国防建设的需要，测绘和编制了各种不同比例尺的地形图。通常，称 1∶100 万、1∶50 万和 1∶20 万比例尺的地形图为小比例尺地形图；称 1∶10 万、1∶5 万和 1∶2.5 万比例尺的地形图为中比例尺地形图；称 1∶10 000，1∶5 000，1∶2 000，1∶ 1 000 和 1∶500 比例尺的地形图为大比例尺地形图。直接满足各种土木工程设计、施工的地形图一般为大比例尺地形图。

2. 图示比例尺

为了用图方便，减弱由于图纸伸缩而引起的误差，在绘制地形图时，常在地形图的下方绘制图示比例尺。图 7-1 所示为一个 1∶2 000 的图示比例尺。绘制时，首先在图上绘出两条平行线，再把它分成若干相等的线段，称为比例尺的基本单位，一般为 2 cm；然后将左端的一段基本单位又分成十等份，每等份的长度相当于实地 4 m，则每一基本单位所代表的实地长度为 2 cm×2 000＝40 m。图示比例尺除直观、方便外，还有一个突出的特点，就是比例尺随图纸一起产生伸缩变形，避免了数字比例尺因图纸变形而影响在图上量算的准确性。

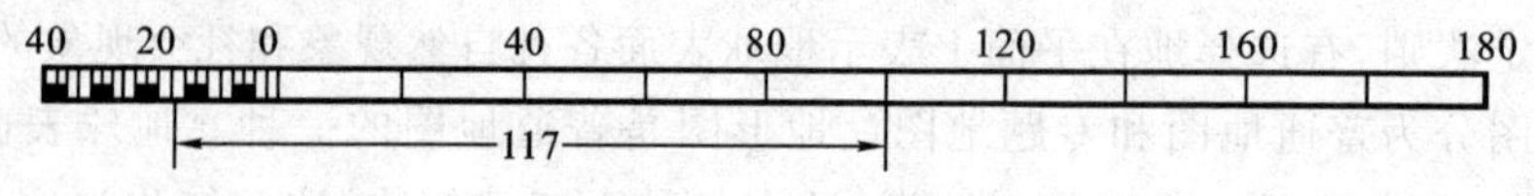

图 7-1 图示比例尺

使用时，用圆规的两脚尖对准图上衡量距离的两点，然后将圆规移至图示比例尺上，使其一个脚尖对准"0"分划线右侧的整分划线上，而使另一个脚尖落在"0"分化线左端的小分划段中，则所量的距离就是两个脚尖读数的总和。不足一小分划的零数可用目估。图 7-1 中所示的距离为 117 m。

3. 比例尺的选择

在城市建设的规划、设计和施工中，需要用到的比例尺是不同的，具体列在表 7-1 中。图 7-2 为 1∶1 000 地形图样图。

表 7-1 地形图比例尺的选用

比例尺	用 途
1∶10 000	城市总体规划、厂址选择、区域布置、方案比较
1∶5 000	
1∶2 000	城市详细规划及工程项目初步设计
1∶1 000	建筑设计、城市详细规划、工程施工设计、竣工图
1∶500	

二、比例尺的精度

通常人的肉眼能分辨的图上最小距离是 0.1 mm，因此通常把图上 0.1 mm 所代表的实地水平距离称为比例尺的精度，用 ε 表示，即

$$\varepsilon = 0.1M \text{ mm} \tag{7-2}$$

根据比例尺的精度，可以确定在测图时量距应准确到什么程度，例如，当绘制 1∶1 000比例尺地形图时，其比例尺的精度为 0.1 m，故量距的精度只需 0.1 m，小于 0.1 m 在图上表示不出来。另外，当设计规定需在图上能量出的实地最短线段长度为 0.5 m，则采用的比例尺不得小于$\frac{0.1\ \text{mm}}{0.5\ \text{m}}=\frac{1}{5\ 000}$。

表 7-2 为几种常用的大比例尺地形图的比例尺精度。

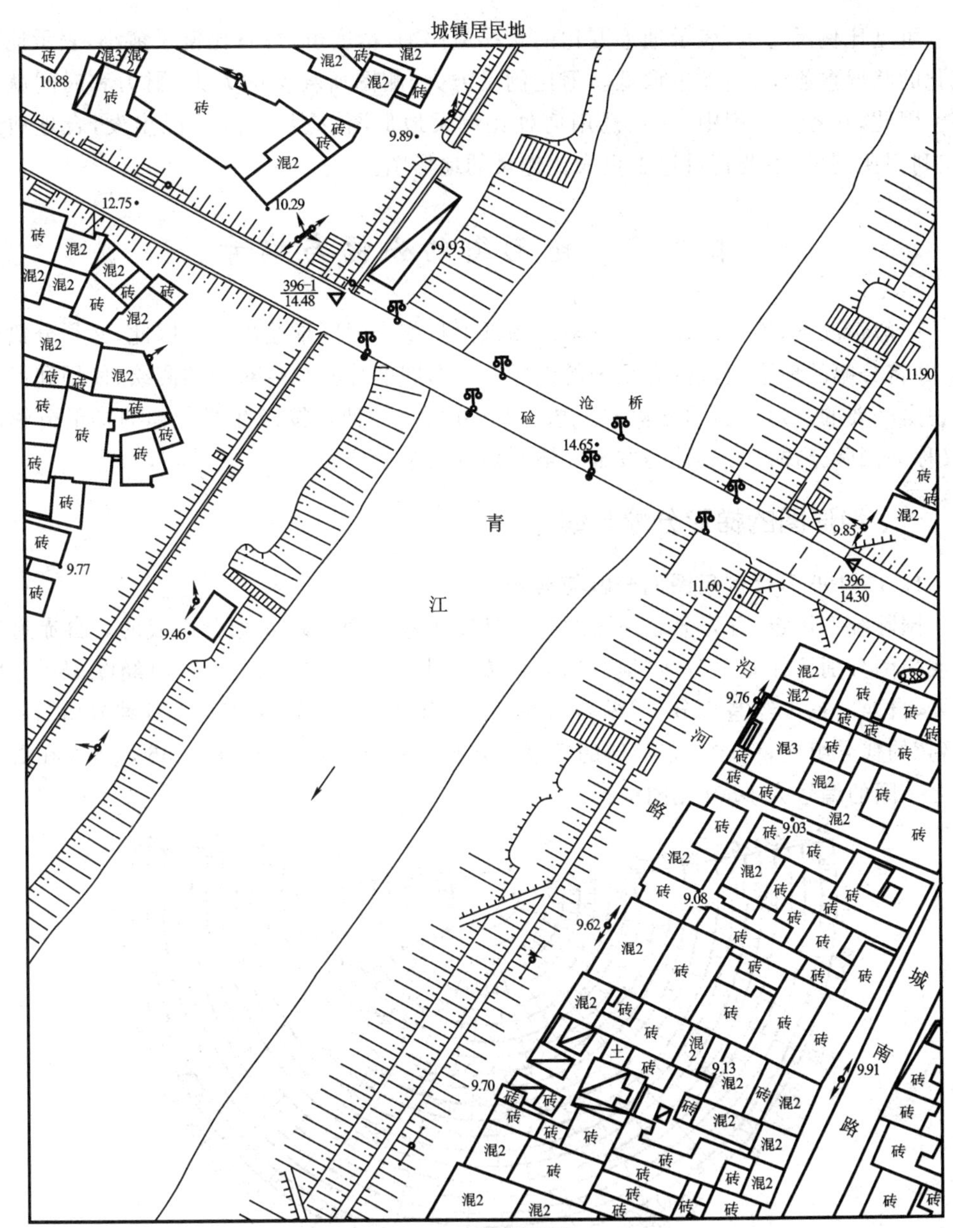

1∶1 000 地形图样图

图 7-2 某城镇居民地地形图

表 7-2 比例尺精度表

比例尺	1∶500	1∶1 000	1∶2 000	1∶5 000	1∶10 000
比例尺精度/m	0.05	0.1	0.2	0.5	1.0

可见比例尺愈大，表示地形变化的状况愈详细，精度也愈高；比例尺愈小，表示地形变化的状况愈粗略，精度也愈低。但比例尺愈大，测图所耗费的人力、财力和时间就愈多。因此，在各类工程中，究竟选用何种比例尺地形图，应从实际情况出发，合理地选择、利用比例尺，不要盲目追求更大比例尺的地形图。

第二节　地形图的分幅与编号

一般情况下，不可能在一张有限的图纸上将整个测区描绘出来。因此，必须分幅施测，并将分幅的地形图进行有系统的编号。地形图的分幅编号对图的测绘、使用和保管来说是必要的。地形图的分幅方法基本上分两种：一种是按经纬线分幅的梯形分幅法（又称为国际分幅），另一种是按坐标格网划分的矩形分幅法。

一、地形图的梯形分幅与编号

1. 1∶100万比例尺图的分幅与编号

国际统一规定，百万分之一图的分幅是按纬差4°和经差6°划分而成的。自赤道向北或向南分别按纬差4°分成“横行”，各列依次用A，B，…，V来表示。由经度180°开始起算，自西向东按经差6°分成“纵列”，各行依次用1，2，…，60来表示。其编号由“横行-纵列”的代号组成，例如北京某地的经度为东经116°24′20″，纬度为39°56′30″，所在百万分之一图的编号为J-50（见图7-3）。

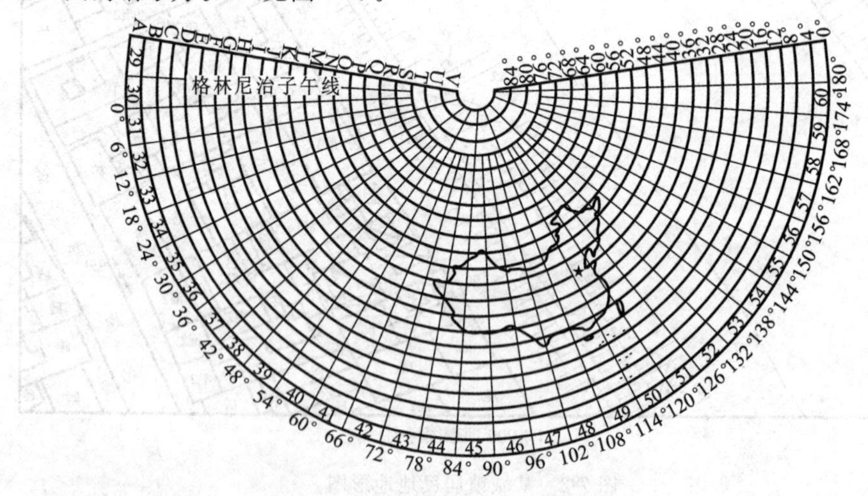

图7-3　1∶100万比例尺图的分幅与编号

2. 1∶10万比例尺图的分幅与编号

将一幅1∶100万的图，按经差30′，纬差20′分为144幅1∶10万的图，并依次用1，2，…，144表示。如图7-4所示，北京某地1∶10万地形图的编号为J-50-5。

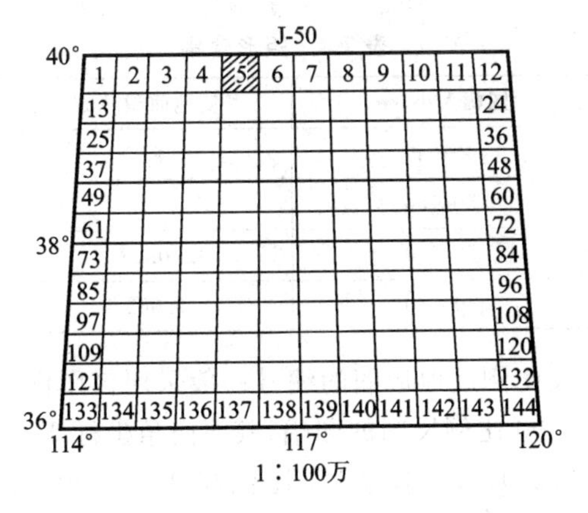

图 7-4　1：10 万比例尺图的分幅与编号

3. 1：5 万、1：2.5 万、1：1 万图的分幅与编号

这三种比例尺图的分幅编号都是以比例尺 1：10 万地形图为基础的。每幅 1：10 万的图分为 4 幅 1：5 万的图，分别用 A，B，C，D 表示；每幅 1：5 万地形图又可分为 4 幅比例尺 1：2.5 万的图，分别以 1，2，3，4 表示；每幅 1：10 万图分为 64 幅 1：1 万的图，分别以(1)，(2)，(3)，…，(64)表示，其各自的代号组成如表 7-3 所示。

表 7-3　不同比例尺的分幅与编号

比例尺	图幅的大小		在前一列比例尺中所包含的幅数	某地的图幅编号
	纬度差	经度差		
1：10 万	20′	30′	在 1：100 万图幅中有 144 幅	J-50-5
1：5 万	10′	15′	4 幅	J-50-5-B
1：2.5 万	5′	7′30″	4 幅	J-50-5-B-2
1：1 万	2′30″	3′45″	在 1：10 万图中有 64 幅	J-50-5-(15)
1：5 000	1′15″	1′52.5″	4 幅	J-50-5-(15)-a
1：2 000	25″	37.5″	9 幅	J-50-5-(15)-a-9

4. 1：5 000 和 1：2 000 地形图的分幅与编号

大比例尺 1：5 000 和 1：2 000 图的分幅和编号是在 1：1 万图的基础上进行的。每幅 1：1 万的图分为 4 幅 1：5 000 的图，分别以 a，b，c，d 表示；每幅 1：5 000 地形图又包括 9 幅 1：2 000 的地形图，分别以 1，2，…，9 表示，图幅大小及编号见表7-3。

二、地形图的矩形分幅与编号

工程测量所用的大比例尺地形图，通常采用矩形分幅，它是按统一的直角坐标网格划分的，图幅大小见表 7-4。

表 7-4　矩形分幅

比例尺	图幅大小/cm	实地面积/km^2	1∶5 000 图幅内的分幅数
1∶5 000	40×40	4	1
1∶2 000	50×50	1	4
1∶1 000	50×50	0.25	16
1∶500	50×50	0.062 5	64

采用矩形分幅时，大比例尺地形图的编号一般采用该图图廓西南角的坐标以千米为单位表示。如某 1∶1 000 比例尺图的图幅，其西南角坐标 $X=83\ 500$ m，$Y=15\ 500$ m，故其图幅编号为 83.5-15.5。编号时，比例尺为 1∶500 的地形图，坐标值取至 0.01 km，而 1∶1 000，1∶2 000 地形图取至 0.1 km。

某些工矿企业和城镇，面积较大，而且测绘有几种不同比例尺的地形图，编号时是以 1∶5 000 比例尺图为基础，并作为包括在本图幅中的较大比例尺图幅的基本图号。例如某 1∶5 000 图幅西南角坐标值为 $X=20$ km，$Y=30$ km，则其图幅编号为"20-30"（见图 7-5）。这个图号将作为该图幅中的较大比例尺所有图幅的基本编号。也就是在1∶5 000图号的末尾分别加上罗马字Ⅰ，Ⅱ，Ⅲ，Ⅳ，就是1∶2 000比例尺图幅的编号，如图 7-5 中所示的"20-30-Ⅲ"。同样，在 1∶2 000 图幅编号末尾分别加上Ⅰ，Ⅱ，Ⅲ，Ⅳ，就是 1∶1 000 图幅的编号，如图 7-5 中所示的"20-30-Ⅰ-Ⅳ"。而 1∶500 图幅的编号就是在 1∶1 000 比例尺图号末尾再加上Ⅰ，Ⅱ，Ⅲ，Ⅳ，如图 7-5 中所示的"20-30-Ⅰ-Ⅰ-Ⅳ"。

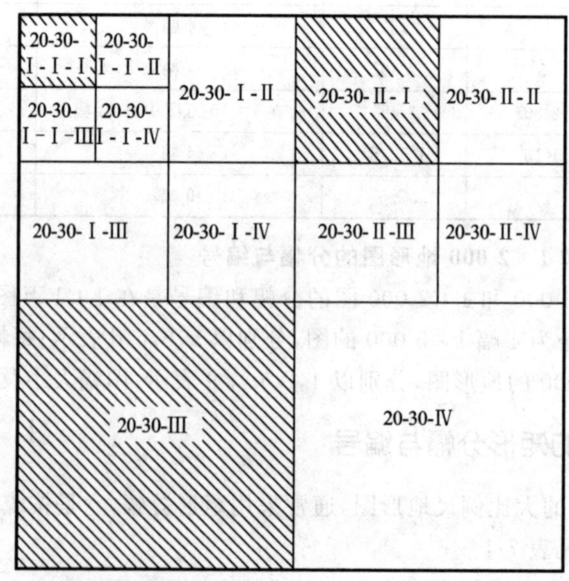

图 7-5　矩形分幅的编号

第三节　地形图的图外注记

一、图名

图名即本图幅的名称，一般以本图幅内主要的地名、单位或行政名称命名，注记在北图廓外上方中央，如图 7-6 所示，其图名为热电厂。当图名选取有困难时，也可不注图名，只注图号。

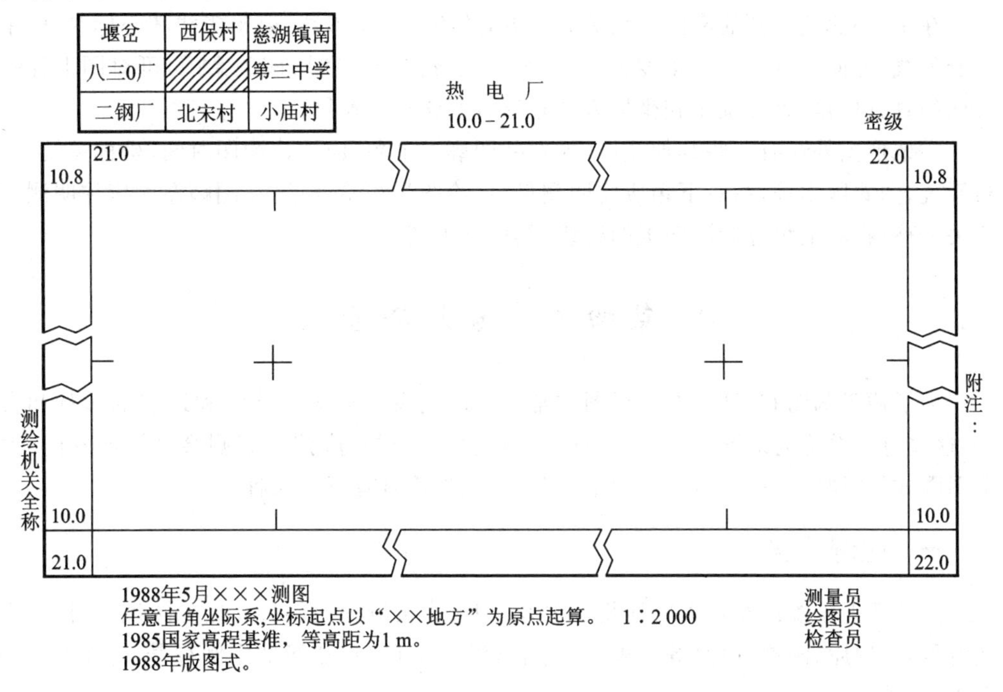

图 7-6　地形图的图外注记

二、图号

为了便于保管和使用地形图，每张地形图上都编有图号。图号是根据地形图分幅和编号方法编定的，并标于北图廓上方的中央、图名的下方，如图 7-6 所示。

三、图廓

图廓是地形图的边界，矩形图幅内只有内、外图廓之分。内图廓线就是坐标网格线，也是图幅的边界线，线粗 0.1 mm。外图廓线为图幅的最外围边线，线粗 0.5 mm，是修饰线。内、外图廓线相距 12 mm。在内图廓外四角处注有坐标值，并在内廓线内侧，每隔 10 cm 绘有 5 mm 的短线，表示坐标网格线的位置。在图幅内绘有每隔 10 cm

的坐标网格交叉点，如图 7-6 所示。

四、接合图表

接合图表用来说明本图幅与相邻图幅的联系，供索取相邻图幅时用。通常把相邻图幅的图号标注在相邻图廓线的中部，或将相邻图幅的图名标注在图幅的左上方，如图 7-6 所示。

五、三北方向关系图

在中、小比例尺图的南图廓线的右下方，还绘有真子午线、磁子午线和坐标纵轴（中央子午线）方向三者之间的角度关系，称为三北方向图。利用该关系图，可对图上任一方向的真方位角、磁方位角和坐标方位角三者间作相互换算。

在地形图外还有一些其他注记，如在外图廓左下角，应注记测图时间、坐标系统、高程系统、图式版本等；在右下角应注明测量员、绘图员和检查员；在图幅左侧应注明测绘机关全称；在右上角应标注图纸的密级，具体参见图 7-6。

第四节　地物符号

为了便于测图和读图，在地形图中常用不同的符号来表示地物和地貌的形状和大小，这些符号总称为地形图图式。地面上的地物和地貌，应按国家测绘总局颁发的《地形图图式》中规定的符号表示于图上。其中，地物符号有下列几种。

一、比例符号

把地面上轮廓尺寸较大的地物，依形状和大小按测图比例尺缩绘到图纸上，称为比例符号，如房屋、湖泊、道路等。表 7-5 中，从编号 1 到 26 号都是比例符号（除编号 14b 和 15 以外）。

二、半比例符号

半比例符号一般又称为线形符号。对于沿线形方向延伸的一些带状地物，如铁路、通讯线、管道、垣栅等，其长度可按比例缩绘，而宽度无法按比例表示，这样的符号称为半比例符号。线形符号的中心就是实际地物的中心线。表 7-5 中，从编号 47 到 56，以及编号 14b 和 15 都是半比例符号。

三、非比例符号

对于有些重要或目标显著的独立地物，若面积甚小，如三角点、导线点、水准点、塔、碑、独立树、路灯、检修井等，其轮廓亦较小，无法将其形状和大小按照地形图的比例尺绘到图上，则不考虑其实际大小，只是采用规定的符号准确地表示物体的位置和意义，这种符号称为非比例符号。表 7-5 中，从编号 28 到 44 都是非比例符号。

非比例符号的中心位置与实际地物的中心位置的关系随地物而异，在测绘、读图及用图时应注意以下几点：

(1) 对于规则的几何图形符号(如三角点、导线点、钻孔等)，该几何图形的中心即为地物的中心位置。

(2) 对于宽底符号(如里程碑、岗亭等)，该符号底线的中心即为地物的中心位置。

(3) 对于底部为直角的符号(如独立树、加油站等)，地物中心在其下方图形的中心点或交叉点。

(4) 对于由几种几何图形组成的符号(如气象站、路灯等)，地物中心在其下方图形的中心点或交叉点。

(5) 对于下方没有底线的符号(如窑洞、亭等)，地物中心在下方两端点间的中心点。

在绘制非比例符号时，除图式中要求按实物方向描绘外，如窑洞、水闸、独立屋等，其他非比例符号的方向一律按直立方向描绘，即与南图廓垂直。

四、地物注记

用文字和数字或特定的符号加以说明或注释的符号，称为地物注记。它包括文字注记、数字注记、符号注记三种。如房屋的结构和层数，地名、路名、单位名，计曲线的高程、碎部点高程、独立性地物的高程以及河流的水深、流速等都是地物注记。

表 7-5　常用地物、注记和地貌符号

编号	符号名称	1∶500　1∶1 000	1∶2 000	编号	符号名称	1∶500　1∶1 000	1∶2 000
1	一般房屋 混——房屋结构 3——房屋层数	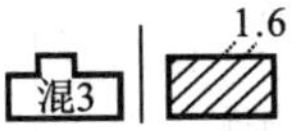 混3	1.6	8	台阶	0.5　1.0　1.0	
2	简单房屋			9	无看台的露天体育场	 体育场	
3	建筑中的房屋	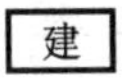 建		10	游泳池	 泳	
4	破坏房屋	 破		11	过街天桥	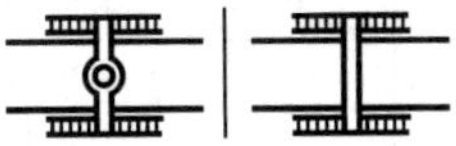	
5	棚房	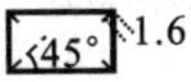 45°　1.6		12	高速公路 a——收费站 0——技术等级代码	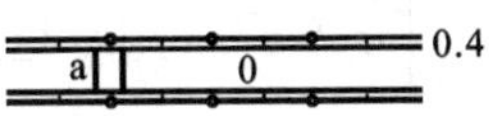 a　0　0.4	
6	架空房屋	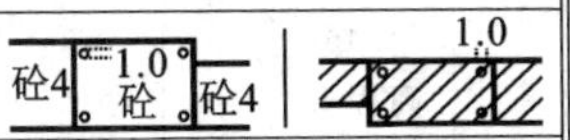 砼4　1.0　砼　砼4	1.0				
7	廊房	 混3　1.0	1.0				

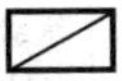

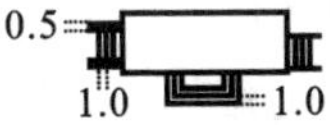

续表

编号	符号名称	1∶500　1∶1 000　1∶2 000	编号	符号名称	1∶500　1∶1 000　1∶2 000
13	等级公路 2——技术等级代码 (G325)——国道路线编码	 2(G325) 0.2 0.4	23	稻田	0.2 3.0 1.0 10.0 10.0
			24	常年湖	青湖
14	乡村路 a. 依比例尺的 b. 不依比例尺的	a 4.0 1.0 0.2 b 8.0 2.0 0.3	25	池塘	 塘　塘
15	小路	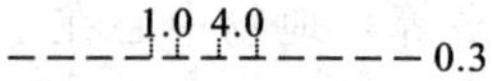 1.0 4.0 0.3	26	常年河 a. 水涯线 b. 高水界 c. 流向 d. 潮流向 涨潮 落潮	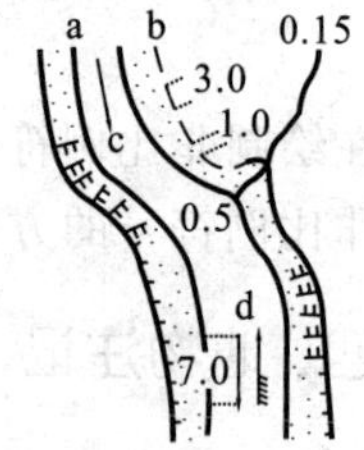 a b 0.15 3.0 1.0 c 0.5 d 7.0
16	内部道路	1.0 1.0			
17	阶梯路	1.0			
18	打谷场、球场	球	27	喷水池	 1.0 3.6
19	旱地	1.0 2.0 10.0 10.0	28	GPS控制点	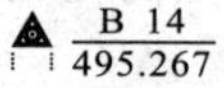 B 14 / 495.267
20	花圃	1.6 1.6 10.0 10.0	29	三角点 凤凰山——点名 394.468——高程	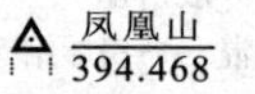 凤凰山 / 394.468
21	有林地	1.6 松6	30	导线点 116——等级、点号 84.46——高程	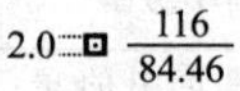 2.0 116 / 84.46
22	人工草地	2.0 3.0 10.0 10.0	31	埋石图根点 16——点号 84.46——高程	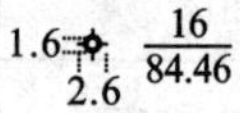 1.6 2.6 16 / 84.46

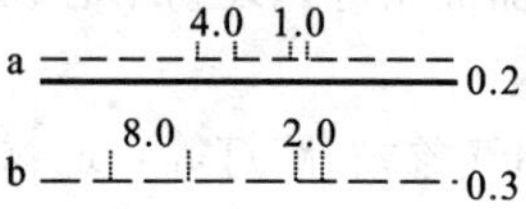

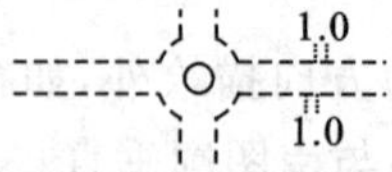

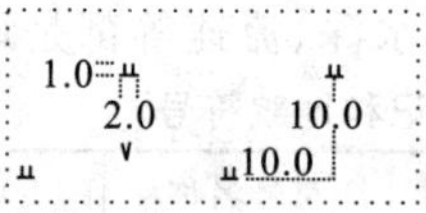

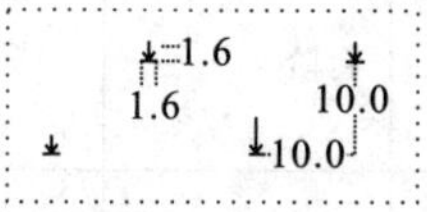

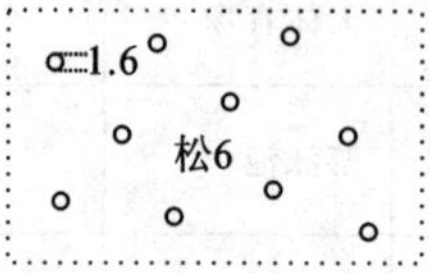

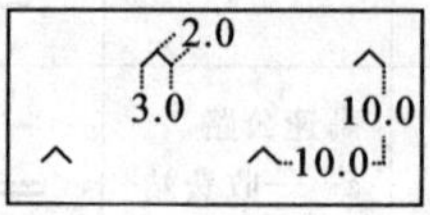

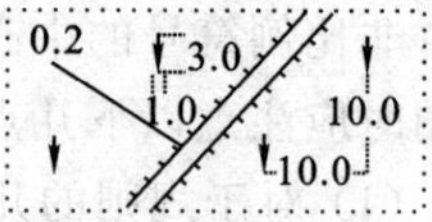

续表

编号	符号名称	1∶500 1∶1 000	1∶2 000
32	不埋石图根点 25——点号 62.74——高程	1.6 25/62.74	
33	水准点 Ⅱ京石5——等级、点名、点号 32.804——高程	2.0 Ⅱ京石5/32.804	
34	加油站	1.6 3.6 1.0	
35	路灯	2.0 1.6 4.0 1.0	
36	独立树 a. 阔叶 b. 针叶 c. 果树 d. 棕榈、椰子、槟榔	a 2.0 3.0 1.0 b 1.6 3.0 1.0 c 1.6 3.0 1.0 d 2.0 3.0 1.0	
37	独立树 棕榈、椰子、槟榔	2.0 3.0 1.0	
38	上水检修井	2.0	
39	下水(污水)、雨水检修井	2.0	
40	下水暗井	2.0	
41	煤气、天然气检修井	2.0	
42	热力检修井	2.0	
43	电信检修井 a. 电信人孔 b. 电信手孔	a 2.0 b 2.0 2.0	

编号	符号名称	1∶500 1∶1 000	1∶2 000
44	电力检修井	2.0	
45	地面下的管道	污 4.0 1.0	
46	围墙 a. 依比例尺的 b. 不依比例尺的	a 10.0 b 10.0 0.3 0.6	
47	挡土墙	1.0 0.3 6.0	
48	栅栏、栏杆	10.0 1.0	
49	篱笆	10.0 1.0	
50	活树篱笆	6.0 1.0 0.6	
51	铁树网	10.0 1.0	
52	通讯线 地面上的	4.0	
53	电线架		
54	配电线 地面上的	4.0	
55	陡坎 a. 加固的 b. 未加固的	2.0 a b	
56	散树、行树 a. 散树 b. 行树	a 1.6 b 10.0 1.0	
57	一般高程点及注记 a. 一般高程点 b. 独立性地物的高程	a 0.5 163.2 b 75.4	

续表

编号	符号名称	1∶500　1∶1 000	1∶2 000	编号	符号名称	1∶500　1∶1 000	1∶2 000
58	名称说明注记	友谊路 中等线体4.0(18 k) 团结路 中等线体3.75(15 k) 胜利路 中等线体2.75(12 k)		61	示坡线	0.8	
59	等高线 a. 首曲线 b. 计曲线 c. 间曲线	a 0.15 b 0.3 c 1.0 6.0 0.15		62	梯田坎	36.4 1.2	
60	等高线注记	25					

使用中应注意，比例符号和非比例符号并非固定不变的，而是应依据测图比例尺和实物轮廓的大小而定的。一般来说，测图比例尺愈小，使用的非比例符号愈多；测图比例尺愈大，使用的比例符号愈多。

第五节　地貌符号——等高线

在地形图上，表示地貌的方法很多。在大比例尺地形图上，通常用等高线表示地貌，因为用等高线表示地貌不仅能表示地面的起伏状态，而且能科学地表示出地面坡度和地面点的高程。

一、等高线

地面上高程相等的相邻各点所连的闭合曲线称为等高线。如图 7-7 所示，设想有一座高出水面的小山头与某一静止的水面相交形成的水涯线为一闭合曲线，曲线的形状随小山头与水面相交的位置而定，曲线上各点的高程相等。例如，当水面高为 70 m 时，曲线上任一点的高程均为 70 m；若水位继续升高至 80 m，90 m，则水涯线的高程分别为 80 m，90 m。将这些水涯线垂直投影到水平面 H 上，并按一定的比例尺缩绘在图纸上，就将小山头用等高线表示在地形图上了。这些等高线具有数学概念，既有其平面的位置，又表示了一定的高程数字。因此，这些等高线的形状和高程，客观地显示了小山头的形态、大小和高低，同时又具有可量度性。

二、等高距和等高线平距

地形图上相邻两条等高线间的高差，称为等高距，通常用 h 表示。图 7-7 中，$h=10$

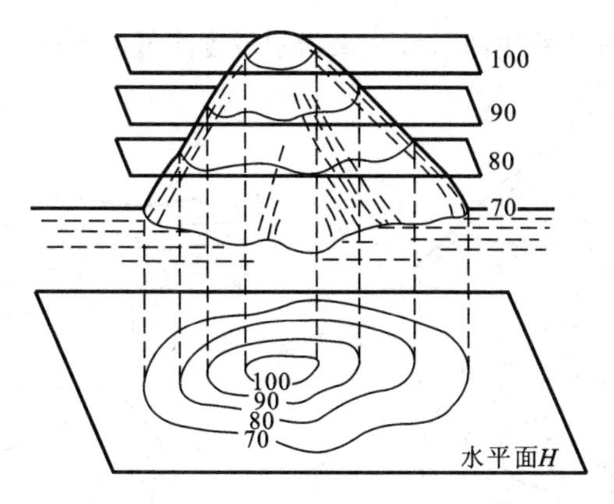

图 7-7　等高线

m。地形图上相邻两条等高线间的水平距离，称为等高线平距，通常用 d 表示。在同一幅地形图上，等高距 h 是相同的，所以等高线平距 d 的大小与地面坡度 i 有关。等高线平距越小，等高线越密，表示地面坡度越陡；反之，等高线平距越大，等高线越稀疏，表示地面坡度愈平缓。地面坡度 i 可用下式表示：

$$i=\frac{h}{dM} \tag{7-3}$$

等高距越小，用等高线表示的地貌细部就越详尽；等高距越大，地貌细部表示得就越粗略。但是，当等高距过小时，图上的等高线过于密集，不仅会影响图面的清晰度，而且会增加测绘工作量。测绘地形图时，要根据测图比例尺、测区地面的坡度情况、用图目的等因素进行全面考虑，并按国家规范要求选择合适的基本等高距，具体参表 7-6。

表 7-6　地形图的基本等高距　　　**单位：m**

地形类别	比例尺			
	1∶500	1∶1 000	1∶2 000	1∶5 000
平　地	0.5	0.5	0.5	2
丘陵地	0.5	0.5,1	1	5
山　地	0.5,1	1	2	5
高山地	1	1,2	2	5

三、典型地貌的等高线

地面上地貌的形态多种多样，但一般都是由几种典型地貌组成的，只要掌握了这些典型的地貌等高线的特点，就比较容易识读、应用和测绘地形图。

1. 山头和洼地

图 7-8(a)和(b)分别表示山头和洼地的等高线，它们投影到水平面都是一组闭合曲线，其区别在于：山头的等高线内圈高程大于外圈高程，洼地则相反。在地形图上，通

常用一根垂直于等高线的短线即示坡线来指示坡度降低的方向，并加注等高线的高程。

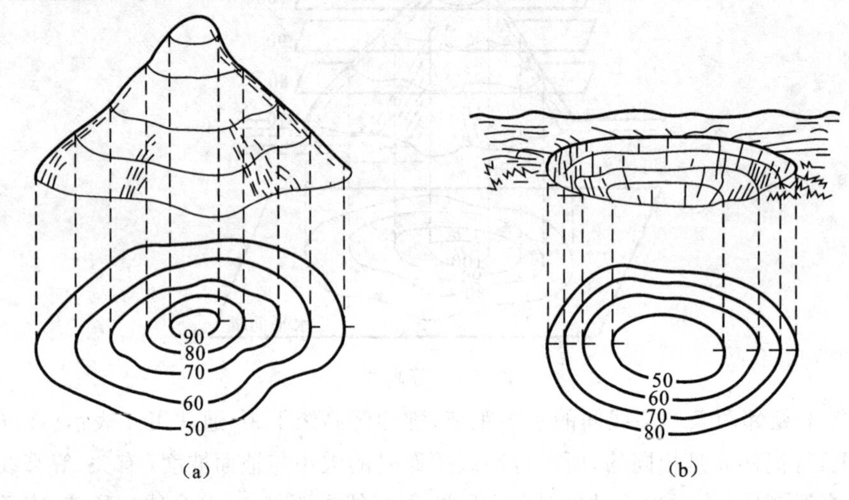

图 7-8　山头和洼地等高线

2. 山脊与山谷

山脊是沿着一个方向延伸的高地。山脊的最高棱线称为山脊线。山脊线附近的雨水必然以山脊线为分界线，分别流向山脊的两侧，因此，山脊线又称为分水线。山脊的等高线是一组凸向低处的曲线。

山谷是沿着一个方向延伸的洼地。贯穿山谷最低点的连线称为山谷线。在山谷中，雨水必然由两侧山坡流向谷底，向山谷线汇集，因此山谷线又称集水线。山谷的等高线为一组凸向高处的曲线。

山脊与山谷的等高线如图 7-9 所示。

3. 鞍部

鞍部是相邻两个山头之间呈马鞍形的低凹部，如图 7-10 所示。鞍部左右两侧的等高线是近似对称的两组山脊线和两组山谷线，其特点是在一圈大的闭合曲线内，套有两组小的闭合曲线，如图 7-10 所示。鞍部是山区道路选线的重要位置，一般是越岭道路的必经之地，因此在道路工程上具有重要意义。

4. 陡崖与悬崖

陡崖是坡度在 70°以上难于攀登的陡峭崖壁。陡崖分石质和土质两种。如果用等高线表示，陡崖将是非常密集或重合为一条线，因此采用《地形图图式》中陡崖符号来表示，如图 7-11(a)，(b)所示。

悬崖是上部突出、下部凹进的地貌。悬崖上部的等高线投影到水平面时，与下部的等高线相交，下部凹进的等高线部分用虚线表示，如图 7-11(c)所示。

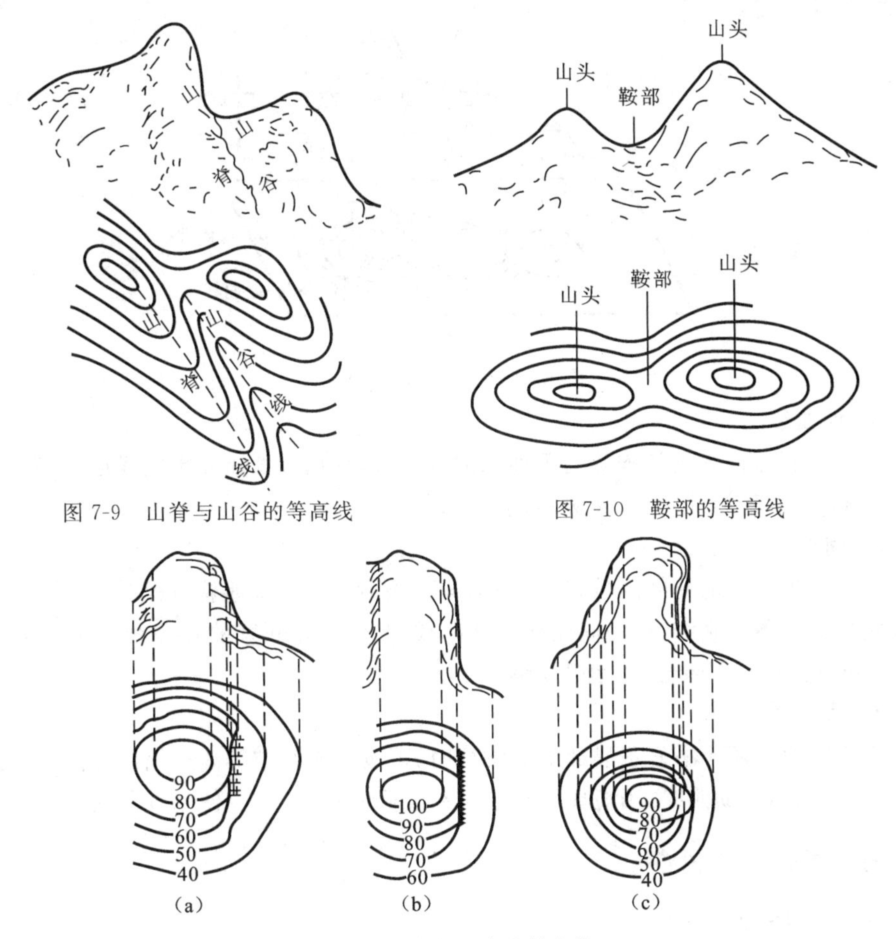

图 7-9　山脊与山谷的等高线

图 7-10　鞍部的等高线

图 7-11　陡崖与悬崖的等高线

此外，还有一些地貌符号，如陡石山、崩崖、滑坡、冲沟、梯田坎等，可按《地形图图式》中规定的符号表示。这些地貌符号和等高线配合使用，可以表示各种复杂的地貌。

四、等高线的分类

为了便于从图上正确地判别地貌，在同一幅地形图上应采用一种等高距。由于地球表面形态复杂多样，有时按基本等高距绘制等高线往往不能充分表示出地貌的特征，所以为了更好地显示局部地貌和方便用图，在地形图上常采用首曲线、计曲线、间曲线、助曲线四种等高线，如图 7-12 所示。

1. 首曲线

在同一幅地形图上，按基本等高距测绘的等高线，称为首曲线，又称为基本等高线，用 0.15 mm 宽的细实线绘制，见表 7-5 编号 59a 所示。

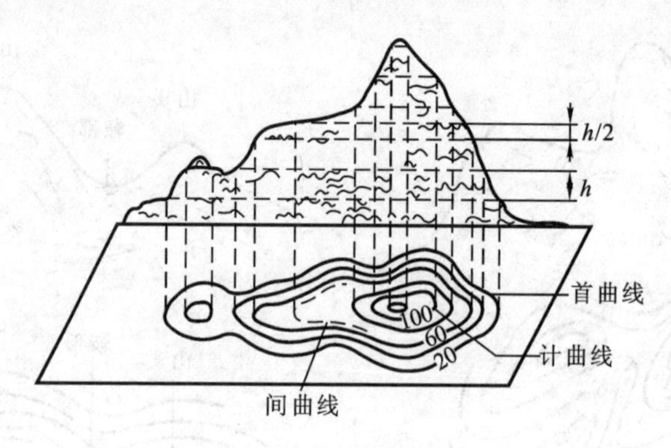

图 7-12　等高线的分类

2. 计曲线

凡是高程能被 5 倍基本等高距整除的等高线，均用 0.3 mm 粗实线描绘，并注上该等高线的高程，称为计曲线，又称加粗曲线。

3. 间曲线

对于坡度很小的局部区域，当用基本等高线不足以反映地貌特征时，可按 1/2 基本等高距加绘一条等高线，称为间曲线。间曲线用 0.15 mm 宽的长虚线(6 mm 长、间隔为 1 mm)绘制，可不闭合，见表 7-5 编号 59c 所示。

4. 助曲线

当用间曲线还无法显示局部地貌特征时，可按 1/4 基本等高距描绘等高线，称为辅助等高线，简称为助曲线，用短虚线描绘。在实际测绘中，极少使用助曲线。

五、等高线的特性

等高线具有以下特征：

(1) 同一条等高线上各点的高程相等。

(2) 等高线是闭合曲线，如果不在同一幅图内闭合，则必定在相邻的其他图幅内闭合。

(3) 等高线只有在陡崖或悬崖处才会重合或相交；非河流、房屋或数字注记处，等高线不能中断。

(4) 等高线与山脊线、山谷线成正交。

(5) 等高线平距大，表示地面坡度小；等高线平距小，则表示地面坡度大；等高线平距相等，表示地面坡度相同。倾斜平面的等高线是一组间距相等且平行的直线。

(6) 等高线不能直穿河流，应逐渐折向上游，正交于河岸线，中断后再从彼岸折向下游。

图 7-13 所示的地形图为某地区地貌基本形态。

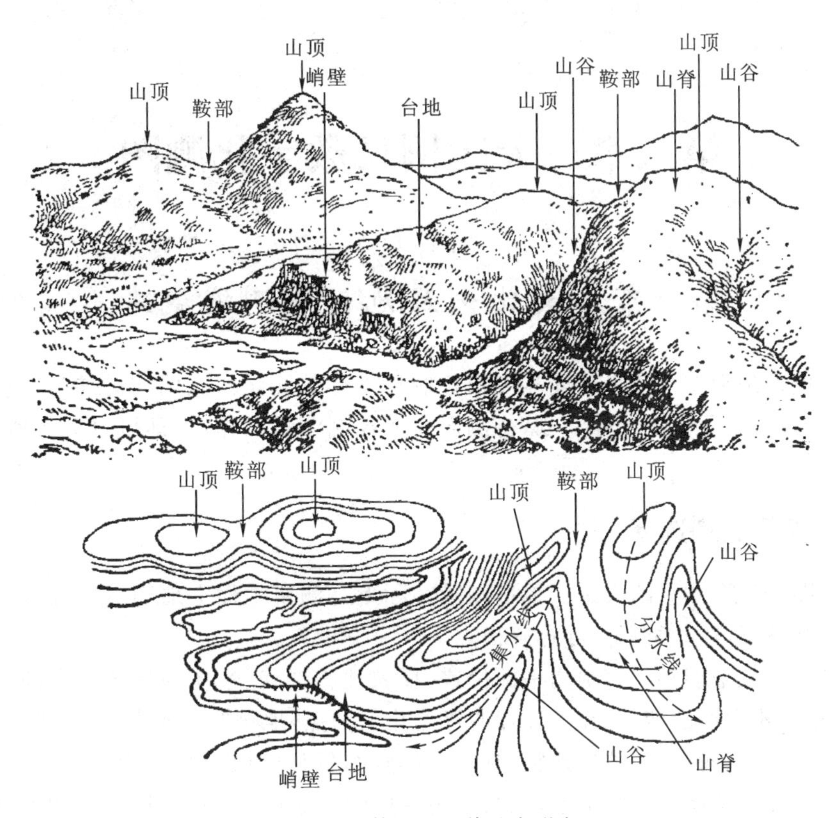

图 7-13 某地区地貌基本形态

思考题与习题

1. 什么叫地形图?

2. 什么叫比例尺?什么叫比例尺精度?比例尺精度在测绘工作中有何作用?

3. 比例符号、非比例符号、半比例符号各在什么情况下应用?

4. 什么叫等高线、等高距、等高线平距?在同一幅地形图上,等高线平距与地面坡度有什么关系?

5. 等高线有哪几种?

6. 等高线具有哪些特性?

第八章　大比例尺数字化测图

第一节　大比例尺地形图测绘概述

大比例尺地形图测绘是指建立图根控制后的碎部测量。测图前需准备好仪器、工具和有关资料，并制订出工作计划，待测区完成控制测量工作后，即可以进行地形图的测绘。

一、碎部点的选择

地形图是地形测量的成果。地形测量实际上是测定地面上地物、地貌的特征点的平面位置和高程，这些特征点亦称碎部点。

地物特征点是能够代表地物平面位置，反映地物形状、性质的特殊点位，简称地物点，例如地物轮廓线的转折、交叉和弯曲等变化处的点，地物的形象中心，路线中心的交叉点，电力线的走向中心，独立地物的中心点等，如图 8-1 所示。

地貌特征点是体现地貌形态，反映地貌性质的特殊点位，简称地貌点，例如山顶、鞍部、变坡点及地性线起点、转弯点和终点等，如图 8-2 所示。测绘地物、地貌特征点的工作，称为碎部测量。

图 8-1　地物特征点

图 8-2　地貌特征点

二、传统测图方法简介

水平距离和水平角是确定点的平面位置的两种基本量，因此测定碎部点的平面位置实际上就是测量碎部点与已知点间的水平距离以及与已知方向间组成的水平角。由于这两个量的组合方式不同，所以形成不同的测量方法，如极坐标法、角度交会法、距离交会法、直角坐标法等，其中极坐标法是常用的测图方法。

传统的地形测量是用仪器在野外测量角度、距离、高差，并作记录(称外业)，在室内作计算、处理、绘制地形图(称内业)等。由于地形测量的主要成果——地形图——是由测绘人员利用有关工具模拟测量数据,按图式符号展绘到白纸(绘图纸或聚酯薄膜)上的,所以又俗称白纸测图或模拟法测图。传统的地形图测绘多采用经纬仪测绘法,其原理是在控制点上安置经纬仪,用视距测量的方法测定水平距离和高差;根据测量数据用半圆仪在图板上以极坐标原理确定地面点位,并注记高程,对照实地勾绘地形,最终形成地形图。

图的表现形式不仅仅是绘制在纸上的地形图,更重要的是它提交了可供传输、处理、共享的数字地形信息。现代化测量仪器——全站型电子速测仪——的广泛应用,以及微型计算机硬件和软件技术的迅猛发展,使大比例尺地形测图技术由传统的白纸测图转向数字化测图成为现实。这种以数字形式表达地形特征的集合形态称为数字地形图。数字地形图采用位置、属性与关系三方面的要素来描述所存储的图形对象。数字化测图是获取数字地形图的主要技术途径之一。

目前,随着全站仪的普遍应用,传统的地形图测绘基本上被全站仪数字化测图所替代。以全站仪为代表的智能化、数字化仪器是测量仪器今后的发展方向之一。所以本章重点介绍大比例尺数字化测图的方法。

第二节　全站仪简介

一、全站仪的原理及功能

全站型电子速测仪简称全站仪,它是一种可以同时进行角度(水平角、竖直角)测量、距离(斜距、平距、高差)测量和数据处理,由机械、光学、电子元件组合而成的测量仪器。

全站仪在测站上一经观测使用,必要的观测数据如斜距、天顶距(竖直角)、水平角等均能自动显示,而且几乎是在同一瞬间内得到平距、高差和点的坐标,所以是一种智能型的测绘仪器。全站仪包含测量的四大光电系统,即水平角测量系统、竖直角测量系统、水平补偿系统和测距系统。各系统通过键盘可以输入操作指令、数据和设置参数,并通过I/O接口接入总线与微处理机联系起来。

与普通仪器相比,全站仪具有如下功能:

(1) 具有普通仪器(如经纬仪)的全部功能。

(2) 能在数秒内测定距离、坐标值,测量方式分为精测、粗测、跟踪三种,可以任选其中一种。

(3) 角度、距离、坐标的测量结果在液晶屏幕上自动显示,不需人工读数、计算,测量速度快、效率高。

(4) 测距时仪器可自动进行气象改正。

(5) 系统参数可视需要进行设置、更改。

(6) 菜单式操作，可进行人机对话。提示语言有中文、英文等。

(7) 内存大，一般可储存几千个点的测量数据，能充分满足野外测量的需要。

(8) 数据可录入电子手簿，并输入计算机进行处理。

(9) 仪器内置多种测量应用程序，可视实际测量工作需要随时调用。

全站型电子速测仪由电子经纬仪、光电测距仪和数据记录装置组成。近年来，由于引用了微电子技术，所以新一代的全站仪不论是在外形、结构、体积和质量等方面，还是在功能、效率方面，都有惊人的进步。全站仪除了用于常规的控制测量、地形测量和工程测量外，还广泛地用于变形测量等领域。

二、全站仪分类

按仪器结构的不同，全站仪可分为组合式和整体式两种类型，分别如图 8-3 和图 8-4所示。组合式全站仪是将电子经纬仪、光电测距仪和微处理机通过一定的连接器构成的一个组合体，其优点是既可以组合在一起，又可以分开使用，同时也易于维修。整体式全站仪是在一个仪器外壳内包含有电子经纬仪、光电测距仪和微处理机。

图 8-3　组合式全站仪

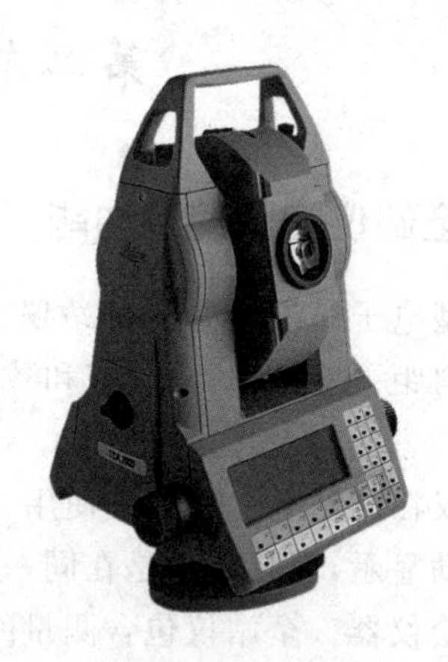

图 8-4　整体式全站仪

全站仪按测距仪的测程可分为以下三类：

(1) 短程测距全站仪。该测距仪的测程小于 3 km，一般测距精度为 $\pm(5+5\times10^{-6}D)$ mm，主要用于普通工程测量和城市测量。

(2) 中程测距全站仪。该测距仪的测程为 3 ～ 15 km，一般测距精度为 $\pm(5+2\times10^{-6}D)$ mm ～ $\pm(2+2\times10^{-6}D)$ mm，通常用于一般等级的控制测量。

(3) 远程测距全站仪。该测距仪的测程大于 15 km，一般测距精度为 $\pm(5+1\times10^{-6}D)$ mm，通常用于国家三角网及高等级导线的测量。

第三节　数字化测图技术简介

数字测图系统是以计算机为核心，在外连输入与输出设备硬、软件的支持下，对地理空间数据进行采集、输入、成图、输出和管理的测绘系统。它分为地形的数据采集、数据处理与成图、绘图与输出三大部分。大比例尺数字地形图是城市的基本地形图，它可以为与空间位置有关的城市各类 GIS 系统提供基础地理数据。大比例尺数字化地形图的生产方法主要有图解地形图的数字化（通常将传统的白纸测图方法获得的地形图称为图解地形图）和数字测图两种。

一、图解地形图的数字化

可以采用手扶跟踪数字化和扫描数字化两种方法进行图解地形图的数字化。图解地形图数字化方法建立的大比例尺数字地形图，只是为了充分利用城市原有图解地形图资源，尽快满足城市和工程建设对数字化地形图产品需求的一种应急措施。这样建立的数字化地形图的精度不会高于作为工作底图的图解地形图的精度。

1. 手扶跟踪数字化

手扶跟踪数字化需要的生产设备为数字化仪、计算机和数字化测图软件。数字化仪由操作平板、定位标和接口装置构成，如图 8-5 所示。操作平板用来放置并固定工作底图；定位标用来操作数字化测图软件和从工作底图上采集地形特征点的坐标数据；接口装置一般为标准的 RS232C 串行接口，它的作用是与计算机交换数据。工作前必须将数字化仪与计算机的一个串行接口连接并在数字化测图软件中配置好数字化仪。

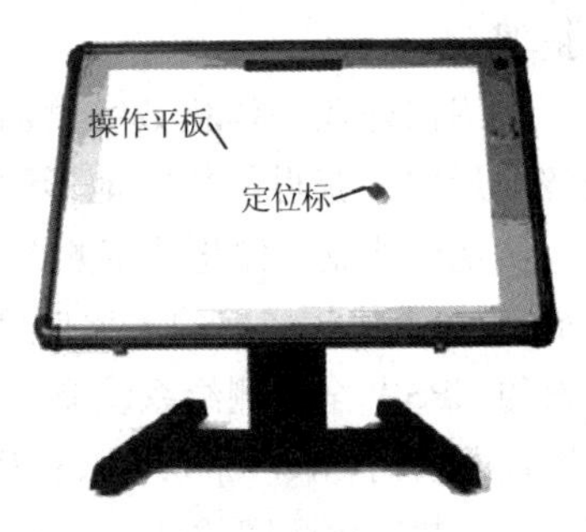

图 8-5　数字化仪

数字化使用的工作底图必须是聚酯薄膜原图。工作底图固定在数字化仪操作平板上。数据采集的方式是操作员应用数字化仪的定位标在工作底图上逐点采集地形图上地物或地貌的特征点，将工作底图上的图形、符号、位置转换成坐标数据，并输入数字化测图软件定义的相应代码，生成数字化采集的数据文件，经过人机交互编辑，形成数字地形图。

2. 扫描数字化

扫描数字化需要的生产设备为扫描仪、计算机、专用矢量化软件或数字化测图软件。因为工程大幅面扫描仪的价格较高，所以如果单位无扫描仪时，也可将工作底图集中拿到专业公司扫描生成栅格图像文件（一般为 TIFF，PCX，BMP 格式），这样扫描数字化只需要计算机、矢量化软件或数字化测图软件就可以进行。将需要数字化的地形图图像格式文件引入矢量化软件，然后对引入的图像进行定位和纠正。数据采集的方

式是操作员使用鼠标在计算机显示屏幕上跟踪地形图位图上的地物或地貌的特征点，将工作底图上的图形、符号、位置转换成坐标数据，并输入矢量化软件或数字化测图软件定义的相应代码，生成数字化采集的数据文件，经过人机交互编辑，形成数字地形图。与手扶跟踪数字化方法比较，扫描数字化具有成本低、速度快、效率高的特点。

二、地面数字测图

在没有合适的大比例尺地形图的地区，当设备条件许可时，可以直接采用地面数字测图方法，也称为内外业一体化数字测图方法。该方法需要的生产设备为全站仪、电子手簿（或掌上电脑和笔记本电脑）、计算机和数字化测图软件。根据所用设备的不同，内外业一体化数字测图方法有两种实现形式，即草图法和电子平板法。

1. 草图法

首先在野外利用全站仪或电子手簿采集并记录外业数据或坐标，同时手工勾绘现场地物属性关系草图；返回室内后，再下载记录数据到计算机内，将外业观测的碎部点坐标读入数字化测图系统直接展点，然后根据现场绘制的地物属性关系草图在显示屏幕上连线，经编辑和注记后成图。

2. 电子平板法

在野外用安装了数字化测图软件的笔记本电脑或掌上电脑直接与全站仪相连，现场测点，电脑实时展绘所测点位。作业员可根据实地情况，现场直接连线、编辑和加注记成图。

采用内外业一体化数字测图方法创建的大比例尺数字地形图的质量明显优于采用图解地形图法获得的数字地形图，但前者的设备投入经费及测图成本明显高于后者。

实现内外业一体化数字测图的关键是要选择一种成熟的、技术先进的数字测图软件。目前，市场上比较成熟的大比例尺数字化测图软件主要有清华山维新技术开发有限公司开发的 EPSW 全息测绘系统及广州南方测绘仪器公司（South）开发的 CASS6.1、北京威远图仪器公司（WelTop）开发的 SV300、广州开思测绘软件公司（SCS）开发的 SCS GIS2000 等。这些数字化测图软件一般都应用了数据库管理技术并具有 GIS 前端数据采集功能，其生成的数字地形图可以多种格式文件输出并可以供某些 GIS 软件读取。它们都是在 AutoCAD 平台上开发的，可以充分利用 AutoCAD 强大的图形编辑功能，但它们的图形数据和地形编码一般互不兼容。因此，在同一个城市的各测绘生产单位，应根据本市的实际和需求选择同一种数字化测图软件，以便统一全市的数字化测图工作。下面主要介绍南方测绘仪器公司（South）开发的 CASS6.1 测图软件的部分操作。

三、南方 CASS 数字化成图软件的基本操作简介

1. 草图法数字测图

草图法数字测图就是在外业使用全站仪测量碎部点三维坐标的同时，领图员绘制

碎部点构成的地物形状和类型，并记录碎部点点号（必须与全站仪自动记录的点号一致）；内业将全站仪或电子手簿记录的碎部点三维坐标，通过 CASS 传输到计算机，转换成 CASS 坐标格式文件并展点，根据野外绘制的草图在 CASS 中绘制地物。草图法数字测图不需要记忆繁多的地形符号编码，是一种十分实用、快速的测图方法。

1）人员配备

（1）观测员 1 人。负责操作全站仪，观测并记录观测数据。当全站仪无内存或 PC 卡时，必须加配电子手簿，此时观测员还负责操作电子手簿并记录观测数据。观测中，观测员应注意经常检查零方向，与领图员核对点号。

（2）领图员 1 人。负责指挥跑尺员，现场勾绘草图。要求熟悉地形图图式，以保证草图的简洁、正确；应注意经常与观测员对点号（一般每测 50 个点就要与观测员对一次点号）。

（3）跑尺员 1～2 人。负责现场跑尺，要求对跑点必须有经验，以保证内业制图的方便。对于经验不足者，可由领图员指挥跑尺，以防引起内业制图的麻烦。

（4）内业制图员 1 人。对于无专业制图人员的单位，通常由领图员担负内业制图任务；对于有专业制图人员的单位，通常将外业测量和内业制图人员分开，领图员只负责绘草图，内业制图员得到草图和坐标文件，即可在 CASS 上连线成图。

2）数据采集设备

数据采集设备一般为全站仪。主流全站仪大多带有可以存储 3 000 个以上碎部点的内存或 PC 卡，可直接记录观测数据。

3）野外采集数据传输到计算机文件保存

使用与全站仪型号匹配的通讯电缆连接全站仪与计算机的 COM 接口，设置好全站仪的通讯参数后，执行下拉菜单“数据/读取全站仪数据”命令。

4）展碎部点

展碎部点分定显示区、展野外观测点点号和展高程点三步进行。

5）根据草图绘制地物

根据野外作业时绘制的草图，即可在显示屏上绘制地物，并经编辑最后成图。

2. 电子平板法数字测图

1）人员配备

（1）观测员 1 人。负责操作全站仪，观测并将观测数据传输到笔记本电脑中。

（2）制图员 1 人。负责指挥跑尺员、现场操作笔记本电脑、内业后继处理整饰地形图。

（3）跑尺员 1～2 人。负责现场跑尺。

2）数据采集设备

全站仪与笔记本电脑一般采用标准的 RS232C 接口通讯电缆连接；也可以采用加配两个数传电台（数据链），分别连接于全站仪、笔记本电脑上，即可实现数据的无线传送，但数传电台的价格较贵。

3）创建测区已知点坐标数据文件

创建一个文件名用的存放测区内已知点的信息。

4）测站准备

测站准备的工作内容是：参数设置、定显示区、展已知点、确定测站点、定向点、定向方向水平度盘数值、检查点、仪器高。

5）测图操作

作业员进入测区后，仪器观测员指挥跑镜员到事先选好的已知点上准备立镜定向，并快速架好仪器，连接便携机，量取仪器高，选择测量状态，输入测站点号和方向点号、定向点起始方向值，一般把起始方向值置零；瞄准棱镜，定好方向通知持镜者开始跑点；用对讲机确定镜高及所立点的性质，准确瞄准，待测点进入手簿坐标被记录下来。一般来讲，施测的第一点选在某已知点上（手簿中事先已输入）以作检查。

6）等高线的处理

在白纸测图中，等高线是通过对测得的相临碎部点进行线性内插，手工将同高程的点连成光滑曲线获得的。这样描绘的等高线虽然比较圆滑，但精度较低。

在数字测图中，等高线是在CASS中通过创建数字地面模型DTM(Digital Terrain Model)后自动生成的。DTM从微分角度三维地描述了测区地形的空间分布，应用它可以按用户设定的等高距生成等高线，任意方向的断面图、坡度图，计算给定区域的土方量等。

7）地形图的整饰

这里只介绍使用最多的加注记和图框的操作方法。如果为某条道路加上路名，其操作方法如下（见图8-6所示）：单击图屏幕菜单的“文字注记”按钮，弹出图“注记”对话框，选中“注记文字”，单击“确定”按钮，命令行提示如下：

请输入图上注记大小(mm) <3.0> 4

输入注记内容：迎宾路

输入注记位置（中心点）：

CASS可自动将注记文字水平放置（位于ZJ图层）。根据图式的要求，用户必须按照道路等级在4.0，3.5，2.75中选择一个文字高度。如果需要沿道路走向放置文字，则先创建一个字“迎”，然后使用AutoCAD的Copy命令复制到适当位置，再使用Rotate命令旋转文字至适当方向，最后使用Ddedit命令修改文字内容。

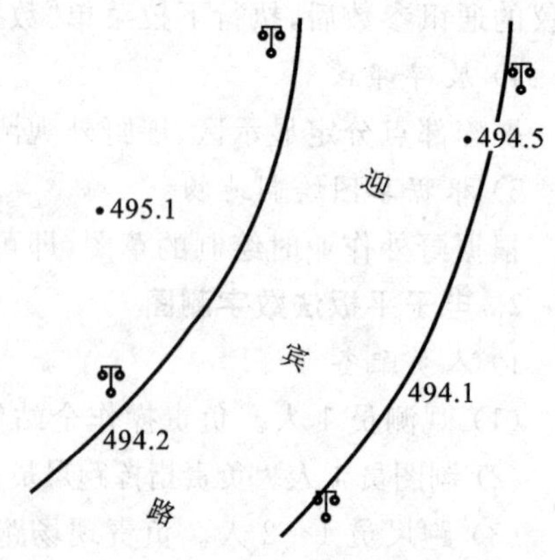

图8-6　注记示意图

加图框命令位于下拉菜单“绘图处理”下，先执行下拉菜单“文件CASS6.1参数设置”命令，在弹出的“CASS6.1参数设置”对话框的“图幅设置”选项卡中设置好外图框中的部分注记内容，执行下拉菜单"绘图处理/标准图幅(50 cm×40 cm)"命令，弹出"图幅整饰"对话框，不勾选"取整"复选框，勾选"删除图框外实体"复选框，单击"确定"按钮，CASS会自动按照对话框的设置加图框并以内图框为边界，自动修剪掉内图框外的所有对象。

四、全站仪数字化测图的特点

全站仪数字化测图的特点如下：

(1) 自动化程度高。数据成果易于存取，便于管理。

(2) 精度高。地形测图和图根加密可同时进行，地形点到测站点的距离与常规测图相比可以放长。

(3) 无缝接图。数字化测图不受图幅的限制，作业小组的任务可按照河流、道路的自然分界来划分，以便于地形图的施测，从而减少了很多常规测图的接边问题。

(4) 便于使用。数字地形图不是依某一固定比例尺和固定的图幅大小来贮存一幅图的，它是以数字形式贮存的1∶1的数字地图。根据用户的需要，在一定比例尺范围内可以输出不同比例尺和不同图幅大小的地形图。

(5) 数字测图的立尺位置选择非常重要。由于数字测图是按点的坐标绘制地形符号的，所以要绘制地物轮廓就必须有轮廓特征点的全部坐标。在常规测图中，作业员可以对照实地用简单的几何作图绘制一些规则地物轮廓，用目测绘制细小的地物和地貌形状。而对于数字测图，对需要表示的细部也必须立尺测量。数字测图需要直接测量地形点的数目比常规测图有所增加。

五、南方NTS-350型全站仪操作简介

1. 基本操作

南方NTS-350全站仪的外观如图8-7所示。望远镜成像为正像，放大倍率为30，最短视距为1 m；角度测量的测角方式为光电增量式，光栅盘直径(水平、竖直)为79 mm，最小显示读数可选择1″/5″，精度为5″级。

图8-7　NTS-350全站仪

1) 开机

确认仪器已经整平，打开电源开关(POWER键)，确认显示窗中有足够的电池电量。当显示"电池电量不足"(电池用完)时，应及时更换电池或对电池进行充电。

仪器开机时应确认棱镜常数值(PSM)和大气改正值(PPM)等。

可通过按[F1](↓)或[F2](↑)键调节对比度。为了在关机后保存设置值，可按[F4]

(回车)键。

2) 信息显示与键盘功能

信息显示符号及所代表的意义与电子经纬仪类似，如 V%，HR，HL，HD，VD，N，E，Z 分别代表了垂直角(坡度显示)、水平角(右角)、水平角(左角)、水平距离、高差、北向坐标、东向坐标、高程等。

键盘符号名称及功能如表 8-1 所示。

表 8-1 键盘符号名称及功能

按 键	名 称	功 能
ANG	角度测量键	进入角度测量模式(▲上移键)
◢	距离测量键	进入距离测量模式(▼下移键)
◿	坐标测量键	进入坐标测量模式(◀左移键)
MENU	菜单键	进入菜单模式(▶右移键)
ESC	退出键	返回上一级状态或返回测量模式
POWER	电源开关键	电源开关
F1～F4	软键(功能键)	对应于显示的软键信息
0～9	数字键	输入数字和字母、小数点、负号
★	星 键	进入星键模式

3) 功能键

(1) 角度测量模式(三个界面菜单)，如图 8-8 和表 8-2 所示。

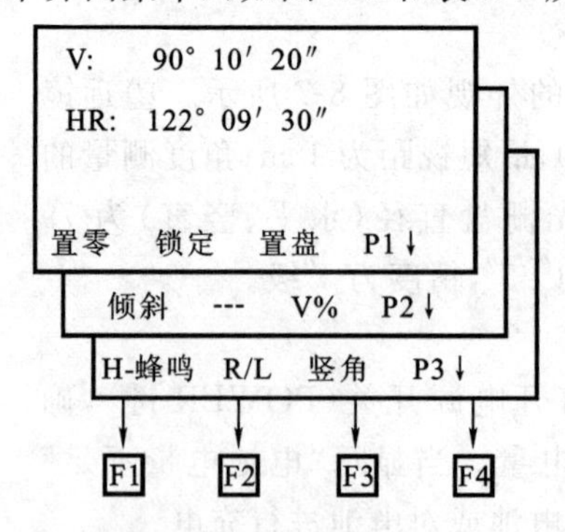

图 8-8 角度测量模式

表 8-2　角度测量模式的键盘符号及功能

页　数	软　键	显示符号	功　能
第 1 页（P1）	F1	置零	水平角置为 0°0′0″
	F2	锁定	水平角读数锁定
	F3	置盘	通过键盘输入数字设置水平角
	F4	P1↓	显示第 2 页软键功能
第 2 页（P2）	F1	倾斜	设置倾斜改正开或关，若选择开则显示倾斜改正
	F2	---	—
	F3	V%	垂直角与百分比坡度的切换
	F4	P2↓	显示第 3 页软键功能
第 3 页（P3）	F1	H-蜂鸣	仪器转动至水平角 0°，90°，180°，270°是否蜂鸣的设置
	F2	R/L	水平角右/左计数方向的转换
	F3	竖角	垂直角显示格式（高度角/天顶距）的切换
	F4	P3↓	显示第 1 页软键功能

（2）距离测量模式（两个界面菜单），如图 8-9 和表 8-3 所示。

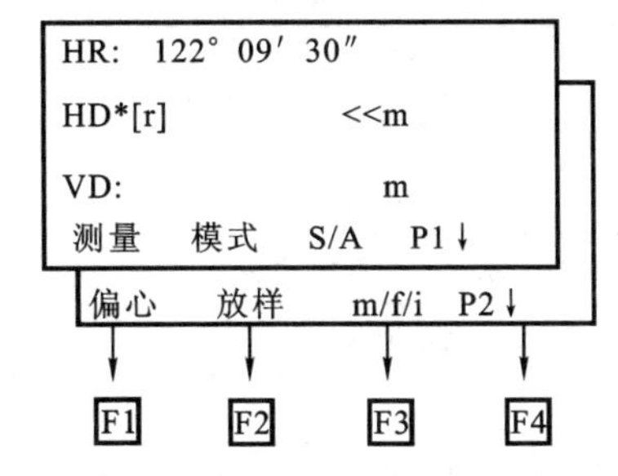

图 8-9　距离测量模式

表 8-3　距离测量模式的键盘符号及功能

页　数	软　键	显示符号	功　能
第 1 页（P1）	F1	测量	启动距离测量
	F2	模式	设置测距模式为：精测/跟踪/—
	F3	S/A	温度、气压、棱镜常数等设置
	F4	P1↓	显示第 2 页软键功能
第 2 页（P2）	F1	偏心	偏心测量模式
	F2	放样	距离放样模式
	F3	m/f/i	距离单位的设置：米/英尺/英寸
	F4	P2↓	显示第 1 页软键功能

(3) 坐标测量模式(三个界面菜单),如图 8-10 和表 8-4 所示。

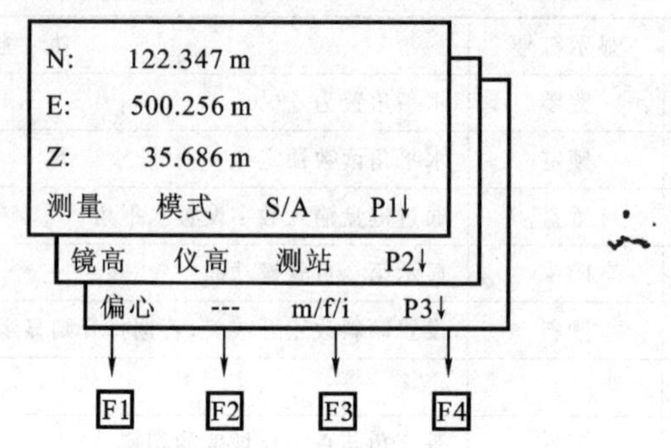

图 8-10 坐标测量模式

表 8-4 坐标测量模式的键盘符号及功能

页 数	软 键	显示符号	功 能
第 1 页(P1)	F1	测量	启动测量
	F2	模式	设置测距模式为:精测/跟踪
	F3	S/A	温度、气压、棱镜常数等设置
	F4	P1↓	显示第 2 页软键功能
第 2 页(P2)	F1	镜高	设置棱镜高度
	F2	仪高	设置仪器高度
	F3	测站	设置测站坐标
	F4	P2↓	显示第 3 页软键功能
第 3 页(P3)	F1	偏心	偏心测量模式
	F2	---	
	F3	m/f/i	距离单位的设置:米/英尺/英寸
	F4	P3↓	显示第 1 页软键功能

2. 初始设置

1) 温度、气压、棱镜常数设置

该模式可显示电子距离测量(EDM)时接收到的光线强度(信号水平),大气改正值(PPM)和棱镜常数改正值(PSM),如表 8-5 所示。

表 8-5 温度、气压、棱镜常数设置

步 骤	操 作	操作过程	显 示
第 1 步	◢	确认进入距离测量模式第 1 页屏幕	HR: 170°30′20″ HD: 235.343 m VD: 36.551 m 测量 模式 S/A P1↓

续表

步 骤	操 作	操作过程	显 示
第 2 步	F3	按 F3 (S/A)键，模式变为参数设置，显示棱镜常数改正(PSM)、大气改正值(PPM)和反射光的强度(信号)	设置音响模式 PSM:0.0 PPM:2.0 信号:[｜｜｜｜｜]
F1 至 F3 用于设置大气改正和棱镜常数； 按 ESC 键可返回正常测量模式。			

3. 温度和气压设置

设置前需预先测得测站周围的温度和气压，例如，温度＋25 ℃，气压 1 017.5 hPa，具体如表 8-6 所示。

表 8-6 温度和压力设置

步 骤	操 作	操作过程	显 示
第 1 步	按键◢	进入距离测量模式	HR: 170°30′20″ HD: 235.343 m VD: 36.551 m 测量 模式 S/A P1↓
第 2 步	按键 F3	进入设置。 由距离测量或坐标测量模式预先测得测站周围的温度和气压	设置音响模式 PSM:0.0 PPM:2.0 信号: [｜｜｜｜｜] 棱镜 PPM T-P ---
第 3 步	按键 F3	按键 F3 执行[T-P]	温度和气压设置 温度:－＞ 15.0 ℃ 气压: 1013.2 hpa 输入 --- --- 回车
第 4 步	按键 F1 输入温度，按键 F4 输入气压	按键 F1 执行[输入]，输入温度与气压；按键 F4 执行[回车]，确认输入	温度和气压设置 温度:－＞ 25.0 ℃ 气压:1 017.5 hpa 输入 --- --- 回车

4. 距离测量

在进行距离测量前通常需要确认大气改正(PPM)的设置和棱镜常数的设置，再进行距离测量。

大气改正值是根据测定温度和气压，从大气改正图上或根据改正公式求得的。仪器一旦设置了大气改正值，即可自动对测距结果实施大气改正。

棱镜常数一般为－30，如使用其他常数的棱镜，则在使用之前应先设置一个相应的常数，仪器一旦设置棱镜常数，即使电源关闭，所设置的值也仍被保存在仪器中。

在测角模式下，距离测量操作过程和显示结果如表 8-7 所示。

表 8-7 距离操作过程

步 骤	操 作	操作过程	显 示
第 1 步	照 准	照准棱镜中心	V: 90°10′20″ HR: 170°30′20″ H-蜂鸣 R/L 竖角 P3↓
第 2 步	◢	按◢键，距离测量开始	HR: 170°30′20″ HD*[r] <<m VD: m 测量 模式 S/A P1↓ HR: 170°30′20″ HD* 235.343 m VD: 36.551 m 测量 模式 S/A P1↓
第 3 步	◢	显示测量的距离； 再次按◢键，显示变为水平角(HR)、垂直角(V)和斜距(SD)	V: 90°10′20″ HR: 170°30′20″ SD* 241.551 m 测量 模式 S/A P1↓

仪器可以根据目标不同进行连续距离测量，当输入测量次数后，仪器就按设置的次数进行测量，并显示出距离平均值。表 8-8 中所列步骤是精测/跟踪测量的操作过程。

表 8-8 精测/跟踪操作过程

步 骤	操 作	操作过程	显 示
第 1 步	F2	在距离测量模式下按 F2 (模式)键设置模式的首字符(F/T)	HR: 170°30′20″ HD: 566.346 m VD: 89.678 m 测量 模式 S/A P1↓
第 2 步	F1 ~ F2	按 F1 (精测)键精测，F2 (跟踪)键跟踪测量	HR: 170°30′20″ HD: 566.346 m VD: 89.678 m 精测 跟踪 --- F HR: 170°30′20″ HD: 566.346 m VD: 89.678 m 测量 模式 S/A P1↓

这个设置在关机后不保留，参见“基本设置”进行初始设置（此设置关机后仍被保留）。

5. 坐标测量

坐标测量示意如图 8-11 所示。

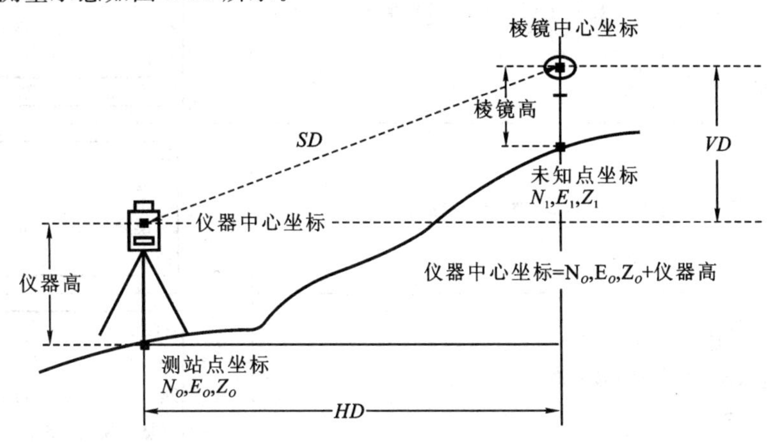

图 8-11　坐标测量示意图

1）仪器高设置

仪器高设置见表 8-9。

表 8-9　仪器高设置

步　骤	操　作	操作过程	显　示
第 1 步	F4	在坐标测量模式下，按 F4（↓）键，转到第 2 页功能	N：286.245 m E：76.233 m Z：14.568 m 测量　模式　S/A　P1↓ 镜高　仪高　测站　P2↓
第 2 步	F2	按 F2（仪高）键，显示当前值	仪器高 输入 仪高　0.000 m 输入　---　---　回车
第 3 步	F1 输入仪器高 F4	输入仪器高	N：286.245 m E：76.233 m Z：14.568 m 测量　模式　S/A　P1↓

2）棱镜高设置

棱镜高设置见表 8-10。

表 8-10　棱镜高设置

步　骤	操　作	操作过程	显　示
第 1 步	F4	在坐标测量模式下，按 F4 键，进入第 2 页功能	N: 286.245 m E: 76.233 m Z: 14.568 m 测量　模式　S/A　P1↓ 镜高　仪高　测站　P2↓
第 2 步	F1	按 F1（镜高）键，显示当前值	镜高 输入 镜高　0.000 m 输入　---　---　回车
第 3 步	F1 输入棱镜高 F4	输入棱镜高	N: 286.245 m E: 76.233 m Z: 14.568 m 测量　模式　S/A　P1↓

3）测站点坐标设置

设置仪器（测站点）相对于坐标原点的坐标，仪器可自动转换和显示未知点（棱镜点）在该坐标系中的坐标。测站点坐标设置见表 8-11。

表 8-11　测站点坐标设置

步　骤	操　作	操作过程	显　示
第 1 步	F4	在坐标测量模式下，按 F4（↓）键，转到第 2 页功能	N: 286.245 m E: 76.233 m Z: 14.568 m 测量　模式　S/A　P1↓ 镜高　仪高　测站　P2↓
第 2 步	F3	按 F3（测站）键	N —> 0.000 m E: 0.000 m Z: 0.000 m 输入　---　---　回车
第 3 步	F1 输入数据 F4	输入 N 坐标	N: 36.976 m E —> 0.000 m Z: 0.000 m 输入　---　---　回车

续表

步　骤	操　作	操作过程	显　示
第4步		按同样方法输入E和Z坐标，输入数据后，显示屏返回坐标测量显示。	N：36.976 m E：298.578 m Z：45.330 m 测量　模式　S/A　P1↓

4）后视方位角设置和坐标测量

后视方位角设置和坐标测量见表8-12。

表8-12　后视方位角设置和坐标测量

步　骤	操　作	操作过程	显　示
第1步	设置方向角	设置已知点A的方向角	V：122°09′30″ HR：90°09′30″ 置零　锁定　置盘　P1↓
第2步	照准棱镜 ◿	照准目标B，按◿键	N：<<m E：m Z：m 测量　模式　S/A　P1↓
第3步	F1	按 F1 （测量）键，开始测量	N*　286.245 m E：76.233 m Z：14.568 m 测量　模式　S/A　P1↓

注：① 在测站点的坐标未输入的情况下，(0,0,0)作为缺省的测站点坐标。
② 当仪器高未输入时，仪器高以0计算；当棱镜高未输入时，棱镜高以0计算。

6. 放样

1）距离放样

距离放样时，可以选择平距、高差和斜距中的任意一种放样模式。距离放样操作和显示见表8-13。

表 8-13　距离放样操作和显示

步　骤	操　作	操作过程	显　示
第 1 步	F4	在距离测量模式下按 F4（↓）键，进入第 2 页功能	HR：170°30′20″ HD：566.346 m VD：89.678 m 测量　模式　S/A　P1↓ 偏心　放样　m/f/i　P2↓
第 2 步	F2	按 F2（放样）键，显示出上次设置的数据	放样 HD：0.000 m 平距　高差　斜距　---
第 3 步	F1	通过按 F1 ～ F3 键选择测量模式 F1：平距，F2：高差，F3：斜距 例：水平距离	放样 HD：0.000 m 输入　---　---　回车
第 4 步	F1 输入平距 F4	输入放样距离	放样 HD：350.000 m 输入　---　---　回车
第 5 步	照准 P	照准目标（棱镜）测量开始，显示出测量距离与放样距离之差。	HR：120°30′20″ dHD*［r］　<<m VD：　m 输入　---　---　回车
第 6 步		移动目标棱镜，直至距离差等于 0 m 为止	HR：120°30′20″ dHD*［r］　25.688 m VD：2.876 m 测量　模式　S/A　P1↓

注：若要返回到正常的距离测量模式，可设置放样距离为 0 m 或关闭电源。

2）坐标放样

在坐标放样的过程中，有以下几步：① 选择数据采集文件，使其所采集数据存储在该文件中；② 选择坐标数据文件，可进行测站坐标数据及后视坐标数据的调用；③ 设置测站点，设置后视点，④ 确定方位角；⑤ 输入所需的放样坐标，开始放样。

坐标放样的操作和显示见表 8-14 至表 8-17 所示。

(1) 选择坐标数据文件(见表 8-14)。

表 8-14　选择坐标数据文件

步　骤	操　作	操作过程	显　示
第 1 步	F1	由放样菜单 2/2 按 F1 (选择文件)键	放样　2/2 F1：　选择文件 F2：　新点 F3：　格网因子　P↓ 选择文件 FN：______ 输入　调用　---　回车
第 2 步	F2	按 F2 (调用)键,显示坐标数据文件目录[①]	CEEFEDATA　/C0322 —>* SOUTHDATA　/C0228 SATADDATA　/C0080 ---　查找　---　回车
第 3 步	[▲]或[▼]	按[▲]或[▼]键可使文件表向上或向下滚动,选择一个工作文件	* SOUTHDATA　/C0228 SATADDATA　/C0080 KLLLSDATA　/C0085 ---　查找　---　回车
第 4 步	F4	按 F4 (回车)键,文件即被确认	放样　2/2 F1：　选择文件 F2：　新点 F3：　格网因子　P↓

注:① 如果要直接输入文件名,可按 F1 (输入)键,然后输入文件名。

(2) 设置测站点(见表 8-15)。

测站点的设置方法有两种,一种是利用内存中的坐标设置,另一种则是直接键入坐标数据,这里仅简单介绍后者。

表 8-15　设置测站点

步　骤	操　作	操作过程	显　示
第 1 步	F1	由放样菜单 1/2 按 F1 (测站点号输入)键,即显示原有数据	测站点 点号：______ 输入　调用　坐标　回车

续表

步　骤	操　作	操作过程	显　示
第 2 步	F3	按 F3（坐标）键进入	N：　0.000 m E：　0.000 m Z：　0.000 m 输入　---　点号　回车
第 3 步	F1 输入坐标 F4	按 F1（输入）键，输入坐标值按 F4（ENT）键	N：　10.000 m E：　25.000 m Z：　63.000 m 输入　---　点号　回车
第 4 步	F1 输入仪高 F4	按同样方法输入仪器高，显示屏返回到放样菜单 1/2	仪器高 输入 仪高：　0.000 m 输入　---　---　回车
第 5 步	F1 输入 F4	返回放样菜单	放样　1/2 F1：输入测站点 F2：输入后视点 F3：输入放样点　P↓

（3）设置后视点（见表 8-16）。

后视点的设置也有调用和直接键入两种方法，这里介绍直接输入后视点坐标的操作步骤。

表 8-16　设置后视点

步　骤	操　作	操作过程	显　示
第 1 步	F2	由放样菜单 1/2 按 F2（后视）键，即显示原有数据	后视 点号 = 输入　调用　NE/AZ　回车
第 2 步	F3	按 F3（NE/AZ）键	N－>　0.000 m E：　0.000 m 输入　---　点号　回车

续表

步　骤	操　作	操作过程	显　示
第 3 步	F1 输入坐标 F4	按 F1（输入）键，输入坐标值按 F4（回车）键	后视 H(B)＝120°30′20″ ＞照准？　[是]　[否]
第 4 步	照准后视点 F3	按 F3（是）键，显示屏返回到放样菜单 1/2	放样　　1/2 F1：输入测站点 F2：输入后视点 F3：输入放样点　　P↓

（4）实施放样（见表 8-17）。

表 8-17　实施放样

步　骤	操　作	操作过程	显　示
第 1 步	F3	由放样菜单 1/2 按 F3（放样）键	放样　　1/2 F1：输入测站点 F2：输入后视点 F3：输入放样点　　P↓ 放样 点号：________ 输入　调用　坐标　回车
第 2 步	F1 输入点号 F4	按 F1（输入）键，按 F4（ENT）键。若文件中不存在所需的坐标数据，则无需输入点号，直接输入点的坐标	N：　　0.000 m E：　　0.000 m Z：　　0.000 m 输入　---　点号　回车
第 3 步	F1 输入镜高 F4	按同样方法输入反射镜高，当放样点设定后，仪器就进行放样元素的计算。 HR：放样点的水平角计算值； HD：仪器到放样点的水平距离计算值	计算 HR：　122°09′30″ HD：　245.777 m 角度　距离　---　---

续表

步　骤	操　作	操作过程	显　示
第 4 步	照准 F1	照准棱镜，按 F1 角度键。 点号：放样点； HR：实际测量的水平角； dHR：对准放样点仪器应转动的水平角 ＝实际水平角－计算的水平角。 当 dHR＝0°00′00″时，即表明放样方向正确	点号：　LP-100 HR：　2°09′30″ dHR：　22°39′30″ 距离　---　坐标　---
第 5 步	F1	按 F1（距离）键。 HD：实测的水平距离； dHD：对准放样点尚差的水平距离 ＝实测高差－计算高差	HD* [r]　<m dHD：　m dZ：　m 模式　角度　坐标　继续 HD*　245.777 m dHD：　－3.223 m dZ：　－0.067 m 模式　角度　坐标　继续
第 6 步	F1	按 F1（模式）键进行精测	HD* [r]　<m dHD：　m dZ：　m 模式　角度　坐标　继续 HD*　244.789 m dHD：　－3.213 m dZ：　－0.047 m 模式　角度　坐标　继续
第 7 步		当显示值 dHR，dHD 和 dZ 均为 0 时，则放样点的测设已经完成	
第 8 步	F3	按 F3（坐标）键，即显示坐标值	N：　12.322 m E：　34.286 m Z：　1.577 2 m 模式　角度　---　继续
第 9 步	F4	按 F4（继续）键，进入下一个放样点的测设	放样 点号： 输入　调用　坐标　回车

思考题与习题

1. 什么叫碎部点？什么叫碎部测量？
2. 全站仪有哪些特点？
3. 何谓数字化测图？大比例尺数字化地形测图主要有哪几种方法？
4. 全站仪数字化测图有什么特点？

第九章　地形图的应用

地形图是空间信息的载体。利用地形图可以求取许多重要数据,如地面点的坐标、高程,线段的距离,直线的方位角以及图斑面积等等。所以,地形图在国土整治、资源勘察、土地利用、环境保护、城乡规划、工程设计等方面的应用非常广泛。

第一节　地形图的识读

地形图上的主要内容是用各种线划符号和文字注记所表示的地物和地貌。通过这些符号和注记可以认识地球表面的自然形态,全面了解制图区域的地理概况、各要素的相互关系。为了正确地应用地形图,首先必须能看懂地形图,然后通过地形图的阅读分析获取全图区域内的地理环境的全面信息,找出事物之间的内在联系。

一、图廓外注记识读

通过地形图的图外注记识读,可以全面了解地形图的基本情况。

如图 9-1 所示,地形图图廓外注记的内容包括:图号、图名、接图表、比例尺、坐标系统和高程系统、图式版本、等高距、测图时间、测绘单位、图廓线、坐标格网、三北方向线和坡度尺等,它们分布在东、南、西、北四面图廓线之外。

二、地物与地貌的识读

地形图上的地物、地貌是用不同的地物符号和地貌符号表示的。比例尺不同,地物、地貌的取舍标准也不同。同时,随着各种建设的不断发展,地物、地貌又在不断改变。因此,应用地形图应了解地形图所使用的地形图图式,熟悉一些常用的地物和地貌符号,了解图上文字注记和数字注记的确切含义。

识读地物通常按先主后次的程序,并顾及取舍的内容与标准进行。按照地物符号先识别大的居民点、主要道路和用图需要的地物,然后再扩大到识别小的居民点、次要道路、植被和其他地物。通过分析,就会对主、次地物的分布情况,主要地物的位置和大小形成较全面的了解。

识读地貌主要根据基本地貌的等高线特征和特殊地貌(如陡崖、冲沟等)符号进行。对于山区,由于坡陡,地貌形态复杂,尤其是山脊和山谷等高线犬牙交错,不易识别,可先根据水系的江河、溪流找出山谷、山脊系列,当无河流时可根据相邻山头找出山脊,再按照两山谷间必有一山脊,两山脊间必有一山谷的地貌特征,即可识别山脊、山谷地貌

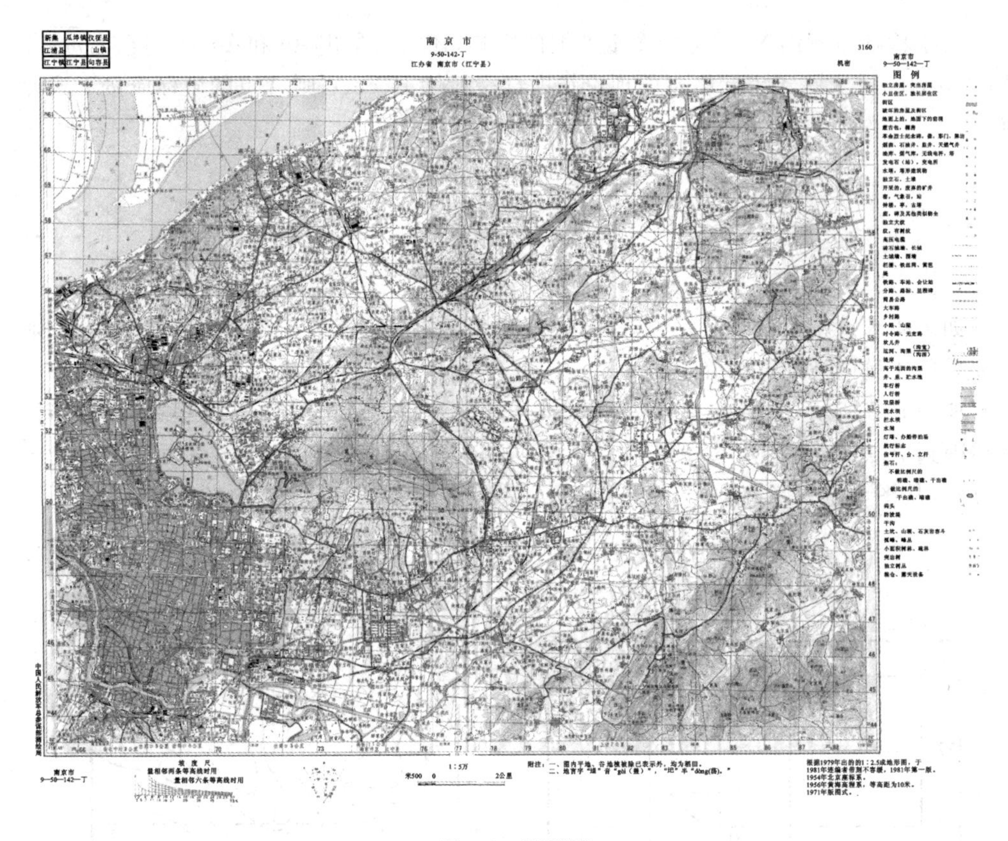

图 9-1　地形图

的分布情况。然后再结合特殊地貌符号和等高线的疏密进行分析，就可以较清楚地了解地貌的分布和高低起伏情况。

第二节　地形图应用的基本内容

一、点的坐标和高程量测

如图 9-2 所示，在大比例尺地形图上，都绘有纵、横坐标方格网(或在方格的交会处绘有一十字线)，当从图上求 A 点的坐标时，可先通过 A 点作坐标格网的平行线 mn，pq，在图上量出 mA 和 pA 的长度，再分别乘以数字比例尺的分母 M，即得实地水平距离，则有：

$$\left.\begin{aligned} x_A &= x_0 + \overline{mA} \times M \\ y_A &= y_0 + \overline{pA} \times M \end{aligned}\right\} \tag{9-1}$$

式中，x_0，y_0 为 A 点所在方格西南角点的坐标。

为了检核量测结果，并考虑图纸伸缩的影响，还需要量出 An 和 Aq 的长度。若 $\overline{mA}+\overline{An}$ 和 $\overline{pA}+\overline{Aq}$ 不等于坐标格网的理论长度 l（一般为 10 cm），则 A 点的坐标应按下式计算：

$$\left.\begin{aligned} x_A &= x_0+\frac{l}{\overline{mA}+\overline{An}}\times\overline{mA}\times M \\ y_A &= y_0+\frac{l}{\overline{pA}+\overline{Aq}}\times\overline{pA}\times M \end{aligned}\right\} \tag{9-2}$$

如果所求点刚好位于某一根等高线上，则该点的高程就等于该等高线的高程，否则需要采用比例内插的方法确定。

如图 9-3 所示，图中 E 点的高程为 54 m，F 点位于 53 m 和 54 m 两根等高线之间。要想得到 F 点的高程，可过 F 点作一大致与两根等高线垂直的直线，交两根等高线于 m，n 点，从图上量得距离 $\overline{mn}=d$，$\overline{mF}=d_1$。设等高距为 h，则 F 点的高程为：

$$H_F = H_m + h\frac{d_1}{d} \tag{9-3}$$

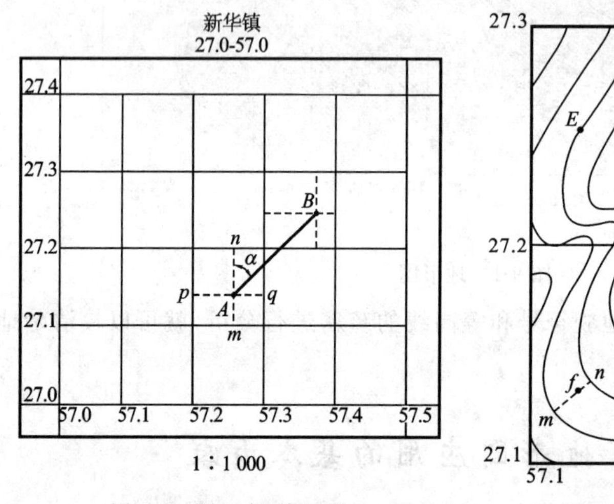

图 9-2　图上点、线量测

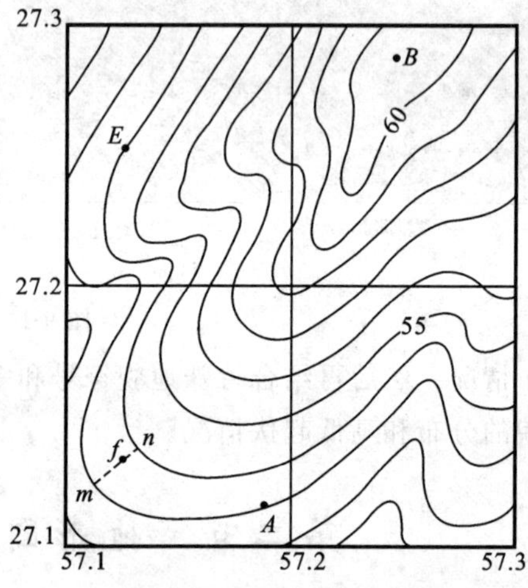

图 9-3　图上点的高程量测

二、图上直线水平距离、坐标方位角和坡度量测

1. 图上直线长度的确定

在图 9-2 中，若需要确定 A，B 两点间的水平距离 D_{AB}，可以根据已经量得的 A，B 两点的平面坐标 x_A，y_A 和 x_B，y_B 按下式计算：

$$D_{AB} = \sqrt{(x_B - x_A)^2 + (y_B - y_A)^2} \tag{9-4}$$

当量测距离的精度要求不高时，可直接在地形图上量取 A，B 两点间的长度 d_{AB}，再根据比例尺计算两点间的水平距离 D_{AB}，即

$$D_{AB} = d_{AB}M \tag{9-5}$$

当量测距离的精度要求不高时，还可利用复式比例尺直接量取两点间的水平距离。

2. 直线坐标方位角的确定

如图 9-2 所示，如果需要确定直线 AB 的坐标方位角 α_{AB}，可以根据已经量得的 A，B 两点的平面坐标 x_A，y_A 和 x_B，y_B 用下式计算：

$$\alpha_{AB} = \arctan \frac{y_B - y_A}{x_B - x_A} \tag{9-6}$$

用上式求坐标方位角时，要注意直线所在的象限。

当精度要求不高时，可以通过 A 点作平行于坐标纵轴的直线，用量角器直接在图上量取直线 AB 的坐标方位角 α_{AB}。

3. 点的高程和两点间的坡度量测

在地形图上量得相邻两点间的水平距离 d 和高差 h 以后，即可用下式计算两点间的坡度 i：

$$i = \tan \alpha = \frac{h}{dM} \tag{9-7}$$

式中，α 为地面两点连线相对于水平线的倾角。直线的坡度 i 一般用百分率(%)或千分率(‰)表示。

为了工作方便，可以在地形图上绘制坡度尺(见图 9-4)。利用坡度尺，根据图上相邻两条等高线的平距，可以求得相应的地面坡度。

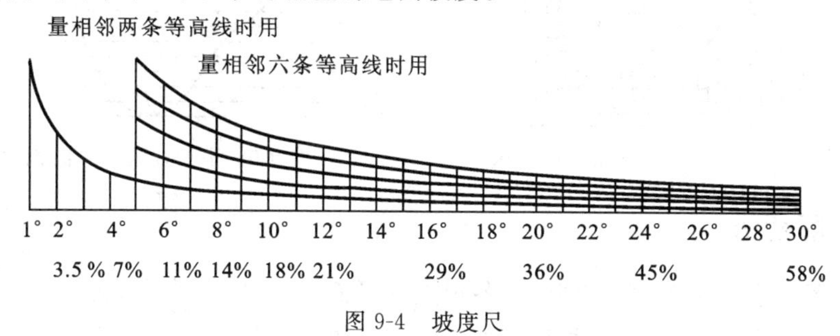

图 9-4　坡度尺

第三节　图形面积量算

在工程建设、城市规划设计中，常需要在地形图上量算一定轮廓范围的面积。图上面积的量算方法有透明方格纸法、平行线法、解析法、求积仪法和 CAD 法等。

一、透明方格纸法

如图 9-5 所示，要计算图中曲线内的面积，可先将毫米方格纸覆盖在图形上，然后数出图形内完整的方格数 n_1 和不完整的方格数 n_2，则曲线内面积 A 的计算公式为：

$$A=(n_1+\frac{1}{2}n_2)\frac{M^2}{10^6} \tag{9-8}$$

式中，M 为地形图比例尺分母；A 为曲线内面积，m^2。

二、平行线法

如图 9-6 所示，将绘制有平行线的透明纸覆盖在图形上，使两条平行线与图纸的边缘相切，则相邻两平行线间隔的图形面积近似视为梯形。梯形的高为平行线间距 h，图形截割各平行线的长度分别为 $l_1,l_2,\cdots,l_n$，则各梯形面积分别为：

$$A_1=\frac{1}{2}h(0+l_1),A_2=\frac{1}{2}h(l_1+l_2),\cdots,A_{n+1}=\frac{1}{2}h(l_n+0)$$

则总面积为：

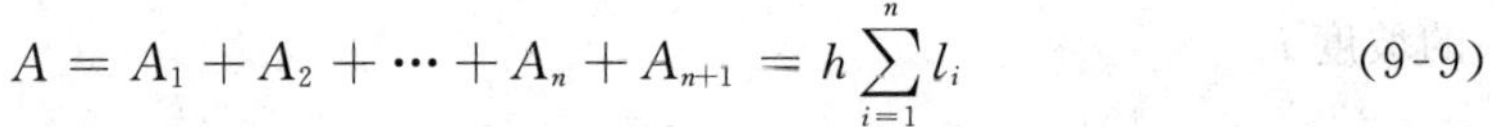

$$A=A_1+A_2+\cdots+A_n+A_{n+1}=h\sum_{i=1}^{n}l_i \tag{9-9}$$

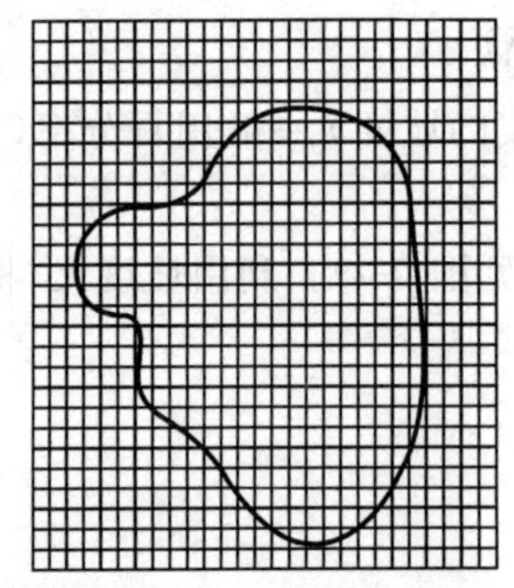

图 9-5　透明方格纸法量算面积

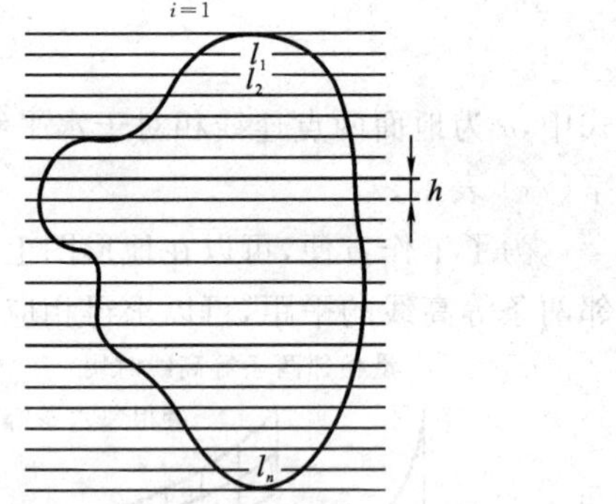

图 9-6　平行线法量算面积

三、解析法

如果图形边界为任意多边形，且各顶点的平面坐标已经在图上量出或已经在实地测定，则可以利用多边形各顶点的坐标，用解析法计算出图形面积。

在图 9-7 中，1，2，3，4 为多边形的顶点，其平面坐标已知，则该多边形的每一条边及其向 y 轴的坐标投影线（图中虚线）和 y 轴都可以组成一个梯形，多边形的面积 A 就是这些梯形面积的和或差，其计算公式为：

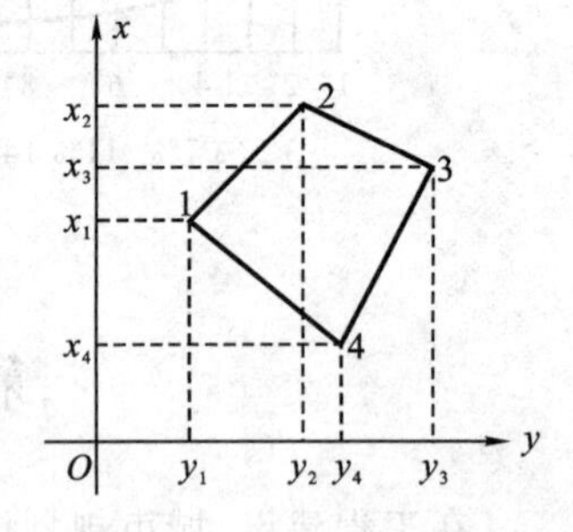

图 9-7　解析法量算面积

$$A=\frac{1}{2}[(x_1+x_2)(y_2-y_1)+(x_2+x_3)(y_3-y_2)-(x_3+x_4)(y_3-y_4)-(x_4+x_1)(y_4-y_1)]$$

$$=\frac{1}{2}[x_1(y_2-y_4)+x_2(y_3-y_1)+x_3(y_4-y_2)+x_4(y_1-y_3)]$$

对于任意的 n 边形，可以写出下列按坐标计算面积的通用公式为：

$$A=\frac{1}{2}\sum_{i=1}^{n}y_i(x_{i-1}-x_{i+1}) \quad 或 \quad A=\frac{1}{2}\sum_{i=1}^{n}x_i(y_{i+1}-y_{i-1}) \tag{9-10}$$

使用上式时应注意以下几点：

(1) 各顶点应按顺时针编号；

(2) 当 x 或 y 的下标为 0 时，应以 n 代替，出现 $n+1$ 时，以 1 代替；

(3) 作为检核，计算时各坐标差的和应等于零。

四、求积仪法

求积仪是一种专门供图上量算面积的仪器，其优点是操作简便、速度快，适用于任意曲线图形的面积量算，并能保证一定的精度。求积仪有机械求积仪和电子求积仪两种。下面主要介绍常用的电子求积仪。

图 9-8 所示为日本 KOIZUMI(小泉)公司生产的 KP-90N 电子求积仪。该仪器在机械装置动极、动极轴、跟踪臂(相当于机械求积仪的描迹臂)等的基础上，增加了电子脉冲记数设备和微处理器，能自动显示所测量的面积，具有面积分块测定后相加、相减和多次测定取平均值，面积单位换算，比例尺设定等功能。该仪器面积测量的相对误差为2/1 000。

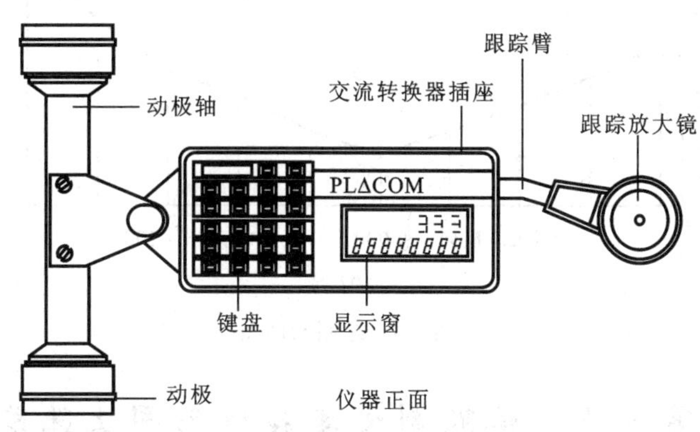

图 9-8　电子求积仪

第四节　按设计线路绘制纵断面图

在进行道路、隧道、管线等工程设计时，需要了解两点之间的地面起伏情况，这时，可根据地形图中的等高线来绘制断面图。如图 9-9(a) 所示，在地形图上作 A,B 两点的连线，使其与各等高线相交，各交点的高程即为交点所在等高线的高程，各交点的平距可以在图上用比例尺量得。在毫米方格纸上画出两条相互垂直的轴线，以横轴 AB 表示平距，以垂直于横轴的纵轴表示高程，在地形图上量取 A 点至各交点及地形特征点的平距，并把它们分别转绘在横轴上，以相应的高程作为纵坐标，得到各交点在断面上的位置。连接这些点，即得到 AB 方向的断面图。为了更明显地表示地面的高低起伏情况，断面图上的高程比例尺一般比平距比例尺大 5 ～ 20 倍。

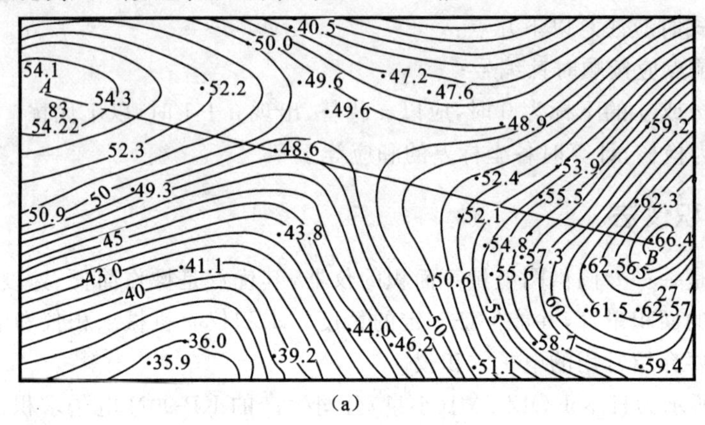

(a)

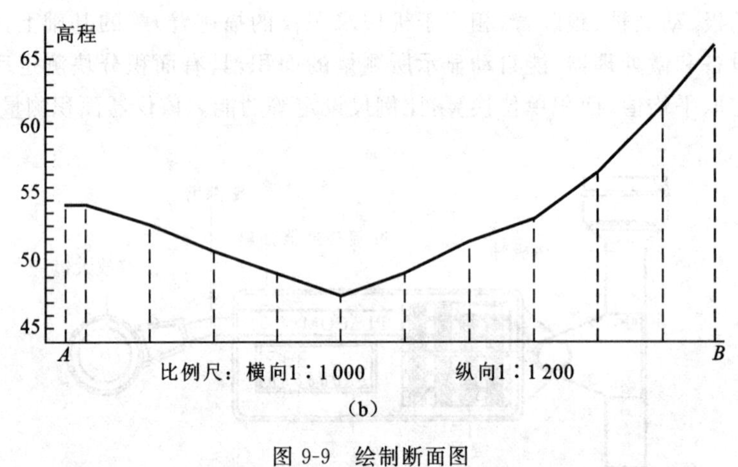

(b)

图 9-9　绘制断面图

第五节　按限制坡度在地形图上选线

道路、管线、渠道等工程，通常都有纵坡度限制，也就是说，设计时要求在满足某一限制坡度条件下，选定一条最短线路或等坡线路。这在工程建设的前期显得相当重要。特别是在特殊地貌地段，如在山地或丘陵地区进行道路、管线等工程设计时，往往要求在不超过某一坡度的条件下选定一条最短路线。如图 9-10 所示，从 A 点开始，向山顶选一条公路线，使坡度为 5%，从地形图上可以看出等高距为 5 m，限制坡度 $i=5\%$，则路线通过相邻等高线的最短距离应该为：

$$D=\frac{h}{i}=\frac{5}{5\%}=100\ (\text{m})$$

在 1∶5 000 的地形图中，实地 $D=100$ m，则图上 d 应为 2 cm。以 A 点为圆心，以

2 cm 为半径，作圆弧与 55 m 等高线相交于 1 和 1′ 两点，再分别以 1 和 1′ 为圆心，仍以 2 cm 为半径作弧，交 60 m 等高线于 2 和 2′ 两点。依此类推，可在图上画出规定坡度的两条路线，然后再进行比较。要考虑整个路线不要过分弯曲，并选取较理想的最短路线。

如果等高线的平距大于最小平距，画弧时不能与等高线相交，这说明地面坡度小于限制坡度，在这种情况下，可根据最短路线敷设。

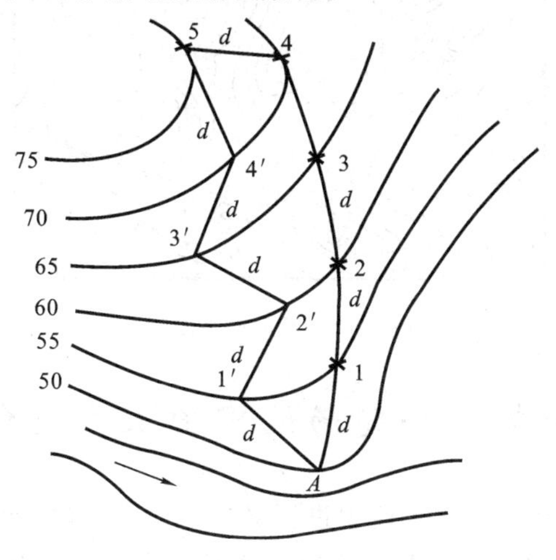

图 9-10 按设计坡度选线

第六节 确定汇水面积

修筑道路时，有时要跨越河流或山谷，这时就必须建设桥梁或涵洞；兴修水库时，必须筑坝拦水。桥梁、涵洞孔径的大小，水坝的设计位置与坝高，水库的蓄水量等，需要根据汇集于这个地区的水流量来确定。汇集水流量的面积称为汇水面积。由于雨水是沿山脊线（分水线）向两侧山坡分流的，所以汇水面积的边界线是由一系列的山脊线连接而成的。

如图 9-11 所示，一条公路经过山谷，拟在 P 处架桥或修涵洞，其孔径大小应根据流经该处的流水量确定。而流水量又与山谷的汇水面积有关，由山脊线和公路上的线段所围成的封闭区域 $A—B—C—D—E—F—G—H—I$ 的面积，就是这个山谷的汇水面积。量出该面积的值，再结合当地的气象水文资料，便可进一步确定流经公路 P 处的水量，为桥梁或涵洞的孔径设计提供依据。确定汇水面积的边界线时，应注意边界线（除公路 AB 段外）应与山脊线一致，且与等高线垂直；边界线是经过一系列的山脊线、山头和鞍部的曲线，应在河谷的指定断面（公路或水坝的中心线）闭合。

图 9-11　确定汇水面积

第七节　平整场地中的土方量计算

在工程建设中，常常需要对原地貌进行必要的改造，以便布置各类建筑物或构筑物。这种地貌的改造称为平整土地。平整土地有两种情形，一种是平整为水平场地，一种是整理为倾斜面。填、挖土方量的计算常用的方法有方格网法、等高线法和断面法等。下面仅介绍适用于地形起伏较小或地貌变化较有规律地区的方格网法。

一、平整为水平场地

图 9-12 所示为某场地的地形图，假设要求将原地貌按照挖填平衡的原则改造成水平面，则平整步骤如下：

(1) 在地形图上绘制方格网。

方格网的大小取决于地形的复杂程度、地形图比例尺的大小和土方量计算的精度要求。一般情况下，方格边长为实地 10～20 m。各方格顶点的高程用线性内插法求出，并注记在相应顶点的右上方。

(2) 计算挖填平衡的设计高程。

先将每一方格顶点的高程相加除以 4，得到各方格的平均高程 H_i，再将每个方格的平均高程相加除以方格总数 n，就可得到挖填平衡的设计高程 H_0，即

$$H_0=\frac{1}{n}(H_1+H_2+\cdots+H_n)=\frac{1}{n}\sum_{i=1}^{n}H_i$$

方格网的角点 A_1,A_4,B_5,D_1,D_5 的高程只用了一次，边点 $A_2,A_3,B_1,C_1,D_2,D_3\cdots$ 的高程用了两次，拐点 B_4 的高程用了三次，中点 $B_2,B_3,C_2,C_3\cdots$ 的高程用了四次，因此，设计高程 H_0 的计算公式可以化为：

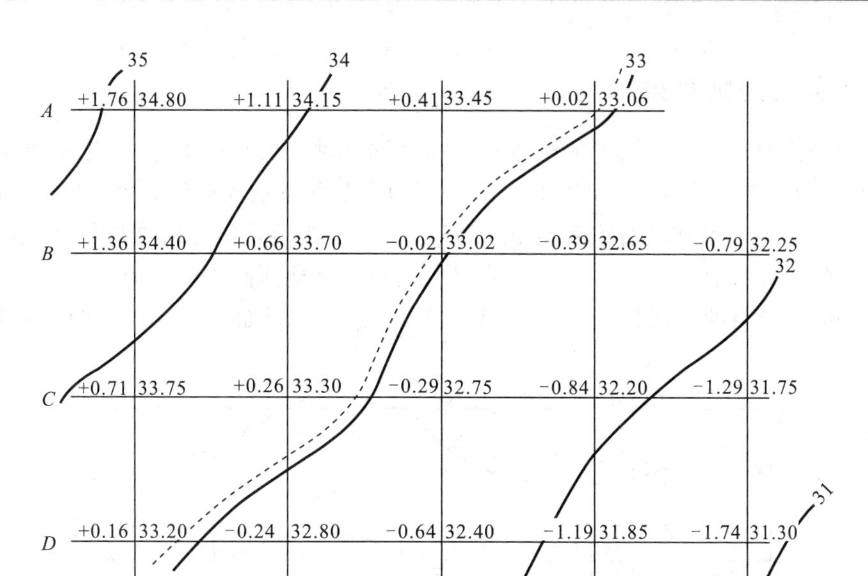

图 9-12　平整为水平场地方格法土方计算

$$H_0 = (\sum H_{角} + 2\sum H_{边} + 3\sum H_{拐} + 4\sum H_{中})/4n \tag{9-11}$$

将图 9-12 中各方格顶点的高程代入上式中，即可计算出设计高程为 33.04 m。在图9-12中内插入 33.04 m 的等高线(图中虚线)即为挖、填边界线。

(3) 计算挖、填高度。

将各方格顶点的高程减去设计高程 H_0 即其挖、填高度，其值标注在各方格顶点的左上方。

挖、填高度＝地面高程－设计高程

(4) 计算挖、填土方量。

可按角点、边点、拐点和中点分别计算，计算公式如下：

角点：　　　　挖(填)高×$\frac{1}{4}$方格面积

边点：　　　　挖(填)高×$\frac{2}{4}$方积面积

拐点：　　　　挖(填)高×$\frac{3}{4}$方格面积

中点：　　　　挖(填)高×$\frac{4}{4}$方格面积

将挖方和填方分别求和，即得总挖方和总填方。挖、填土方量的结果理论上应相等，但实例计算会有少量差别。挖、填土方量通常使用 Excel 进行计算。

二、整理为倾斜面

将原地形整理成某一坡度的倾斜面，一般可根据挖、填平衡的原则，绘制出设计倾斜面的等高线。有时要求所设计的倾斜面必须包含某些不能改动的高程点(称设计倾斜面的控制高程点)，例如已有道路的中线高程点、永久性或大型建筑物的外墙地坪高程点等。如图 9-13 所示，设 A,B,C 三点为控制高程点，其地面高程分别为 54.6 m，51.3 m 和 53.7 m。要求将原地形整理成通过 A,B,C 三点的倾斜面，其土方量的计算步骤如下：

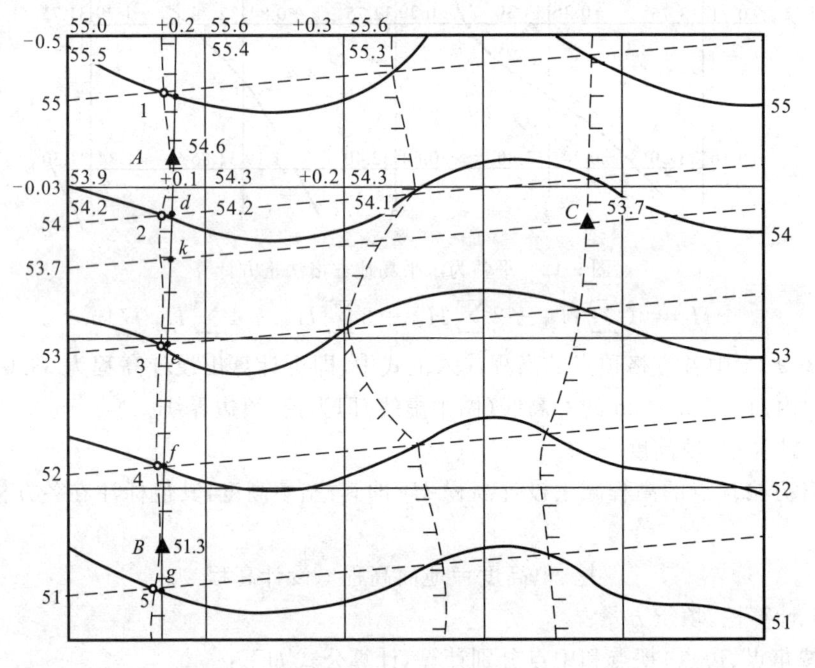

图 9-13　平整为倾斜场地方格法土方量计算

(1) 确定设计等高线的平距。

过 A,B 两点作直线，用比例内插法在 AB 直线上求出高程为 54 m，53 m，52 m 各点的位置，也就是设计等高线应经过 AB 直线上的相应位置，如 d,e,f,g 等点。

(2) 确定设计等高线的方向。

在 AB 直线上按比例内插一点 k，使其高程等于 C 点的高程 53.7 m。过 kC 连一直线，则 kC 方向就是设计等高线的方向。

(3) 插绘设计倾斜面的等高线。

过 $d,e,f,g\cdots$ 各点作 kC 的平行线(图中的虚线)，即为设计倾斜面的等高线。过设计等高线和原同高程的等高线交点的连线，如图 9-13 中连接 1,2,3,4,5 等点的连线，就可得到挖、填边界线。图中绘有短线的一侧为挖土区，另一侧为填土区。

(4) 计算挖、填土方量。

与前面的方法相同，首先在图上绘制方格网，并确定各方格顶点的挖深和填高量。不同的是各方格顶点的设计高程是根据设计等高线内插求得的，并注记在方格顶点的右下方，其填高和挖深量仍注记在各顶点的左上方。挖方量和填方量的计算和前面的方法相同。

第八节　地形图在土木工程中的应用

地形图在土木工程中的应用相当广泛，下面主要介绍它在四个方面的应用。

一、建筑设计中的地形图应用

现代建筑设计要求充分考虑现场的地形特点，不剧烈改变地形的自然形态，使设计建筑物与周围景观环境比较自然地融为一体，这样既可以避免开挖大量的土方，节约建设资金，又可以不破坏周围的环境，如地下水、土层、植物生态和地区的景观环境。地形对建筑物布置的间接影响主要是自然通风和日照效果两个方面。

由地形和温差形成的地形风，往往对建筑的通风起主要作用。不同地区的建筑物布置，应结合该地区的地形特点并参照当地气象资料加以研究，合理布置。为达到良好的通风效果，在迎风坡，高建筑物应置于坡上；在背风坡，高建筑物应置于坡下。把建筑物斜列布置在鞍部两侧迎风坡面，可充分利用垭口风，取得较好的自然通风效果。建筑物布列在山堡背风坡面两侧和正下坡，可利用绕流和涡流获得较好的通风效果。

在平地，日照效果与地理位置、建筑物朝向和高度、建筑物间隔有关；而在山区，日照效果除了与上述因素有关外，还与周围地形、建筑物所处坡向(向阳坡或背阳坡)、地面坡度大小等因素密切相关，日照效果问题比平地复杂得多，必须对建筑物进行个别的具体分析。

在建筑设计中，既要珍惜良田好土，尽量利用薄地、荒地和空地，又要满足投资省、工程量少和使用合理等要求。如建筑物应适当集中布置，以节省农田、节约管线和道路；建筑物应结合地形灵活布置，以达到省地、省工、通风和日照效果好的目的；公共建筑应布置在小区的中心；对不宜建筑的区域，要因地制宜地利用起来，如在陡坡、冲沟、空隙地和边缘山坡上建设公园和绿化地；自然形成或由采石、取土形成的大片洼地或坡地，因其高差较大，可用来布置运动场和露天剧场；高地可设置气象台和电视转播站等等。建筑设计中所需要的上述地形信息，大部分都可以在地形图中找到。

二、给排水设计中的地形图应用

选择自来水厂的厂址时，要根据地形图确定位置。如厂址设在河流附近，则要考虑到厂址在洪水期内不会被水淹没，在枯水期内又能有足够的水量。水源离供水区不应太远,供水区的高差不应太大。在0.5%～1%地面坡度的地段,比较容易排除雨水;在地面坡度较大的地区内,要根据地形分区排水。由于雨水和污水的排除是靠重力在沟管内自流的,因此,沟管应有适当的坡度。在布设排水管网时,要充分利用自然地形,如雨水干沟应尽量设在地形低处或山谷线处,这样,既能使雨水和污水畅通自流,又能使施工的土方量最小。在防洪、排涝、涵洞和涵管等工程设计中,经常需要在地形图上确定汇水面积作为设计的依据。

三、勘测设计中的地形图应用

在建(构)筑物、市政设施、线路工程等的勘测设计中,地形图的应用相当广泛。如道路一般以平直较为理想,但实际上,由于地形和其他原因的限制,要达到这种理想状态是很困难的。为了选择一条经济而合理的路线,必须进行线路勘测。线路勘测是一个涉及面广、影响因素多、政策性和技术性强的工作。在线路勘测之前,要做好各种准备工作。首先要搜集与线路有关的规划统计资料以及地形、地质、水文和气象资料,然后进行分析研究,在地形图(通常为1∶5 000的地形图)上初步选择线路走向,利用地形图对山区和地形复杂、外界干扰多、牵涉面广的段落进行重点研究。例如线路可能沿着哪些溪流,越过哪些垭口;线路通过城镇或工矿区时,是穿过、靠近,还是避开而以支线连接等等。研究时,应进行多种方案的比较。

四、城市规划用地分析中的地形图应用

城市用地在规划设计前,首先应按建筑、交通、给水和排水等对地形的要求,在地形图上对规划区域的地形进行整体认识和分析评价,标明不同坡度的地区的地面水流方向、分水线和集水线等,以实现规划中能充分合理地利用自然地形条件,经济有效地使用城市土地,节约城市建设费用和促进城市的可持续发展。

城市各项工程建设与设施布设对用地地质、水文、地形等方面都有一定的要求。而在地形方面,主要是对不同地面坡度的要求。因此,在地形分析时应充分考虑地形坡度类型及其与各项建筑布设的关系,以便合理利用和改造原有地形。

根据规划原理和方法,在平原地区进行规划设计时,对建筑群体布置限制较小,布设比较灵活机动。但在山地和丘陵地区,由于建筑用地通常成不规则的形状,要求在各种不规则形状中寻找布置的规律。因此,建筑群体的布设形式,必然受到地形特点的制约,呈现出高低参差不同、大小分布各异的特点。下面以图9-14为例进行地形分析。

(1) 鲁家村以西有一座小山,东南方有一条河流(青水河),河南岸有一沼泽地。

(2) 在武南公路以北有一个高出地面约30 m的小丘,小丘东西向地势较南北向平缓。

(3) 鲁家村以西的地形,75 m等高线以上较陡,75～55 m等高线一段渐趋平缓,55 m等高线以下更为平坦。总的来说,这块地形除了小山和小丘外还是比较平缓的。

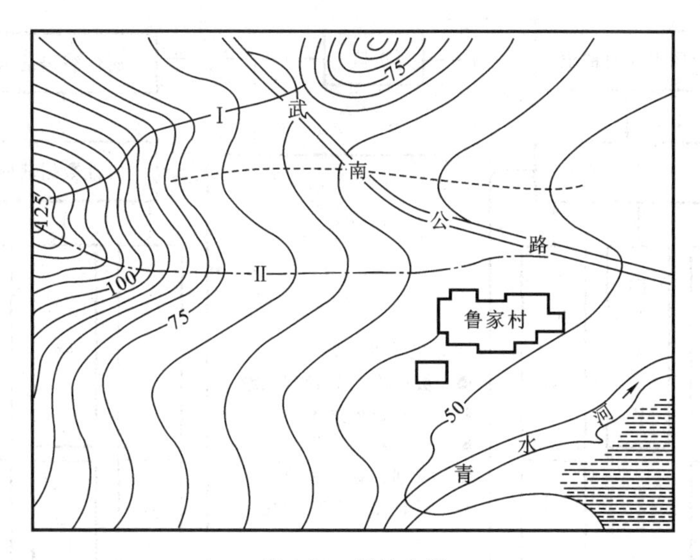

图 9-14　用地分析

(4) 根据地形起伏情况,从小山山顶向东北到小丘可找出分水线Ⅰ,从小山向东到武南公路可找出分水线Ⅱ,分水线Ⅱ的一段与武南公路东段相吻合。在分水线Ⅰ和Ⅱ之间可找到集水线。根据地势情况,定出地面水流方向(最大坡度方向),在分水线Ⅰ以北的地面水排向小丘和小丘以北,在分水线Ⅱ以南的地面水则向青水河汇集。

根据上述分析结果,在鲁家村四周、武南公路东南段两侧等处适宜规划建筑群体,而在青水河南面的沼泽地区,则需做工程地质和水灾地质等的分析以后,才能确定其用途。

第九节　地理信息系统(GIS)简介

一、定义

地理信息系统(Geographic Information System,简称 GIS)是指在计算机软件和硬件的支持下,对整个或部分地球表层(包括大气层)空间中的有关地理分布数据以一定的格式进行采集、输入、存储、检索、显示、绘制和综合分析的技术系统,其组成如图9-15所示。

二、地理信息系统的功能

地理信息系统具有以下六大基本功能。

1. 数据输入、存储、编辑

系统对多种形式(影像、图形和数字)、多种来源的信息可以实现多种方式(自动、半自动、人工)的数据输入(即数字化),建立空间数据库。

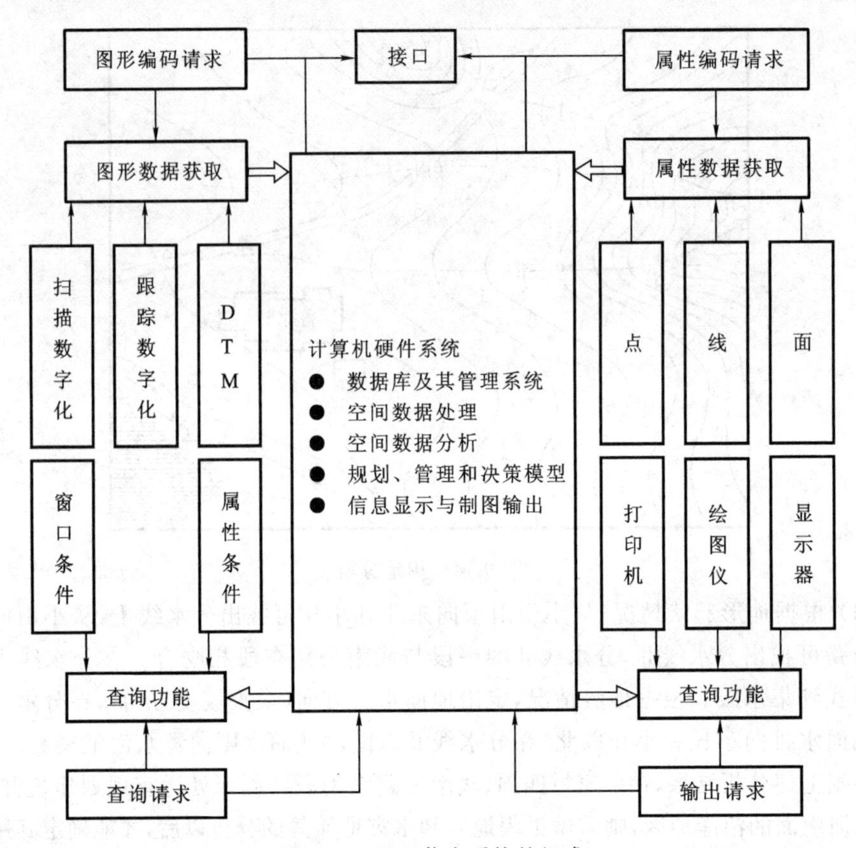

图 9-15　地理信息系统的组成

数据输入包括数字化、规范化和数据编码三个方面的内容。数字化是指通过扫描仪或跟踪数字化仪对不同的信息进行模数转换、坐标变换等，形成各种数据文件，存入数据库内；规范化是指对具有不同精度、比例尺、坐标系统的外来数据进行坐标和记录格式的统一，以便在同一基础上进行下一步的工作；数据编码是指根据一定的数据结构和目标属性特征，将数据转换成计算机能够识别和管理的代码或编码字符。

数据存储是将输入的数据以某种格式记录在计算机内部或外部存储介质（磁盘或光盘）中。数据存储的方式与数据文件的组织密切相关，它取决于如何建立记录的逻辑顺序，即确定存储的地址，以便提高数据存取的速度。

数据编辑是对数据进行修改、增加、删除、更新等。

2. 操作运算

操作运算是指为了满足各种查询要求而设置的系统内部数据操作，例如数据格式转换、多边形叠合、拼接、剪辑等，以及按一定模式关系建立的各种数据运算，包含算术运算、关系运算、逻辑运算、函数运算等。

3. 数据查询与检索

数据查询与检索是指根据用户的要求，从数据文件、数据库或存储装置中，查找和选取所需数据。

4. 统计分析

统计分析是指在系统操作运算功能的支持下或使用专门建立的分析软件，对一定区域内的各种现象、过程等进行统计分析。这一功能在很大程度上决定了系统在实际应用中的灵活性和经济效益。当然，对于每一个根据具体目的而建立起来的地理信息系统，其所能进行的统计分析并非包罗万象，而是都有自己的侧重点或专门的应用目的。

5. 数据显示与结果输出

数据显示是中间处理过程和最终结果的屏幕显示，它包括图形数据的数字化与编辑，以及操作分析过程的显示。结果输出有专题地图、图表、报告等多种类型。此外，屏幕显示也属结果输出的一个方面。目前的输出设备有显示器、打印机、绘图仪等。

6. 数据更新

数据更新是指以新的数据项或记录替换原有数据文件或数据库中相对应的数据项或记录。数据更新常通过删除、修改、插入等一系列操作来实现。数据更新分全面更新和局部更新两种，它是系统建立地理数据时间序列以满足动态分析的前提。

三、地理信息系统的数据流程与创建流程

1. 数据流程

一个实用的地理信息系统，其内部应有各种物质和信息的交换关系，这些交换可由空间数据流程来示意：

(1) 数据规范与信息源的选择。

(2) 数据的获取与标准化预处理。

(3) 数据输入与数据库建库。

(4) 数据管理。

(5) 数据的处理、分析与应用。

(6) 成果的输出。

2. 创建流程

(1) 前期准备：立项、调研、可行性分析、用户需求分析。

(2) 系统设计：总体设计、标准的产生、系统详细设计、数据库设计。

(3) 施工：软件开发、建库、组装、试运行、诊断。

(4) 运行：系统交付使用和更新。

四、地理信息系统的实体框架

系统的实体框架是由系统的核心数据库和应用子系统构成的。通过系统的实体框架，可以了解系统的内涵，从而掌握系统的功能和实质。下面以某市规划国土局建立的地理信息系统的实体框架(8 个数据库和 10 个子系统)为例，来说明用户子系统与数据库的关系，如图 9-16 所示。

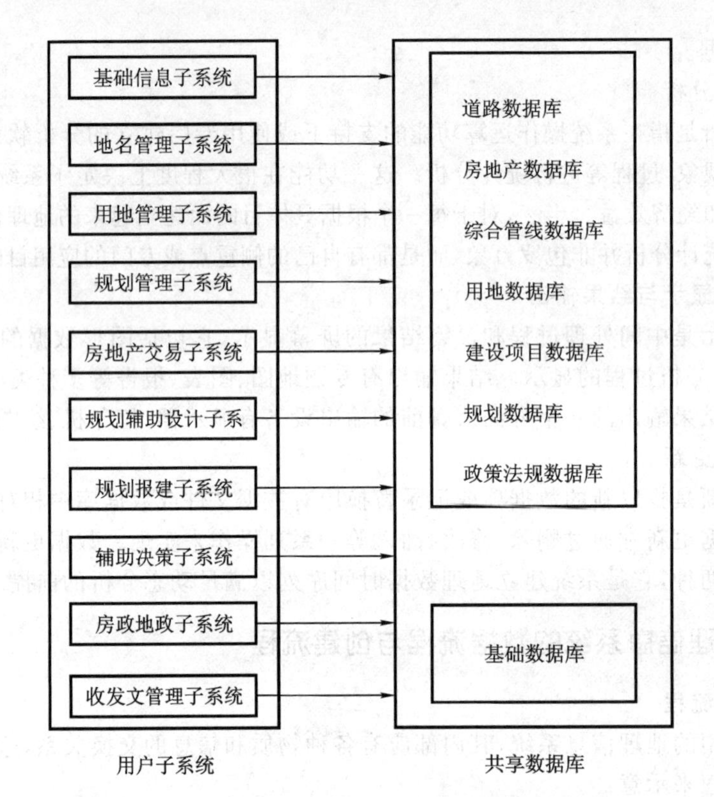

图 9-16 地理信息系统的实体

从物理角度来看，8 个数据库是相互独立分布的，只是需要根据各个数据库的使用频度，进行合理的调度，以期发挥高效的作用。从逻辑角度来看，这 8 个数据库之间并无严格的主次之分。因为基础数据库的内涵较为丰富，又具很强的现势性，所以通常将其作为其他空间型数据库的定位基础，参与各种空间组合叠加，因而使用频率较高。另外，基础数据库的空间定位精度高，且图素内容多，因此其建库的投入相对较大。

通常根据用户对数据库不同的使用需求来划分、创建各子系统。从图 9-16 来看，各子系统的功能基本上反映了规划国土局的业务范围。子系统对数据库的调用并不是一一对应的关系，而是透过网络交互式地调用的。对用户而言，各子系统对数据库的调用是处于“黑箱”中的，因此，从使用的角度来看，各数据库即为“共享数据库”。

五、地理信息系统的硬件和软件配置

1. 硬件配置

计算机硬件系统是地理信息系统的物理实体，它主要包括以下设备：

(1) 计算机：在大型系统中是以多台工作站构成的计算机网络，在小型系统中则是一台工作站或者微机。

(2) 数据输入设备：数字化仪、扫描仪、计算机键盘等。

(3) 数据输出设备:图形终端、显示器、绘图仪、打印机等。

(4) 通讯传送设备:在网络系统中用于数据传输和交换的光缆、电缆等。

(5) 存储设备:磁带机、光盘机等。

2. 软件配置

地理信息系统的软件分基础软件和二次开发软件。基础软件是能提供给用户进行二次开发的基础平台。从广义上讲,基础软件还应包括操作系统、高级语言编译系统和数据库管理系统。二次开发软件指针对不同用户、不同功能需求、不同管理和运作方式,基于基础软件平台上的开发软件。下面主要介绍几种必备的基础软件。

(1) 录入软件:用于采集数据并将其转换成系统可接收的格式,按一定的数据组织形式存储在数据库中。

(2) 编辑软件:使用人机交互的方式在图形显示终端上完成对数据的修改和更新,提供删除、插入、截取、移动、复制、旋转、分离、合并等功能。

(3) 管理软件:将空间数据以一定的格式进行存储和检索,提供安全保密措施以防泄密,且在遭受意外破坏时能进行恢复处理,能进行完整性检查,保持数据的一致性。

(4) 分析软件:统计分析、预测、评价、数学规划、决策等。

(5) 输出软件:包括绘图软件、符号生成软件、汉字生成软件等。

六、地理信息系统的应用

1. GIS 的主要作用

(1) 制作各种专题地图:这是用户最重要的应用。

(2) 查询:用户可以将地图作为查询空间数据库的手段,如果没有 GIS 的帮助,查询的对象只能是表格或清单。

(3) 分析:空间分析是指为制订规划和决策,应用逻辑或数学模型分析空间数据。

2. GIS 的主要应用

(1) 测绘与地图制图。地理信息系统技术源于机助制图。"3S"技术在测绘界的广泛应用,为测绘与地图制图带来了一场革命性的变化。这种变化集中体现在地图数据获取与成图的技术流程发生了根本改变、地图的成图周期大大缩短、地图成图精度大幅度提高以及地图品种大大丰富。

(2) 资源管理。系统将各种来源的数据汇集在一起,并通过系统的统计和覆盖分析功能,按多种边界和属性条件,提供区域多种条件组合形式的资源统计和进行原始数据的快速再现。

(3) 城乡建设。在一个城市范围内,GIS 可用于土地管理、房地产经营、污染治理、城市规划、市政工程服务等。

(4) 环境保护。利用 GIS 技术建立环境监测、分析及预报信息系统,为实现环境监测与管理的科学化、自动化提供基本条件。

(5) 全球动态监测。在全球范围内,利用地理信息系统,借助遥感遥测的数据,对全球进行动态监测，可以有效地用于病虫害防治、森林火灾的预测预报、洪水灾情监测和洪水淹没损失的估算，为救灾抢险和防洪决策提供及时准确的信息。

总之，GIS已广泛应用于地图制作、区域地质调查、矿产资源勘察、基础地质研究、环境评价、土地调查、地籍管理、市政设施管理等与空间信息有关的众多领域。

思考题与习题

1. 地形图上面积量算的方法有哪几种？各适用于什么情况？
2. 如何按限制坡度在地形图上选择最短路线？
3. 若将某区域整理成水平场地，并保持土方平衡，应如何求出设计高程？
4. 若将某地块整理成倾斜平面，应如何标定填挖边界线？
5. 什么是地理信息系统？

第十章　测设的基本工作

测设就是根据已有的控制点或地物点，按工程设计要求，将工程设计图纸上的建(构)筑物的特征点在实地标定出来的工作。测设首先要确定建(构)筑物的这些特征点与控制点或原有建筑物之间的角度、距离和高程关系，这些位置关系称为测设数据；然后利用测量仪器，根据测设数据将这些特征点测设到实地，并用木桩等加以标定，以便施工。

测设的基本工作包括水平距离测设、水平角测设和高程测设。

第一节　水平距离、水平角和高程的测设

一、测设已知水平距离

测设已知水平距离，即从地面一个已知点开始，沿已知方向，根据给定的设计长度将其另一端点测设到地面上。

1. 钢尺测设法

1）一般方法

当测设精度要求不高时，可从起始点开始，沿给定的方向和长度，用钢尺量距，定出水平距离的终点。为了校核，可将钢尺移动 10～20 cm，再测设一次。若两次测设之差在允许范围内，则取平均值位置作为终点的最后位置。

2）精确方法

当测设精度要求较高时，应按钢尺量距的精密方法进行测设。

(1) 将经纬仪安置在已知点，按直线定向的方法标定直线方向并在地面上打下尺段桩和终点桩，在桩顶刻十字标志。

(2) 用水准仪测定各相邻桩顶之间的高差。

(3) 用精密丈量的方法(加尺长改正、温度改正和高差改正)量出各整尺段的距离，计算每尺段的长度并加和，得结果为 D_0。

(4) 设余长 q 为应测设的水平距离 D 与 D_0 之差，即 $D-D_0=q$，则余长应测设的实际水平距离 q' 为：

$$q'=q-\Delta l_d-\Delta l_t-\Delta l_h \tag{10-1}$$

式中，Δl_d，Δl_t，Δl_h 为余长段相应的三项改正。

(5) 根据 q' 在地面上测设余长段，重新打入终点桩并在其上对终点的具体位置作出标定。

【例10-1】 拟测设水平距离$D=78.000$ m，概量后并打下两个整尺段桩和一个终点桩。经水准测量测得相邻桩之间的高差为$h_1=0.250$ m，$h_2=-0.212$ m，$h_3=0.115$ m。精密丈量时所用钢尺名义长度$l_0=30$ m，实际长度$l'=29.997$ m，膨胀系数$\alpha=1.25\times10^{-5}$，检定钢尺的标准温度为$t_0=20$ ℃。求测设时在地面上应量出的长度D'。

【解】 设量得第一尺段长度l_1为29.925 m，温度$t_1=4$ ℃，则：

$$
\begin{aligned}
D_1 &= l_1+\frac{l'-l_0}{l_0}l_1+\alpha(t_1-t_0)l_1+\left(\frac{-h_1^2}{2l_1}\right)\\
&= 29.925+(-3.0\times10^{-3})+(-6.0\times10^{-3})+(-1.0\times10^{-3})\\
&= 29.9150\ (\text{m})
\end{aligned}
$$

第二尺段的长度l_2为29.973 m，温度$t_2=5$ ℃，则：

$$
\begin{aligned}
D_2 &= l_2+\frac{l'-l_0}{l_0}l_2+\alpha(t_2-t_0)l_2+\left(\frac{-h_2^2}{2l_2}\right)\\
&= 29.973+(-3.0\times10^{-3})+(-5.6\times10^{-3})+(-0.7\times10^{-3})\\
&= 29.9637\ (\text{m})
\end{aligned}
$$

所以：

$$D_0=D_1+D_2=29.9150+29.9637=59.8787\ (\text{m})$$

$$q=D-D_0=78.000-59.8787=18.1213\ (\text{m})$$

余长在地面桩上应量取得长度为(设此时温度$t_3=7$ ℃)：

$$
\begin{aligned}
q' &= q-\Delta l_d-\Delta l_t-\Delta l_h\\
&= 18.1213-\frac{l'-l_0}{l_0}q-\alpha(t_3-t_0)q-\left(\frac{-h_3^2}{2q}\right)\\
&= 18.1213-(-1.8\times10^{-3})-(-2.9\times10^{-3})-(-0.4\times10^{-3})\\
&= 18.1264\ (\text{m})
\end{aligned}
$$

则测设的总长度为：

$$D'=D_1+D_2+q'=29.9150+29.9637+18.1264=78.0051\ (\text{m})$$

2. 光电测距仪或全站仪测距法

采用光电测距仪或全站仪测设水平距离时，应备有带杆的反光棱镜，以便于在测设方向上前后移动。另外，放样时，可先在AB方向线上目估安置反光棱镜，将用测距仪测出的水平距离设为D'。若D'与欲测设的距离D相差ΔD，则可前后移动反光棱镜，直到测出的水平距离为D为止。若测距仪有自动跟踪装置，可对反光棱镜进行跟踪，直到需测设的距离为止。

二、测设已知水平角

测设已知水平角是从一个已知方向出发放样到另一个方向，使它与已知方向的夹角等于已知水平角。

1. 一般方法

当测设精度要求不高时，可用盘左盘右取中值的方法获得欲测设的角度。如图10-1所示，O为已知点，OA为已知方向，欲放样β角，标定OC方向。首先安置经纬仪于O点，先用盘左位置照准A点，使水平度盘读数为零，再转动照准部使水平度盘读数恰好为β值，在此视线上定出C'。然后用盘右位置照准A点，重复上述步骤，测设β角，定出C''点。最后取$C'C''$的中点C，则$\angle AOC$就是要测设的β角。为了检核应重新测定$\angle AOC$的大小，并与已知的水平角β值进行比较，若它们相差值超过规定的范围，则应重新测设β角。

2. 精确方法

当角度测设精度要求比较高时，可用精确测设方法。如图10-2所示，设OA为已知方向，先用一般测设方法按欲测设的角值测设出OC方向并定出C点。然后用测回法测定$\angle AOC$的大小（根据需要可测多个测回），测得其角值为β'，则角度差值为$\Delta\beta=\beta-\beta'$（$\Delta\beta$以秒为单位）。概量距离OC，并按下式计算出垂直距离CC_0：

$$CC_0 = OC\tan\Delta\beta \approx OC\frac{\Delta\beta}{\rho} \tag{10-2}$$

从C点沿OC垂直方向量取CC_0，得C_0点，则$\angle AOC_0$即为欲测设的β角。当$\Delta\beta<0$时，C点沿OC垂直方向往里调整垂直距离CC_0至C_0点。

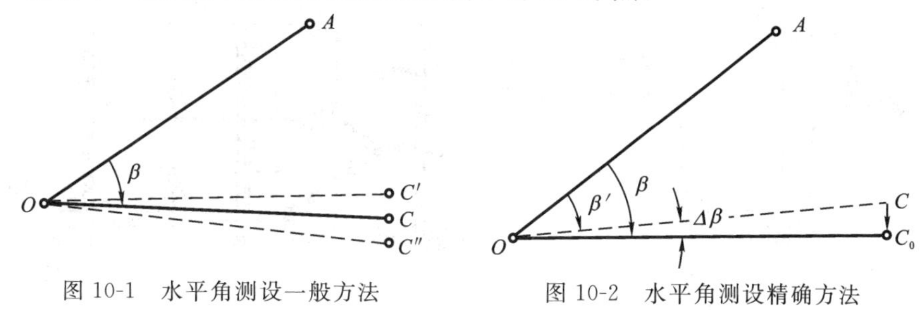

图10-1　水平角测设一般方法　　　图10-2　水平角测设精确方法

三、测设已知高程

根据附近的水准点，将设计的高程测设到现场作业面上，称为测设已知高程。在建筑设计和施工过程中，为了计算方便，一般把建筑物的室内地坪用±0.000标高表示。此外，基础、门窗等的标高都是以±0.000为依据相对测设的。

1. 视线高程测设法

如图10-3所示，为测设B点的设计高程$H_{设}$，安置水准仪，以水准点A为后视，若其水准尺上读数为a，得视线高程$H_i=H_A+a$，则前视B点标尺的读数应为：

$$b_{应} = H_i - H_{设} \tag{10-3}$$

然后将水准尺紧靠B点木桩侧面上下移动，直到水准尺读数为$b_{应}$时，沿尺底在木桩侧面画线，即为B点测设的高程位置。若此时B点水准尺的读数与$b_{应}$相差较大，应实测该木桩的桩顶高程，然后计算桩顶高程与设计高程$H_{设}$的差值，并在木桩上加以标注说明。若差值为负，相当于桩顶应向上填的高度；反之则相当于桩顶应向下挖的深度。

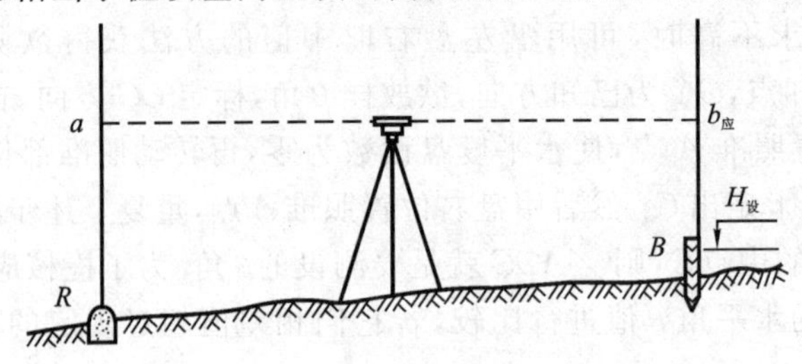

图 10-3 视线高程测设法

2. 上下高程传递法

在需要测设建筑物上部的标高或测设坑底部的标高时，需要进行上下高程的传递。

如图 10-4(a) 所示，欲在深基坑内设置一点 B，使其高程为 $H_设$。设地面附近有一水准点 R，其高程为 H_R。测设时可在基坑一边架设吊杆，杆上吊一根零点向下的钢尺，尺端挂 10 kg 的重锤，重锤放入油桶中。在地面和坑底各架设一台水准仪，设地面的水准仪在 R 点所立尺上的读数为 a_1，在钢尺上读数为 b_1，坑底水准仪在钢尺上读数为 a_2，则 B 点所立尺上的读数应为：

$$b_应 = (H_R + a_1) - (b_1 - a_2) - H_设 \tag{10-4}$$

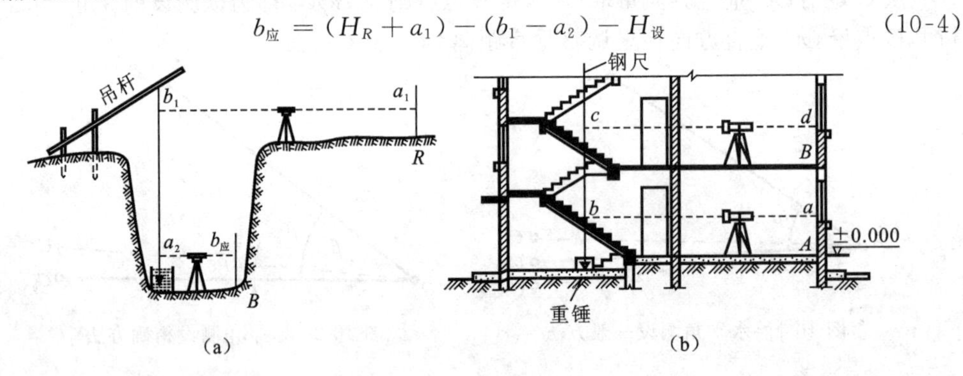

图 10-4 上下高程传递法

图 10-4(b) 所示为将地面水准点 A 的高程传递到高层建筑物各层楼板上，其方法与上述相似。楼层 B 点的标高为：

$$H_B = H_A + a - b + c - d \tag{10-5}$$

式中，a,b,c,d 为标尺读数；H_A 为楼底层 ±0.000 室内地坪高程。

为了检核，可以改变悬吊钢尺的位置再次读数，两次测得的高程差不应超过 3 mm。

第二节 点的平面位置测设

点的平面位置测设的方法有很多，可根据控制网形式、点位分布、地形和现场条件及要求等条件进行选择。

一、直角坐标法

当建筑场地已有相互垂直的主轴线或矩形方格网时，可采用此法。

如图10-5所示，已知某矩形控制网的四个角点A,B,C,D的坐标，下面以测设建筑物角点1为例，介绍直角坐标法测设点位。

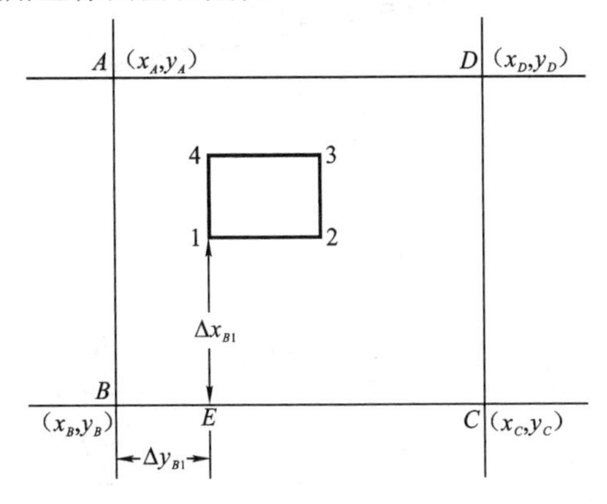

图10-5　直角坐标法测设点位

1. 计算测设数据

图中1点离B点较近，所以从B点测设1点较方便。B点与1点的坐标差为：

$$\left.\begin{aligned}\Delta x_{B1} &= x_1 - x_B \\ \Delta y_{B1} &= y_1 - y_B\end{aligned}\right\} \tag{10-6}$$

2. 点位测设方法

(1) 在B点安置经纬仪，对中、整平后照准C点，然后在BC方向上测设长度Δy_{B1}，得E点。

(2) 经纬仪移至E点，对中、整平后照准C点，测设角度90°，得到$E1$方向，在此方向上测设长度Δx_{B1}，即得1点。用同样的方法可以测设出建筑物各角点2,3,4。

(3) 检查各边的边长是否等于设计长度，四个角是否等于90°，误差在允许范围内即可。

二、极坐标法

极坐标法是根据一个角度和一段距离测设点的平面位置。此法适用于测设距离较短，且便于量距的情况。

如图10-6所示，A,B为已知平面控制点，其坐标值分别为$A(x_A,y_A)$,$B(x_B,y_B)$；P,Q,R,S为设计的建筑物特征点，各点的设计坐标分别为$P(x_P,y_P)$,$Q(x_Q,y_Q)$,$R(x_R,y_R)$,$S(x_S,y_S)$。下面以P点为例说明测设方法。

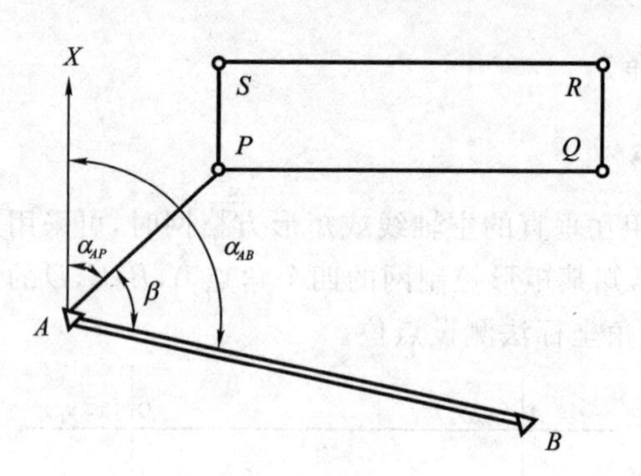

图 10-6　极坐标法测设点位

1. 计算测设数据

1）计算 α_{AB} 和 α_{AP}

根据坐标反算公式，有：

$$\alpha_{AB} = \arctan\frac{y_B - y_A}{x_B - x_A} = \arctan\frac{\Delta y_{AB}}{\Delta x_{AB}} \tag{10-7}$$

$$\alpha_{AP} = \arctan\frac{y_P - y_A}{x_P - x_A} = \arctan\frac{\Delta y_{AP}}{\Delta x_{AP}} \tag{10-8}$$

2）计算 AP 与 AB 之间的夹角

AP 与 AB 之间的夹角 β 为：

$$\beta = \alpha_{AB} - \alpha_{AP} \tag{10-9}$$

3）计算 A，P 间的水平距离

A，P 间的水平距离 D_{AP} 为：

$$D_{AP} = \sqrt{(x_P - x_A)^2 + (y_P - y_A)^2} \tag{10-10}$$

2. 点位测设方法

(1) 安置经纬仪于 A 点，对中、整平后照准 B 点，测设角度 β，标定出 AP 方向。

(2) 沿 AP 方向自 A 点测设水平距离 D_{AP}，即得 P 点位置。用同样方法可测设出 Q，R，S 点的位置。

(3) 量取 PR，SQ 的距离或测定各直角的大小来检查测设的准确性。

三、角度交会法

角度交会法是在两个或多个控制点上安置经纬仪，通过测设两个或多个已知角度交会出待定点的平面位置，又称方向交会法。该法适用于待测设点位离控制点较远或不便于量距的情况。

如图 10-7 所示，A，B，C 为已知平面控制点，其坐标为 $A(x_A, y_A)$，$B(x_B, y_B)$，$C(x_C, y_C)$。P 为待测设点，其坐标为 $P(x_P, y_P)$。

1. 计算测设数据

根据坐标反算公式计算出 α_{AB}，α_{AP}，α_{BP}，α_{CP}，α_{BC}，再计算测设数据 β_1，β_2，β_3 和 β_4。

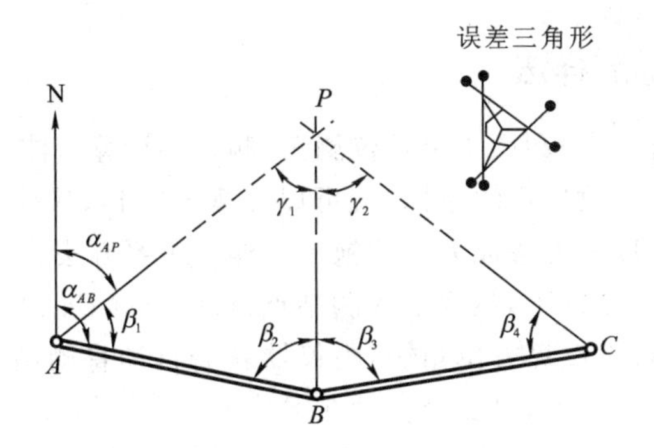

图 10-7　角度交会法测设点位

2. 点位测设方法

(1) 分别从 A,B,C 三点处沿对应角 β 值定出 AP,BP,CP 三条方向线，并在 P 点附近各打两个小木桩，桩顶钉上小钉，以表示 AP,BP,CP 方向线。

(2) 将各方向的两个方向桩上的小钉用细绳拉紧，即可得到 AP,BP,CP 三个方向的交点，此点即为所求的 P 点。由于测设误差的存在，当三条方向线不交于一点时，会出现一个小三角形，称为误差三角形。当误差三角形的最大边长不超过 1 cm 时，可取误差三角形的重心作为 P 点的点位。

四、距离交会法

距离交会法是由两个控制点测设两段已知距离交会出待测设的平面位置。该方法适用于施工场地平坦、量距方便且待测设点离控制点较近(一般不超过一尺段长)的情况。该法不需使用仪器，简单方便，但测设精度较低，只适用于普通工程的施工放样。

如图 10-8 所示，A,B,C 为已知平面控制点，1,2 为待测设点，它们的坐标均已知。

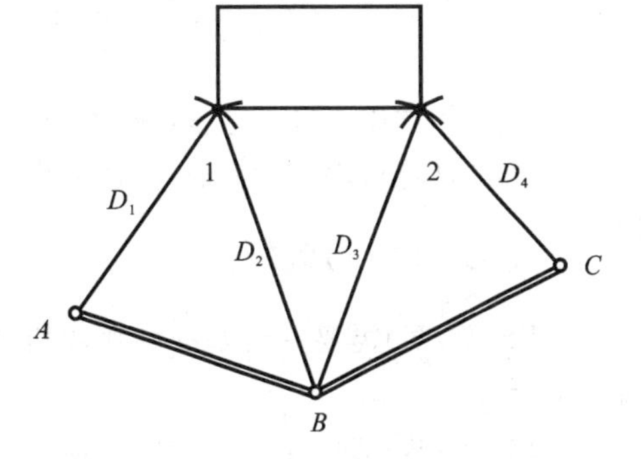

图 10-8　距离交会法测设点位

1. 计算测设数据

根据已知点 A,B,C 及待测设点 1,2 的坐标计算出 D_1,D_2,D_3,D_4 和 D_{12}。

2. 点位测设方法

(1) 用两根钢尺分别沿 $A1$,$B1$ 方向以 D_1,D_2 为半径在地面上画弧，两弧线的交点即为 1 点的位置。用同样的方法，根据 B,C 两点交会得到待测设点 2。

(2) 量取 1 点与 2 点的水平距离并与已知设计长度 D_{12} 比较，误差在允许范围内即可。

五、全站仪坐标放样法

全站仪坐标放样法充分利用了全站仪测角、测距和计算一体化的特点，不需事先计算放样要素，只需知道待放样点的坐标，就可以在现场放样，操作十分方便。由于全站仪的使用十分普及，所以该方法成为目前施工放样的主要方法。

全站仪架设在已知点 A 上，只要输入测站点 A、后视点 B 以及待放样点 P 的三点坐标，瞄准后视点定向，按下反算方位角键，则仪器就会自动将测站与后视的方位角设置在该方向上。然后按下放样键，仪器会自动在屏幕上用左右箭头提示应该将仪器往左或右旋转，这样就可使仪器到达设计的方向线上。最后通过测设距离，仪器自动提示棱镜前后移动，直到放样出设计的距离，这样就能方便地完成点位的放样。

若需要放样下一个点位，只要重新输入或调用待放样点的坐标即可，然后按下放样键，仪器就会自动提示旋转的角度和移动的距离。

用全站仪放样点位，事先输入气象要素即现场的温度和气压，仪器会自动进行气象改正。因此，用全站仪放样点位既能保证精度，同时操作又十分方便，无须做任何手工计算。

如图 10-9 所示，O 为测站点，P 为放样点，S 为斜距，Z 为天顶距，α 为水平方向值（即方位角），则 P 点相对测站点的三维坐标为：

$$\begin{cases} X = S\sin Z\cos\alpha \\ Y = S\sin Z\sin\alpha \\ H = S\cos Z \end{cases} \tag{10-11}$$

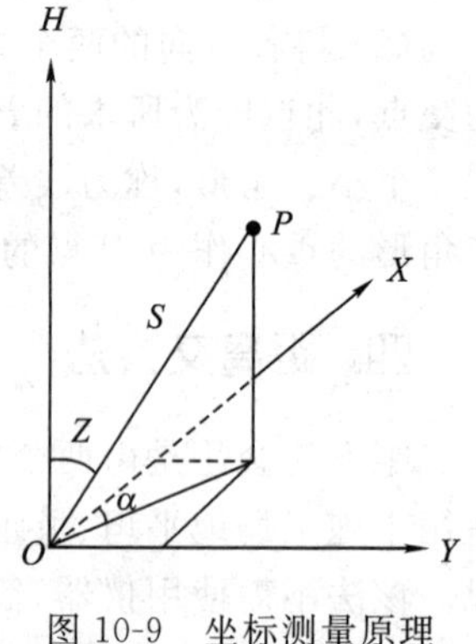

图 10-9　坐标测量原理

上述计算结果可显示在全站仪的显示屏上，并可记录在袖珍计算机中。由于计算工作由仪器的计算程序自动完成，因而减少了人工计算出错的机会，同时也提高了速度。

六、GPS(RTK)放样法

GPS(RTK)需要一台基准站接收机和一台或多台流动站接收机，以及用于数据传输的电台。

GPS(RTK)的作业方法和作业流程为：

(1) 收集测区的控制点资料。

任何测量工程进入测区，首先一定要收集测区的控制点坐标资料，包括控制点的坐标、等级、中央子午线、坐标系等。

(2) 求定测区转换参数。

GPS(RTK)测量是在 WGS—84 坐标系中进行的，而工程测量和定位则是在当地坐标系或我国 1980 年国家大地坐标系中进行的，它们之间存在坐标转换的问题。GPS(RTK)是用于实时测量的，要求立即给出当地的坐标，因此，坐标转换工作更显重要。

(3) 工程项目参数设置。

根据GPS实时动态差分软件的要求,应输入的参数有:当地坐标系的椭球参数、中央子午线、测区西南角和东北角的大致经纬度、测区坐标系间的转换参数、放样点的设计坐标。

(4) 野外作业。

将基准站GPS接收机安置在参考点上,打开接收机,除了将设置的参数读入GPS接收机外,还要输入参考点的当地施工坐标和天线高。基准站GPS接收机通过转换参数将参考点的当地施工坐标系化为WGS—84坐标系,同时连续接收所有可视GPS卫星信号,并通过数据发射电台将其测站坐标、观测值、卫星跟踪状态及接收机工作状态发送出去。流动站接收机在跟踪GPS卫星信号的同时,接收来自基准站的数据,进行处理后获得流动站的三维WGS—84坐标系,再通过与基准站相同的坐标转换参数将WGS—84转换为当地施工坐标系,并在流动站的手控器上实时显示。接收机可将实时位置与设计值相比较,以达到准确放样的目的。有关GPS系统的更多介绍可参见第六章。

第三节　已知坡度直线的测设

在道路、管线、地下工程、场地平整等工程施工中,都需要设计已知坡度的直线。

一、水平视线法

当设计坡度不大时,可采用此方法。

如图10-10所示,A为设计坡度的起始点,其设计高程为H_A。欲向前测设设计坡度为i的坡度线,则测设步骤如下:

(1) 自A点起,每隔一定距离d打一木桩,桩号为$n=1,2,3\cdots$。

(2) 在A点附近安置水准仪,使望远镜视准轴水平,读取A点水准尺读数为a,依次在各木桩立尺,使各后视点的读数分别为(注意式中i作为设计坡度本身具有正负号):

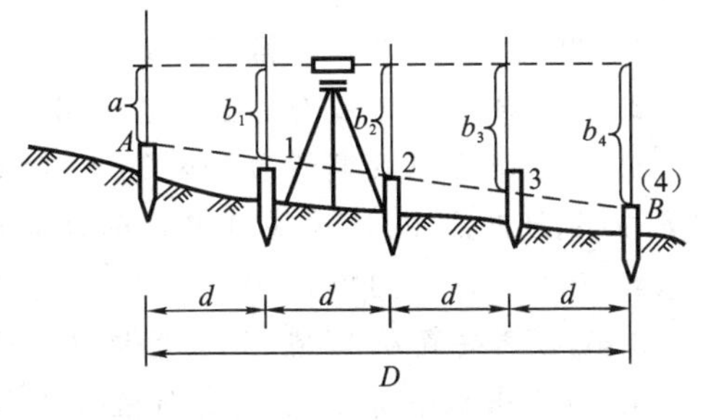

图10-10　水平视线法

$$b_n = a - ndi \tag{10-12}$$

并在木桩侧面沿水准尺底部标注,即为设计坡度线所在位置。

各桩标注位置的设计高程为:

$$H_n = H_A + ndi \tag{10-13}$$

二、倾斜视线法

当设计坡度较大时，可采用水准仪倾斜视线法。

如图 10-11 所示，A 为设计坡度的起始点，其设计高程为 H_A，AB 间的距离为 D，由 A 向 B 点测设设计坡度为 i 的坡度线，其步骤如下：

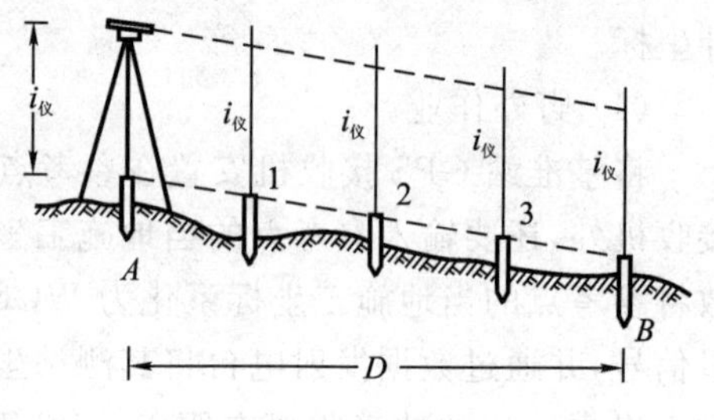

图 10-11 倾斜视线法

(1) 根据 i 和 D 计算 B 点的设计高程为：

$$H_B = H_A + iD \quad (10\text{-}14)$$

(2) 按高程测设的方法测设出 B 点，此时 AB 直线就构成坡度为 i 的坡度线。

(3) 在 A 点安置水准仪，使仪器的一个脚螺旋位于 AB 方向线上，另两个脚螺旋的连线大致与该方向相互垂直，量取仪器高 $i_仪$。

(4) 瞄准 B 点水准尺，转动在 AB 方向线上的脚螺旋，使 B 点桩上水准尺的读数为 $i_仪$，此时仪器的视线即为平行于设计坡度的直线。

(5) 在 AB 方向线上测设中间各点，分别在 1,2,3 处打下木桩，使各木桩上水准尺的读数均为 $i_仪$。

这样，各桩桩顶连线即为所需测设的坡度线。

思考题与习题

1. 测设的基本工作包括哪些？

2. 测设点位的方法有哪些？各适用于什么场合？

3. 设水准点 A 的高程为 216.00 m，欲测设 B 点，使其高程为 216.430 m，将水准仪安置在 A，B 两点中间，读得 A 尺上的读数为 1.363 m，问 B 尺上的读数应为多少？

4. 已知 $\alpha_{MN} = 300°04'00''$，$x_M = 14.23$ m，$y_M = 86.71$ m；$x_P = 42.30$ m，$y_P = 85.03$ m，仪器安置在 M 点，计算用极坐标法测设 P 点所需的放样数据。

5. 测设出水平角后，实测其角值为 $90°00'33''$，已知其边长为 152 m，问在垂线方向上向内移动多少才能得到 $90°$ 的角？

6. 已知 A 点坐标 $x_A = 285.684$ m，$y_A = 162.345$ m，AB 的坐标方位角 $\alpha_{AB} = 296°44'30''$，又知 P，Q 两点的设计坐标分别为 $x_P = 198.324$ m，$y_P = 86.425$ m；$x_Q = 198.324$ m，$y_Q = 238.265$ m。以 A 点为测站，B 为后视方向，按极坐标法测设 P，Q 两点，试分别计算测设数据 $\angle BAP$，D_{AP} 和 $\angle BAQ$，D_{AQ}。

第十一章　建筑施工测量

第一节　施工测量概述

一、施工测量的目的和内容

在施工过程中进行一系列的测量工作称为施工测量。施工测量的目的是把设计的建筑物、构筑物的平面位置和高程，按设计要求以一定的精度测设在地面上，作为施工的依据，以衔接和指导各工序的施工。

施工测量的内容主要包括：施工控制网的建立；建筑物主要轴线的测设；建筑物的细部测设，如基础模板的测设、构件与设备的安装测量等；工程竣工的测量；施工过程中以及工程竣工后的建筑物变形监测。总之，施工测量贯穿于工程建设的全过程。

二、施工测量的特点

一般来说，施工测量的精度比测绘地形图的精度要求高，而且根据建筑物或构筑物的重要性、结构及施工方法等的不同，施工测量的精度要求也有所不同。通常，工业建筑物的测设精度高于民用建筑物的测设精度，钢结构建筑物的测设精度高于钢筋混凝土结构建筑物的测设精度，装配式建筑物的测设精度高于非装配式建筑物的测设精度，高层建筑物的测设精度高于低层建筑物的测设精度。

由于施工测量工作贯穿于施工的全过程，直接影响工程的质量及施工进度，所以测量人员必须熟悉有关图纸，了解设计内容、性质及对测量工作的要求，了解施工的全过程，密切配合施工进度进行测设工作。另外，建筑施工现场多为立体交叉作业，且有大量的重型动力机械，这给施工控制点的稳定和施工测量工作带来了一定的影响。因此，测量标志的埋设应特别稳固，并要妥善保护，经常检查，对于已发生位移或遭到破坏的控制点应及时重测和恢复。

三、施工测量的原则

施工现场上有各种建筑物、构筑物，它们分布较广，而且往往不是同时开工兴建的。为了保证各建筑物、构筑物的平面和高程位置都符合设计要求，互相连成统一的整体，施工测量和测绘地形图一样，也要遵循“从整体到局部，先控制后碎部”的原则，即先在施工场地建立统一的平面控制网和高程控制网，然后以此为基础，测设出各个建筑物和构筑物的位置。施工测量的检核工作也很重要,必须采用各种不同的方法加强外业和内业的检核工作。

在此应特别提出的是,施工测量不同于地形测量,在施工测量中出现的任何差错都有可能造成严重的质量事故和巨大的经济损失。因此,测量人员应严格执行质量管理规程,仔细复核放样数据,力争将错误降到最低。

第二节 施工控制测量

为工程施工所建立的控制网称为施工控制网。施工控制网的布设应密切结合工程施工的需要及建筑场地的地形条件,并要选择适当的控制网形式和合理的布网方案。

一、施工控制网的特点

与测图控制网相比,施工控制网具有以下特点:

1. 控制的范围小、精度要求高,布网等级宜采用两级布设

测图控制网是从满足测图要求出发提出的,其精度要求一般较低;而施工控制网的精度是从满足工程放样的要求确定的,精度要求一般较高。因此,工程施工控制网的精度要比一般测图控制网的高。所以在布设建筑工地施工控制网时,采用两级布网的方案比较合适。

2. 控制点使用频繁,受施工干扰大

在施工过程中,大型工程不同的工序和不同的高程上往往要频繁地进行放样,施工控制网点要反复地被应用,有的可能多达数十次。另一方面,工程的现代化施工,经常采用立体交叉作业的方法,施工机械频繁调动,对施工放样的通视等条件产生了严重影响。因此,施工控制网点应位置恰当、坚固稳定、便于使用和保存,且密度也应较大,以便使用时有灵活选择的余地。设计点位时应充分考虑建筑物的分布、施工的程序、施工的方法以及施工场地的布置情况,将施工控制网点画在施工总平面图相应的位置上。

3. 采用独立的建筑坐标系

在工业建筑场地,要求施工控制网点连线与施工坐标系的坐标轴相平行或相垂直,而且,其坐标值尽量为米的整倍数,以利于施工放样的计算工作,如以厂房主轴线、大坝主轴线、桥中心线等为施工控制网的坐标轴线。

当施工控制网与测图控制网联系时,应进行坐标换算,以便于以后的测量工作。如图 11-1 所示,点的施工坐标为(x'_P, y'_P),如果将其换算为测量坐标(x_P, y_P),可以按下式计算:

$$\left.\begin{aligned} x_P &= x_O + x'_P\cos\alpha - y'_P\sin\alpha \\ y_P &= y_O + x'_P\sin\alpha + y'_P\cos\alpha \end{aligned}\right\} \tag{11-1}$$

已知 P 的测量坐标为(x_P, y_P),要将其换算为施工坐标(x'_P, y'_P),则可按下式计算:

$$
\left.\begin{aligned}
x'_P &= (x_P - x_O)\cos\alpha + (y_P - y_O)\sin\alpha \\
y'_P &= -(x_P - x_O)\sin\alpha + (y_P - y_O)\cos\alpha
\end{aligned}\right\} \tag{11-2}
$$

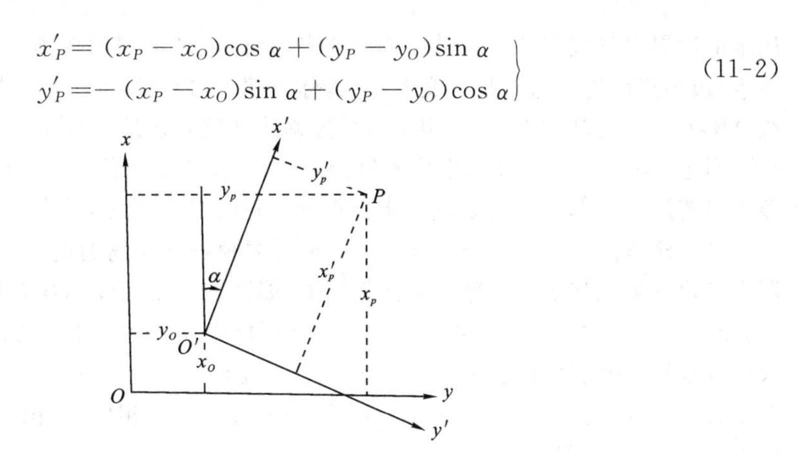

图 11-1　坐标系的换算

式中，α 为坐标系旋转角。这些数据一般由设计文件给定。

二、平面控制网的建立

大型工程的施工控制网一般分两级布设，以首级控制网点控制整体工程及与之相关的重要附属工程，以二级加密网对工程局部位置进行施工放样。在通常情况下，首级施工控制网在工程施工前就应布设完毕，而二级加密网一般在施工过程中，根据施工的进度和工程施工的具体要求布设。

施工控制网的布设形式，应根据建筑物的总体布置、建筑场地的大小以及测区地形条件等因素来确定。在大中型建筑施工场地上，施工控制网一般布置成正方形或矩形的格网，称为建筑方格网。在面积不大又不十分复杂的建筑施工场地上，常布置一条或几条相互垂直的基线，称为建筑基线。对于山区或丘陵地区，建立方格网或建筑基线有困难，宜采用导线网或三角网来代替建筑方格网或建筑基线。下面分别介绍建筑基线和建筑方格网这两种控制形式。

1. 建筑基线

建筑基线的布置应临近建筑场地中主要建筑物并与其主要轴线平行，以便于用直角坐标法进行放样。建筑基线通常可布置成三点直线形、三点直角形、四点丁字形和五点十字形等，如图 11-2 所示。

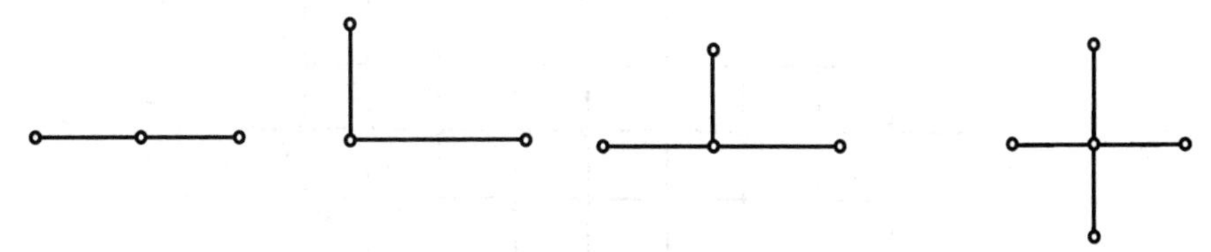

图 11-2　建筑基线

为了便于检查建筑基线点有无变动，一般基线点不应少于三个。在城建地区，建筑用地的边界要经规划部门和设计单位商定，并由规划部门的拨地单位在现场标定出边界点。边界点的连线通常是正交的直线，称为建筑红线，如图 11-3 中 A，B，C 三点的连线 AB，BC。在此基础上，可以用平行线推移法来建立建筑基线 ab，bc。

当把 a，b，c 三点在地面上用木桩标定后，再安置经纬仪于 b 点检查 $\angle abc$ 与 90° 之差不得超过 $\pm 20''$，否则需要进一步检查推平行线时的测设数据。

在非建筑区，一般没有建筑红线，这就需要根据建筑物的设计坐标和附近已有的控制点来建立建筑基线并在地面上标定出来。如图 11-4 所示，A，B 为附近已有的控制点，a，b 和 c 为选定的建筑基线点，其中 A，B 坐标已知，a，b 和 c 坐标可以算出，这样就可以采用极坐标法分别放样求出 a，b，c 三点。然后把经纬仪安置于 b 点检查 $\angle abc$ 与 90° 之差是否在 $\pm 20''$ 之内，并丈量 ab，bc 两段距离与计算数字相比较，相对误差应在 1/10 000 以内，否则应进行调整。

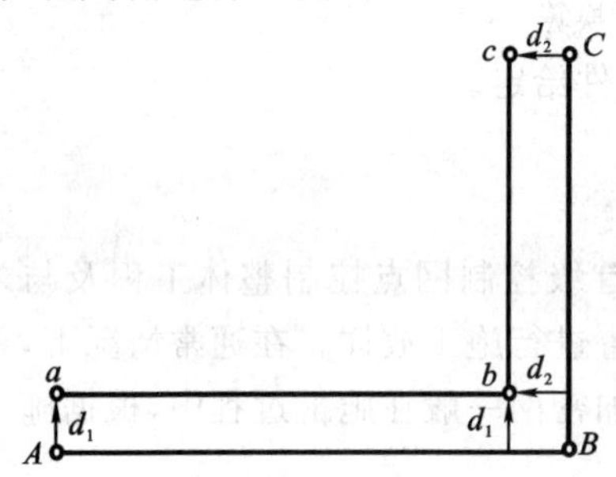

图 11-3　利用建筑红线建立建筑基线

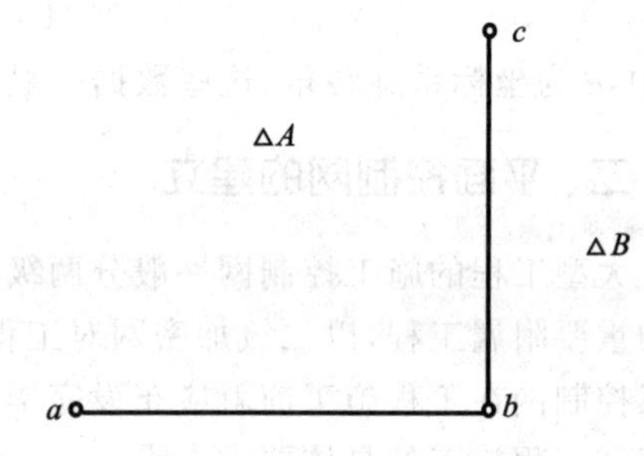

图 11-4　利用附近已有控制点建立建筑基线

2. 建筑方格网

1) 建筑方格网的布置和主轴线的选择

建筑方格网的布置一般是根据建筑设计总平面图并结合现场情况拟定的。布网时应首先选定方格网的主轴线，如图 11-5 中的 AOB 和 COD，然后再布置其他的方格点。格网可布置成正方形或矩形。当场地面积较大时，方格网常分两级布设，首级为基本网，可采用"十"字形、"口"字形或"田"字形，然后再加密方格网；当场地面积不大时，尽量布置成全面方格网。布网时应注意以下几点：

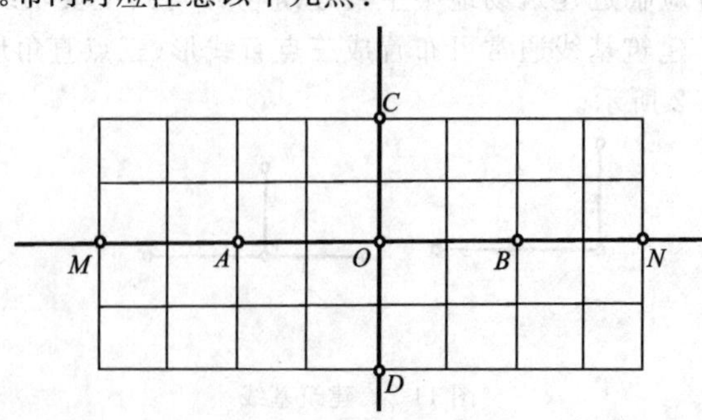

图 11-5　建筑方格网

(1) 方格网的主轴线与主要建筑物的基本轴线平行，并使控制点接近测设的对象。

(2) 方格网的边长一般为 100～200 m，边长的相对精度一般为 1/10 000～1/20 000。为了便于设计和使用，方格网的边长尽可能为 50 m 的整数倍。

(3) 相邻方格点应保持通视，各桩点应能长期保存。

(4) 选点时应注意便于测角、量距，点数应尽量少。

2) 网主轴线的测设

在图 11-6 中，1，2，3 为测量控制点，A，O，B 为主轴线上的主点。首先将 A，O，B 三点的施工坐标换算为测量坐标，再根据它们的坐标算出放样数据 D_1，D_2，D_3 和 β_1，β_2，β_3，然后按极坐标法分别测设出 A，O，B 三个主点的概略位置，以 A'，O'，B' 表示，如图 11-6 所示。

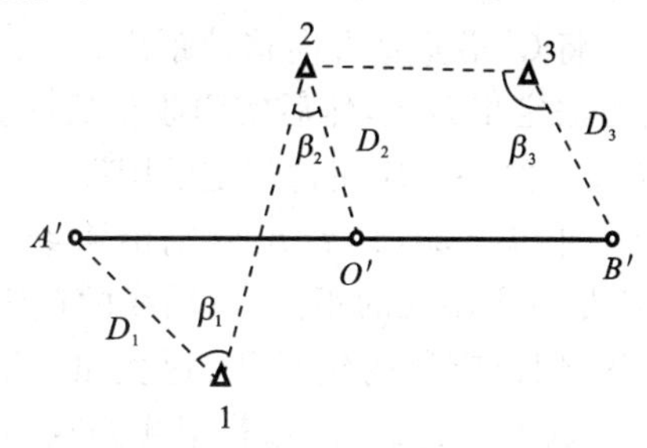

图 11-6　极坐标法测设网主轴线

由于误差的原因，三个主点一般不在一条直线上，因此要在 O' 点上安置经纬仪，如图 11-7 所示，以精确地测量 $\angle A'O'B'$ 的值。如果它和 180° 之差超过规定时应进行调整。调整时将各主点沿垂直方向移动一个改正值 d，但 O' 与 A'，B' 两点移动的方向相反。d 值可按下式计算：

$$\varepsilon_1 = \frac{d}{a/2} = \frac{2d}{a} \tag{11-3}$$

同理有：

$$\varepsilon_2 = \frac{2d}{b} \tag{11-4}$$

则：

$$\varepsilon_1 + \varepsilon_2 = (\frac{1}{a} + \frac{1}{b})2d = (180° - \beta)\frac{1}{\rho} \tag{11-5}$$

所以：

$$d = \frac{ab}{a+b}(90° - \frac{\beta}{2})\frac{1}{\rho} \tag{11-6}$$

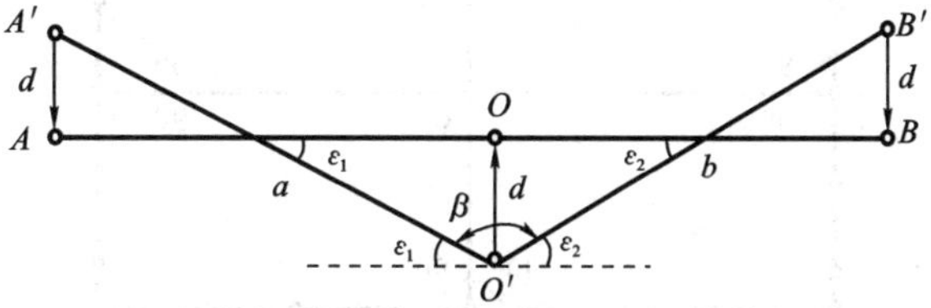

图 11-7　网主轴线的精确测设

移动过 A'，O'，B' 三点以后再测量 $\angle AOB$，如测得结果与 180° 之差仍然超过限差，应再进行调整，直到误差控制在容许范围内为止。

定好 A，O，B 三个主点后，将仪器安置在 O 点来测设与 AOB 轴线相垂直的另一主轴线COD，如图11-8所示。测设时瞄准A点，分别向右、向左转90°，在地上定出C'和D'点，再精确地测出$\angle AOC'$和$\angle AOD'$。分别计算出它们与90°之差ε_1和ε_2，然后再计算出改正值d_1，d_2，计算公式为：

$$d = D\varepsilon/\rho \tag{11-7}$$

式中，D为OC'或OD'的距离。

将C'沿垂直方向移动距离d_1得C点，再用同样的方法定出D点，然后实测改正后的$\angle COD$，其角值与180°之差不应超过规定的限差。

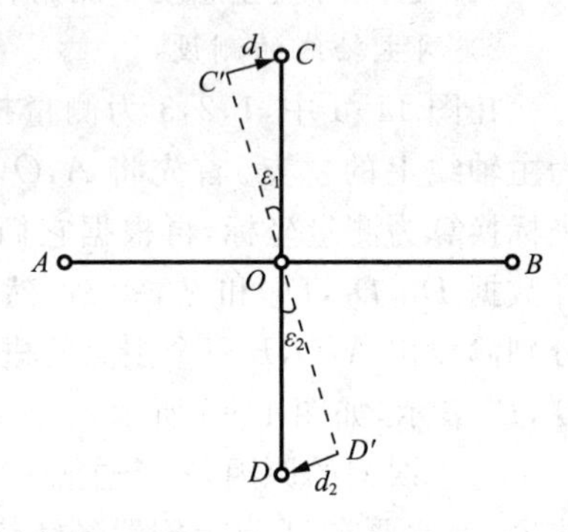

图 11-8　垂直方向主轴线测设

自O点起，用钢尺分别沿直线OA，OC，OB和OD量取主轴线的距离。主轴线的量距必须用经纬仪定线，用检定过的钢尺往、返丈量。丈量精度一般为1/10 000～1/20 000。若用测距仪或全站仪代替钢尺进行测距，则更为方便，且精度更高。

主轴线上的点A，O，B，C，D要在地面上用混凝土桩标志出来。

3. 建筑方格网的测设

在主轴线测设出后，要测设方格网，具体做法如下：在主轴线的四个端点A，B，C，D分别安置经纬仪，如图11-9所示，每次都以O点为起始方向，分别向左、向右测设90°角。这样就可交会出方格网的四个角点1，2，3，4。为了进行检校，还要量出$A1$，$A4$，$D1$，$D2$，$B2$，$B3$，$C3$，$C4$各段距离，量距精度要求和主轴线相同。当根据量距所得的角点位置和角度交会法所得的角点位置不一致时，可适当进行调整，以确定1，2，3，4点的最后位置，并用混凝土桩标定上述构成“田”字形的各方格点作为基本点。为了便于以后进行厂房细部的施工放线工作，在测设矩形方格网的同时，还要每隔24 m埋设一个距离指标桩。

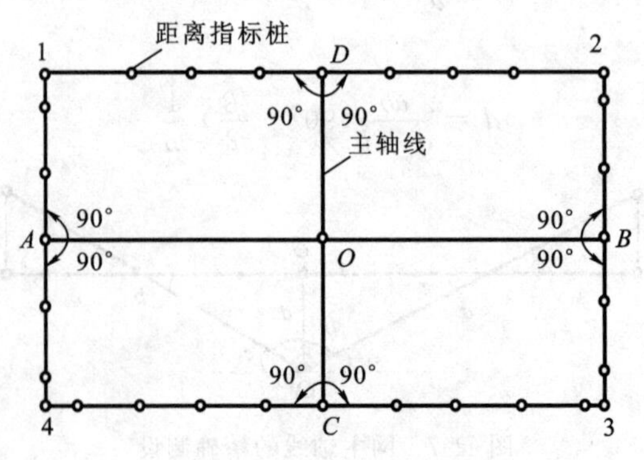

图 11-9　建筑方格网的测设

三、高程控制网的建立

场地高程控制点一般附设在方格点的标桩上，但为了便于长期检查这些水准点高程是否有变化，还应布设永久性的水准主点。大型企业建筑场地除埋设水准主点外，在要建的大型厂房或高层建筑等区域还应布置水准基点，以保证整个场地有一可靠的高程起算点控制每个区域的高程。水准主点和水准基点的高程用精密水准仪测定，在此基础上用三等水准测量的方法测定方格网的高程。对于中小型建筑场地的水准点，一般用三、四等水准测量的方法测其高程。最后，包括临时水准点在内，水准点的密度应尽量满足放样要求。

第三节　建筑施工中的测量工作

一、民用建筑施工测量

民用建筑按使用功能可分为住宅、办公楼、商店、食堂、俱乐部、医院和学校等。下面分别介绍多层和高层民用建筑施工测量的基本方法。

1. 施工测量的准备工作

1）熟悉设计图纸

设计图纸是施工放样的主要依据。在施工测量前，应核对设计图纸，检查总尺寸和分尺寸是否一致，检查总平面图尺寸和大样详图尺寸是否相符，不符之处要向设计单位提出，及时进行修正。与测设有关的图纸主要有：建筑总平面图、建筑平面图、基础平面图和基础剖面图。

根据建筑总平面图可以了解设计建筑物与原有建筑物的平面位置和高程的关系，这是测设建筑物总体位置的依据。从建筑平面图（包括底层和楼层平面图）中可以查明建筑物的总尺寸和内部各定位轴线间的尺寸关系，这是放样的基础资料。从基础平面图上可以获得基础边线与定位轴线的关系尺寸，以及基础布置与基础剖面的位置关系，以确定基础轴线放样的数据。从基础剖面图上可以查明基础立面尺寸、设计标高，以及基础边线与定位轴线的尺寸关系，从而确定开挖边线和基坑底面的高程位置。

图 11-10、图 11-11、图 11-12 和图 11-13 分别为某建筑物的建筑总平面图、建筑平面图、基础平面图和基础剖面图。

2）了解施工放样精度

由于建筑物的结构特征不同，对施工放样的精度要求也有所不同。施工放样前，应熟悉相应的技术参数，合理选用放样方法。

3）拟定测设方案

在了解设计参数、技术要求和施工进度计划的基础上，对施工现场进行实地踏勘，清理施工现场，检测原有测量控制点，根据实际情况拟定测设方案，准备测设数据，绘制

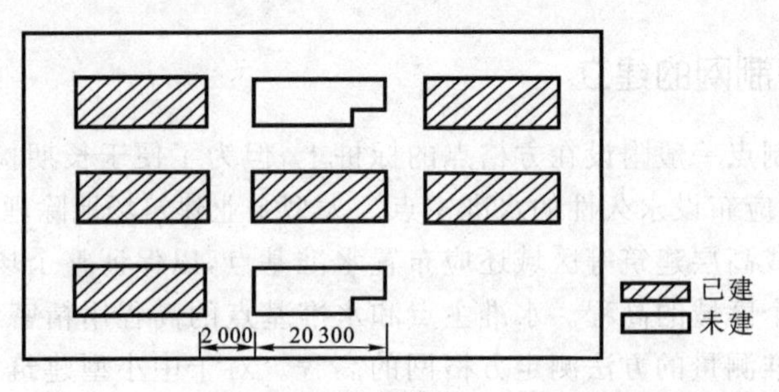

图 11-10　建筑总平面图

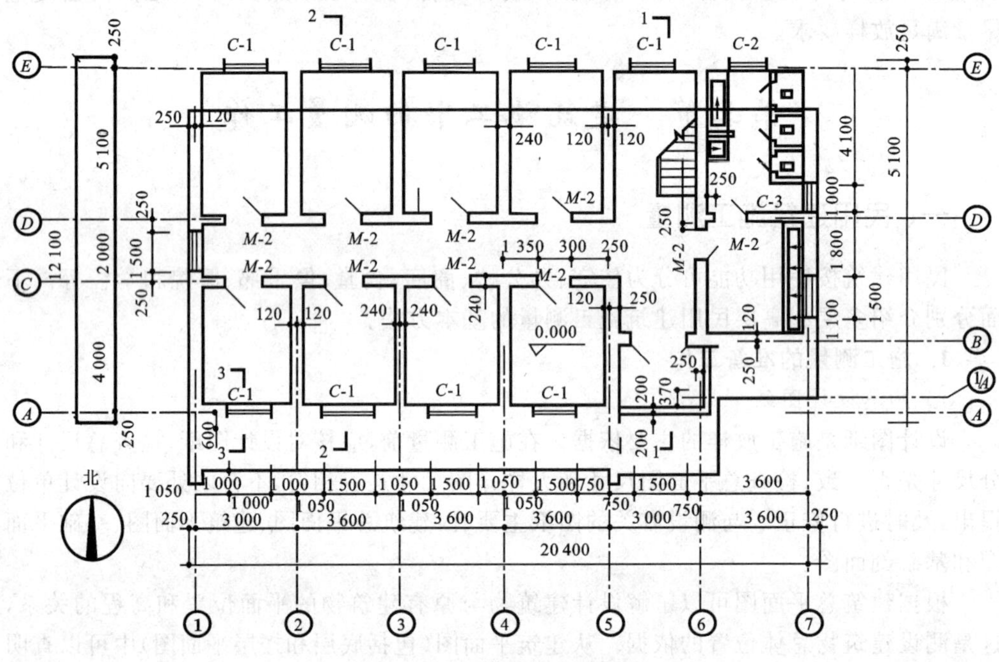

图 11-11　建筑平面图(底层)

测设略图。还应根据测设的精度要求,选择相应等级的仪器和工具,并对所用的仪器和工具进行严格的检验和校正,确保仪器和工具的正常使用。

2. 多层建筑施工测量

1) 建筑物定位

建筑物定位就是在实地标定建筑物外廓轴线的工作。根据施工的现场情况及设计条件,建筑物定位的方法主要有以下几种。

(1) 根据测量控制点测设。

当设计建筑物附近有测量控制点时,可根据原有控制点和建筑物各角点的设计坐标,采用极坐标法、角度交会法、距离交会法等方法测设建筑物的位置。

(2) 根据建筑基线或建筑方格网测设。

在布设有建筑基线或建筑方格网的建筑场地,可根据建筑基线或建筑方格网点和

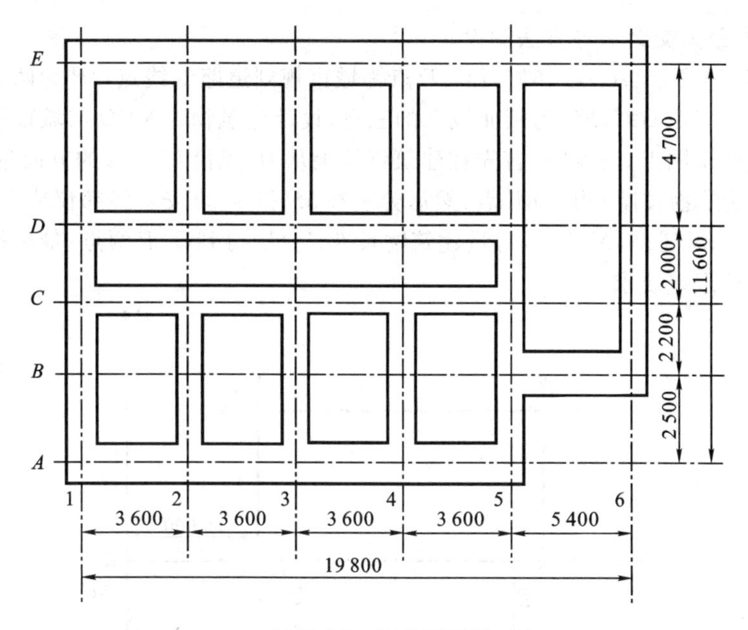

图 11-12　基础平面图

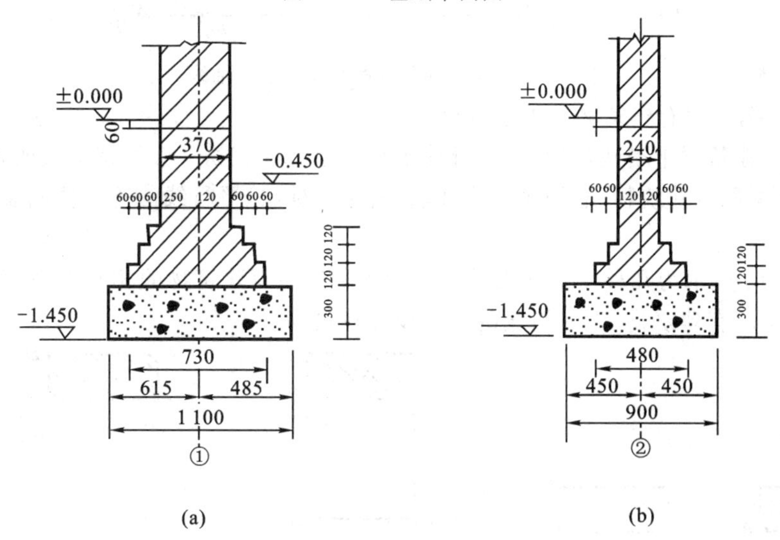

图 11-13　基础剖面图

建筑物各角点的设计坐标，采用直角坐标法测设建筑物的位置。

（3）根据建筑红线测设。

建筑红线又称规划红线，是经规划部门审批并由国土管理部门在现场直接放样出来的建筑用地边界点的连线。测设时，可根据设计建筑物与建筑红线的位置关系，利用建筑用地边界点测设建筑物的位置。当设计建筑物边线与建筑红线平行或垂直时，采用直角坐标法测设；当设计建筑物边线与建筑红线不平行或垂直时，则采用极坐标法、角度交会法、距离交会法等方法测设。

如图 11-14 所示，A，BC，MC，EC，D 点为城市规划道路红线点，IP 为两直线段的交点，转角为 90°，BC，MC，EC 为圆曲线上的三点，设计建筑物 $MNPQ$ 与城市规划道路红线间的距离注于图上。测设时，首先在建筑红线上从 IP 点沿 $IP—A$ 的方向量 15 m 得到 N' 点，再量建筑物长度 l 得到 M' 点；然后分别在 M' 和 N' 点安置经纬仪或全站仪，测设 90°，并量 12 m 得到 M，N 两点，再量建筑物长度 d 分别得到 Q，P 两点；最后检查角度和边长是否符合限差要求。

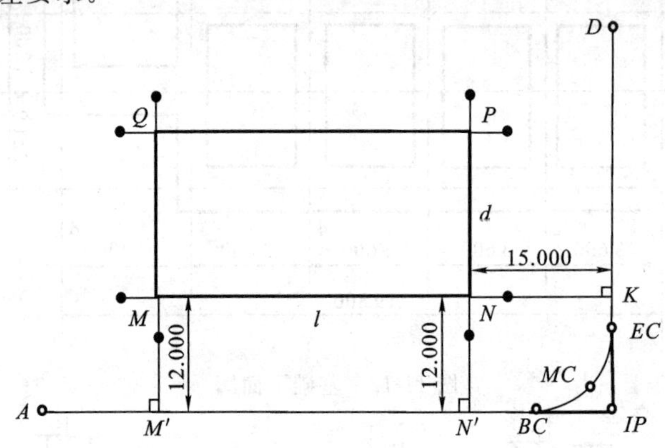

图 11-14　根据建筑红线测设建筑物轴线

(4) 根据与原有建筑物的关系测设。

在原有建筑群中增建房屋时，设计建筑物与原有建筑物一般保持平行或垂直关系，因此，可根据原有建筑物，利用延长直线法、直角坐标法、平行线法等方法测设建筑物的位置。

图 11-15 所示为几种常见的设计建筑物与附近原有建筑物的相互关系，其中，绘有斜线的表示原有建筑物，没有斜线的表示设计建筑物。

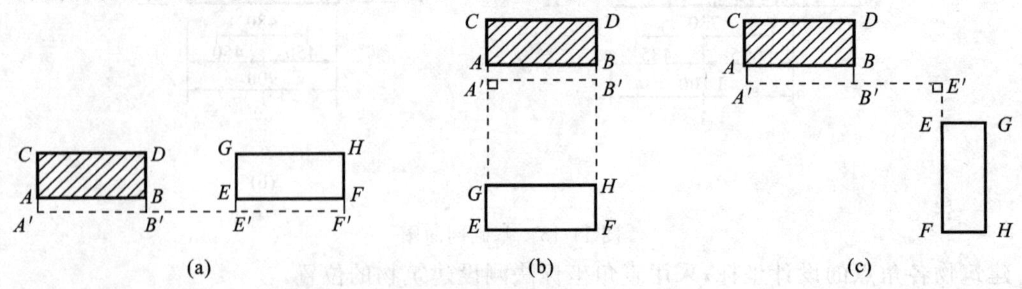

图 11-15　根据原有建筑物测设建筑物轴线

如图 11-15(a) 所示，可用延长直线法测设建筑物的位置，即先通过等距延长 CA，DB 获得 AB 边的平行线 $A'B'$，然后在 B' 安置经纬仪或全站仪，作 $A'B'$ 的延长线 $E'F'$，再分别安置仪器于 E' 和 F' 测设 90°，并根据设计尺寸定出 E，G 和 F，H 四点。

如图 11-15(b) 所示，可用平行线法定位，即在 AB 边平行线上的 A' 和 B' 点安置经纬仪或全站仪，分别测设 90°，并根据设计尺寸定出 G，E 和 H，F 四点。

如图 11-15(c) 所示，可用直角坐标法定位，即在 AB 边的平行线上的 B' 安置经纬仪或全站仪，作 $A'B'$ 的延长线至 E'，然后安置仪器于 E' 点测设 90°，并根据设计尺寸定出 E，F 两点，再在 E 点和 F 点安置仪器测设 90°，并根据设计尺寸定出 G，H 两点。

建筑物定位后，应进行角度和长度的检核，确认符合限差要求，并经规划部门验线后，方可进行施工。

2) 龙门板和轴线控制桩设置

建筑物定位后，所测设的轴线交点桩(或称角桩)在基槽开挖时将被破坏。因此，在基槽开挖前，应先将轴线引测到基槽边线以外的安全地带，以便施工时能及时恢复各轴线的位置。引测轴线的方法有龙门板法和轴线控制桩法。

(1) 龙门板法。

龙门板法适用于一般民用建筑物，为了方便施工，可在基槽开挖边线以外一定的距离处(根据土质情况和挖槽深度确定)钉设龙门板。

如图 11-16 所示，首先在建筑物四角与隔墙两端基槽开挖边线以外约 1.5～2 m 处钉设龙门桩，使桩的侧面与基槽平行，并将其钉直、钉牢；然后根据建筑场地的水准点，用水准仪在龙门桩上测设建筑物±0 标高线(建筑物底层室内地坪标高)，再将龙门板钉在龙门桩上，使龙门板的顶面与±0 标高线齐平；最后用经纬仪或全站仪将各轴线引测到龙门板上，并钉小钉表示，称为轴线钉。龙门板设置完毕后，利用钢尺检查各轴线钉的间距，使其符合限差要求。

龙门板法虽然使用方便，但占用场地多、对交通影响大，在机械化施工时，一般只测设轴线控制桩，不设置龙门桩和龙门板。

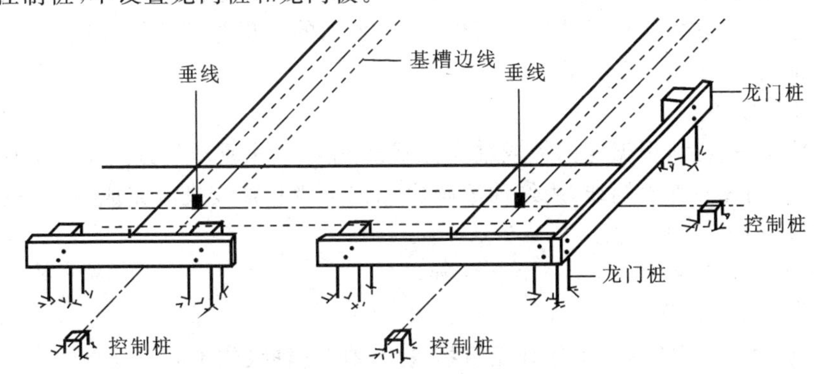

图 11-16 龙门板与轴线控制桩测设

(2) 轴线控制桩法。

设置在基槽外建筑物轴线延长线上的桩称为轴线控制桩(或引桩)。它是开槽后各施工阶段确定轴线位置的依据，如图 11-16 所示。轴线控制桩离基槽外边线的距离根据施工场地的条件而定，以不受施工干扰、便于引测和保存桩位为原则。如果附近有已建建筑物，则最好将轴线引测到建筑物上。为了保证控制桩的精度，施工中一般将控制桩与定位桩一起测设，也可先测设控制桩，再测设定位桩。

3）基础施工测量

建筑物±0以下的部分称为建筑物的基础。按构造方式不同，基础可分为：条形基础、独立基础、片筏基础和箱形基础等。基础施工测量的主要内容有：基槽开挖边线放线、基础开挖深度控制、垫层施工测设和基础放样。

（1）基槽开挖边线放线。

基础开挖前，先按基础剖面图的设计尺寸计算基槽开挖边线的宽度，然后由基础轴线桩中心向两边各量出基槽开挖边线宽度的一半作出记号，在两个对应的记号点之间拉线并撒上白灰，就可以按照白灰线位置开挖基槽。

（2）基础开挖深度控制。

为了控制基槽的开挖深度，当基槽挖到一定的深度后，用水准测量的方法，在基槽壁上每隔2～3 m及拐角处，测设离槽底设计高程为一整分米数(0.3～0.5 m)的水平桩，并沿水平桩在槽壁上弹墨线，作为控制挖深和铺设基础垫层的依据，如图11-17所示。在建筑施工中，将高程测设称为抄平或找平。

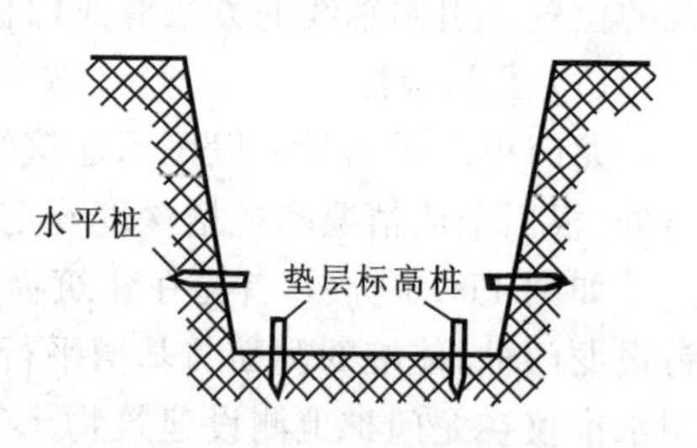

图11-17 基础开挖深度控制

基槽开挖完成后，应根据轴线控制桩或龙门板，复核基槽宽度和槽底标高，合格后方可进行垫层施工。

（3）垫层施工测设。

基槽开挖完成后，可根据龙门板或轴线控制桩的位置和垫层的宽度，在槽底层测设出垫层的边线，并在槽底设置垫层标高桩，使桩顶面的高程等于垫层设计高程，作为垫层施工的依据，如图11-17所示。

（4）基础放样。

垫层施工完成后，根据龙门板或轴线控制桩，用拉线吊垂球的方法将墙基轴线投测到垫层上，再用墨斗弹出墨线，用红油漆画出标记。墙基轴线投测完成后，应按设计尺寸严格校核。

4）主体施工测量

（1）楼层轴线投测。

建筑物轴线投测的目的是保证建筑物各层相应的轴线位于同一竖直面内。多层建筑物轴线投测最简便的方法是吊垂线法，即将垂球悬吊在楼板或柱顶边缘，当垂球尖对准基础上的定位轴线时，垂球线在楼板或柱边缘的位置即为楼层轴线端点位置，然后画出标志线，经检查合格后，即可继续施工。

当风力较大或楼层较高，用垂球投测误差较大时，可用经纬仪或全站仪投测轴线。如图11-18(a)所示，③和Ⓒ分别为某建筑物的两条中心轴线。在进行建筑物定位时，应将轴线控制桩3，3′，C，C'设置在距离建筑物尽可能远的地方(建筑物高度的1.5倍以上)，以减小投测时的仰角，提高投测的精度。

随着建筑物的不断升高，轴线应逐层向上传递。如图 11-18(b) 所示，将经纬仪或全站仪分别安置在轴线控制桩 3，3′，C，C' 点上，分别瞄准建筑物底部的 a，a'，b，b' 点，采用正倒镜分中法，将轴线 ③ 和©向上投测到每一层楼的楼板上，得 a_i，a_i'，b_i，b_i' 点，并弹墨线标明轴线位置。其余轴线均以此为基准，根据设计尺寸进行测设。

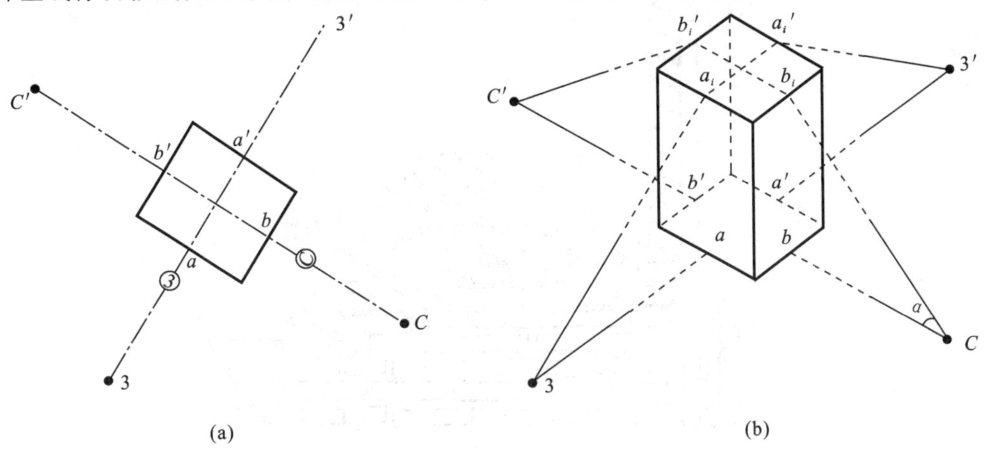

图 11-18　经纬仪或全站仪投测轴线

(2) 楼层高程传递。

墙体标高可利用墙身皮数杆来控制。墙身皮数杆是根据设计尺寸按砖、灰缝厚度从底部往上依次标明±0、门、窗、过梁、楼板预留孔，以及其他各种构件的位置。同一标准楼层的皮数杆可以共用，不同标准楼层则应分别制作皮数杆。砌墙时，将皮数杆竖立在墙角处，使杆端±0 的刻划线对准基础墙上的±0 位置，如图 11-19 所示。楼层高程用钢尺和水准仪沿墙体或柱身向楼层传递，作为过梁和门窗口施工的依据。

二、工业厂房施工测量

工业建筑是指各类生产用房和为生产服务的附属用房，以生产厂房为主体。工业厂房有单层厂房和多层厂房。厂房的柱子按其结构与施工的不同可分为：预制钢筋混凝土柱子、钢结构柱子及现浇钢筋混凝土柱子。目前使用较多的是钢结构及装配式钢筋混凝土结构的单层厂房。各种厂房由于结构和施工工艺的不同，其施工测量方法亦略有差异。下面以装配式钢筋混凝土结构的单层厂房为例，着重介绍厂房柱列轴线测设、基础施工测量、厂房构件安装测量及设备安装测量等。

1. 工业厂房矩形控制网测设

在图 11-20 中，M，N，Q，P 四点是工业厂房最外沿四条轴线的交点，从设计图纸上可知 M，N，Q，P 四点的坐标。$RSUT$ 为布置在基坑开挖范围以外的厂房矩形控制网，R，S，U，T 四点的坐标可以通过计算获得或在 AutoCAD 中量出。

根据厂房矩形控制网点 R，S，U，T 的坐标和厂区已建立的建筑方格网，通常采用

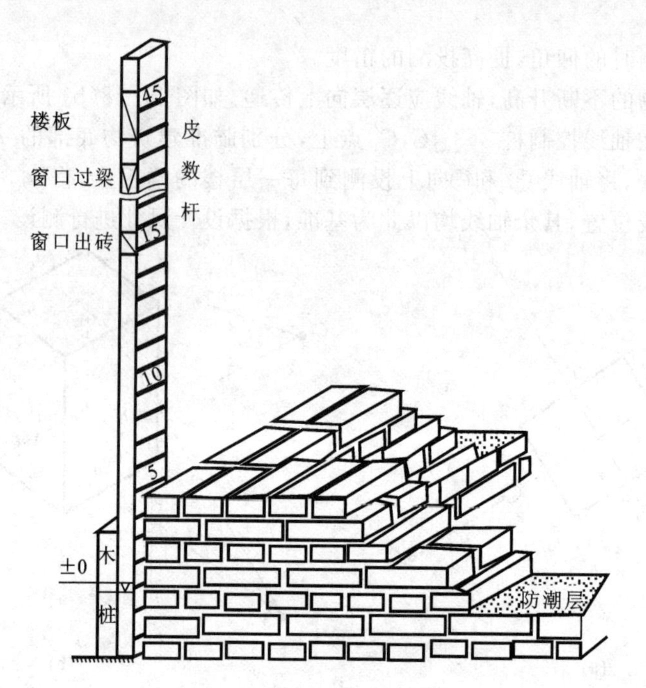

图 11-19　墙身皮数杆

直角坐标法测设 R,S,U,T 点的位置，并进行检查测量。对于一般厂房，角度测设误差不应超过 $\pm 10''$，边长相对误差不应超过 1/10 000。

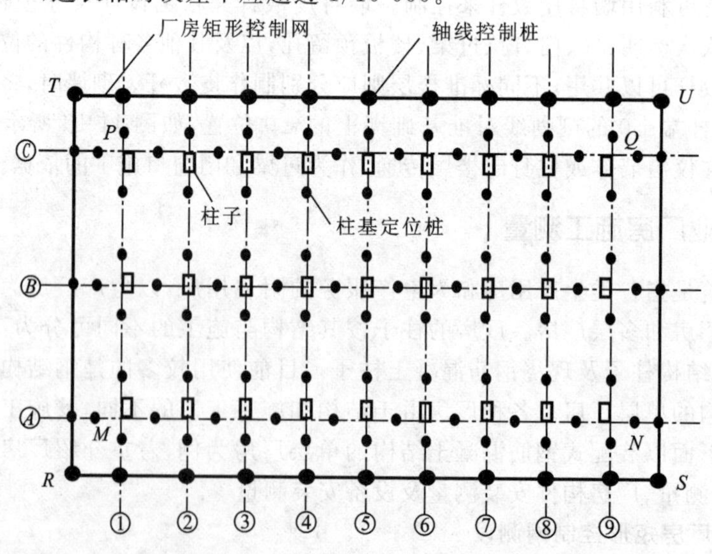

图 11-20　厂房矩形控制网和柱列轴线测设

2. 工业厂房柱列轴线测设

图 11-20 中所示的Ⓐ,Ⓑ,Ⓒ及①～⑨等轴线称为柱列轴线。厂房矩形控制网建立

以后，根据设计柱间距和跨间距，用钢尺沿矩形控制网逐段测设柱间距和跨间距，以定出各轴线控制柱，并在桩顶钉小钉，作为柱列轴线和柱基放样的依据。

3. 工业厂房柱基施工测量

1）柱基测设

柱基测设就是在柱基坑开挖范围以外测设每个柱子的四个柱基定位桩，作为放样柱基坑开挖边线、修坑和立模板的依据。测设时，将两架经纬仪分别安置在两条互相垂直的柱列轴线控制桩上，然后沿轴线方向交会出柱基定位点（定位轴线交点），再根据定位点和定位轴线，按如图 11-21 所示的基础大样图上的平面尺寸和基坑放坡宽度，用特制角尺放出基坑开挖边线，并撒上白灰；同时，在基坑外的轴线上，在距挖边线约 2 m 处，各打下一个基坑定位小木桩，桩顶钉小钉作为修坑和立模的依据，如图 11-22 所示。

桩基测设时，应注意定位轴线不一定都是基础中心线。图 11-21 中的Ⓑ及②柱列轴线是基础的中心线，而其他柱列轴线则是柱子的边线。

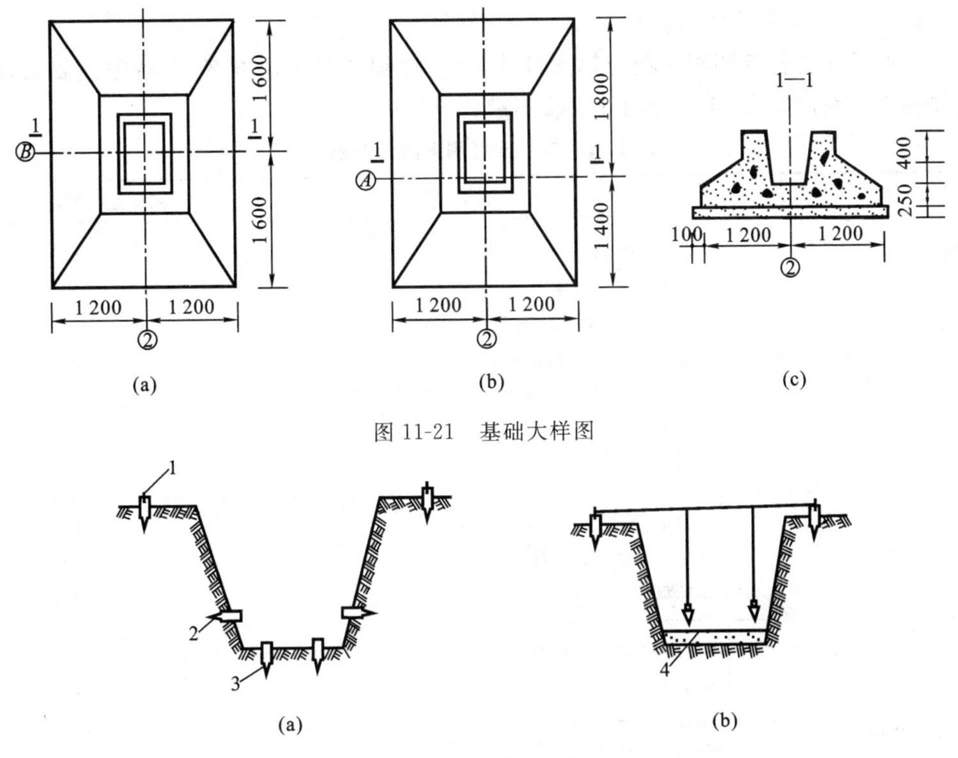

图 11-21　基础大样图

图 11-22　柱基放样

1—基坑定位桩；2—水平桩；3—垫层标高桩；4—垫层

2）基坑施工测量

如图 11-22(a)所示，当基坑挖到一定深度时，应在坑壁四周离坑底设计高程 0.3～0.5 m 处设置几个水平桩 2，作为基坑修坡和清底的高程依据。另外，还应在基坑底设

置垫层标高桩 3，使桩顶面的高程等于垫层的设计高程，作为垫层施工的依据。

3）基础模板定位

如图 11-22(b)所示，当垫层施工完成后，应根据基坑边的柱基定位桩，用拉线吊垂球的方法，将柱基定位线投测到垫层上，再用墨斗弹出墨线，用红油漆画出标记，作为柱基立模板和布置基础钢筋的依据。立模板时，将模板底线对准垫层上的定位线，并用垂球检查模板是否竖直，同时注意使杯内底部标高低于其设计标高 2～5 cm，作为抄平调整的余量。拆模后，在杯口面上定出柱轴线，在杯口内壁上定出设计标高。

三、工业厂房构件安装测量

装配式单层工业厂房主要由柱、吊车梁、屋架、天窗架和屋面板等主要构件组成。在吊装每个构件时，有绑扎、起吊、就位、临时固定、校正和最后固定等几道操作工序。下面主要介绍柱子、吊车梁及吊车轨道等构件在安装时的测量工作。

1. 构件安装测量技术要求

工业厂房构件安装测量前应熟悉设计图纸，详细制订作业方案，了解限差要求，以确保构件的精度。表 11-1 为构件安装测量的允许偏差。

表 11-1　构件安装测量的允许偏差

测量项目	测量内容	测量允许偏差/mm
柱子、桁架或梁安装测量	钢柱垫板标高	±2
	钢柱±0 标高检查	±2
	混凝土柱(预制)±0 标高	±3
	混凝土柱、钢柱垂直度	±3
	桁架和实腹梁、桁架和钢架的支承结点间相邻高差的偏差	±5
	梁间距	±3
	梁面垫板标高	±2
构件预装测量	平台面抄平	±1
	纵横中心线的正交度	$\pm0.8\sqrt{l}$
	预装过程中的抄平工作	±2
附属构筑物安装测量	栈桥和斜桥中心线投点	±2
	轨面的标高	±2
	轨道跨距测量	±2
	管道构件中心线定位	±5
	管道标高测量	±5
	管道垂直度测量	H/1 000

注：① 对于柱高大于 10 m 或一般民用建筑的混凝土柱、钢柱垂直度，可适当放宽；

② l 为自交点起算的横向中心线长度，不足 5 m 时，以 5 m 计；

③ H 为管道垂直部分的长度，单位为 mm。

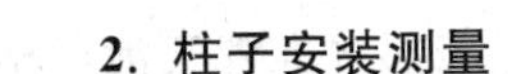

2. 柱子安装测量

1）吊装前的准备工作

柱子吊装前，应根据轴线控制桩把定位轴线投测到杯形基础的顶面上，并用墨线标明，如图 11-23 所示。同时在杯口内壁测设一条标高线，使从该标高线起向下量取一整分米数即到杯底的设计标高。另外，应在柱子的三个侧面弹出柱中心线，并作小三角形标志，以便安装校正，如图 11-24 所示。

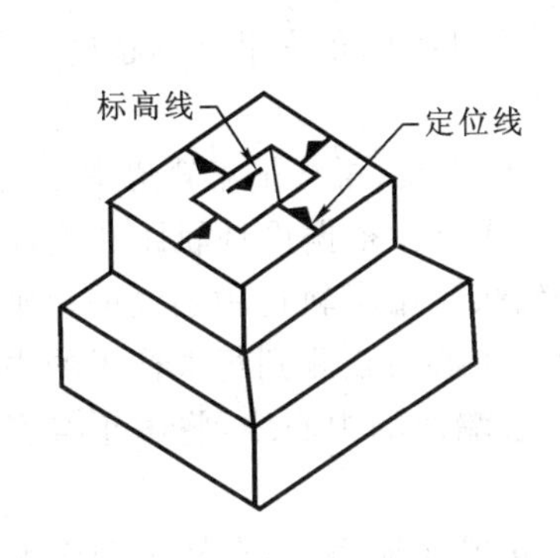

图 11-23　杯形柱基

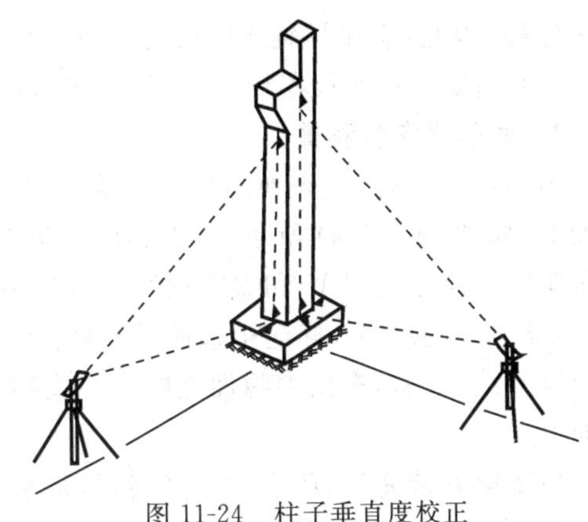

图 11-24　柱子垂直度校正

2）柱长检查与杯底找平

柱子吊装前，还应进行柱长的检查与杯底找平。柱底到牛腿面的设计长度加上杯底高程应等于牛腿面的高程（$H_2 = H_1 + l$），如图 11-25 所示。但柱子在预制时，由于模板制作和模板变形等原因，不可能使柱子的实际尺寸与设计尺寸一样。为了解决这个问题，往往在浇铸基础时把杯形基础底面高程降低 2 ~ 5 cm，然后用钢尺从牛腿顶面沿柱边量到柱底，根据这根柱子的实际长度，用 1∶2 水泥砂浆在杯底进行找平，使牛腿面符合设计高程。

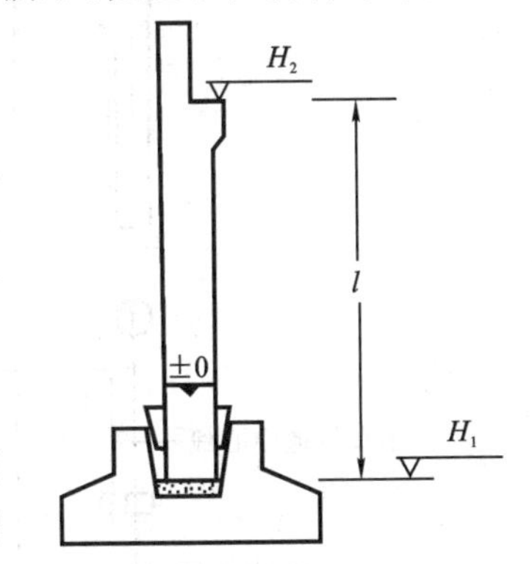

图 11-25　柱长检查与杯底找平

3）柱子安装时的垂直度校正

柱子插入杯口后，首先应使柱身基本竖直，再使其侧面所弹的中心线与基础轴线重合，用木楔或钢楔初步固定，即可进行竖直校正。校正时将两架经纬仪分别安置在柱基纵、横轴线附近，离柱子的距离约为柱高的 1.5 倍，如图 11-24 所示。先瞄准柱中线底部，固定照准部，仰视柱中线顶部，如果重合，则柱子在此方向是竖直的；如果不重合，则应进行调整，直到柱子两侧面的中心线都竖直为止。

柱子校正时应注意以下几点：

(1) 校正用的经纬仪事先应经过严格检校。因为当校正柱子竖直时，往往只能用盘左或盘右一个盘位观测，仪器误差影响较大。操作时还应使照准部水准管气泡严格居中。

(2) 柱子在两个方向的垂直度校好后，应复查平面位置，检查柱子下部的中线是否仍对准基础轴线。

(3) 当校正变截面的柱子时，经纬仪应安置在轴线上校正，否则容易出错。

(4) 在烈日下校正柱子时，柱子受太阳光照射后，容易向阴面弯曲，使柱顶有一个水平位移，因此，应在早晨或阴天时校正。

(5) 当安置一次仪器校正几根柱子时，仪器偏离轴线的角度最好不超过 15°。

3. 吊车梁安装测量

吊车梁安装前，应先弹出吊车梁顶面和两端的中心线，再将吊车轨道中心线投到牛腿面上。如图 11-26(a) 所示，首先利用厂房中心线 A_1A_1'，根据设计轨距在地面上测设出吊车轨道中心线 AA' 和 BB'；然后分别安置经纬仪于吊车轨道中心线的一个端点 A 上，瞄准另一端点 A'，仰起望远镜，即可将吊车轨道中心线投测到每根柱子的牛腿面上并弹以墨线；最后，根据牛腿面上的中心线和吊车梁端面的中心线，将吊车梁安装在牛腿面上。

吊车梁安装完后，还需检查其高程，将水准仪安置在地面上，在柱子侧面测设＋50 cm 的标高线，再用钢尺从该线沿柱子侧面向上量出至吊车梁顶面的高度，检查吊车梁顶面的高程是否正确，然后在吊车梁下用钢板调整梁面高程，使之符合设计要求。

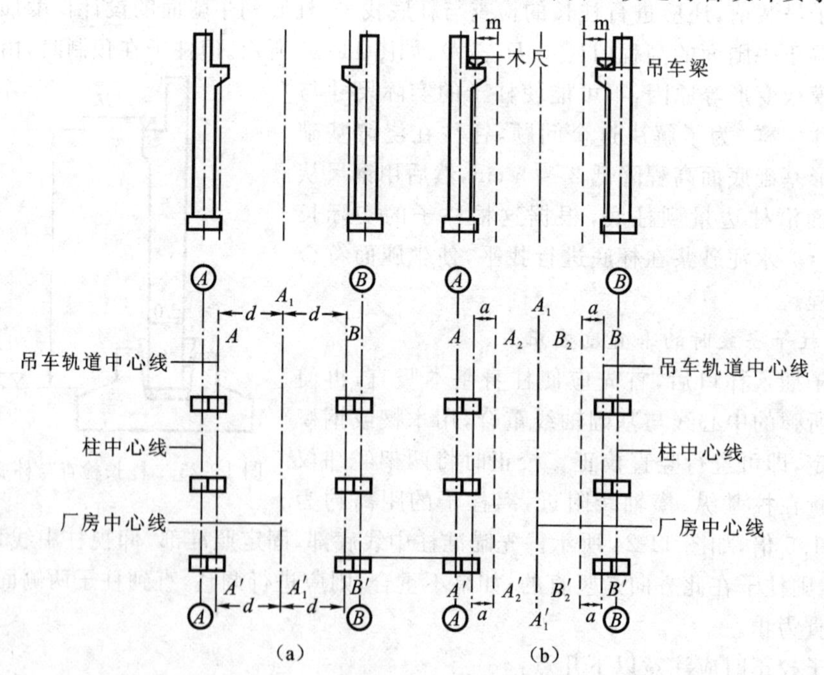

图 11-26　吊车梁和吊车轨道安装测量

4. 吊车轨道安装测量

吊车轨道安装前，通常采用平行线法先检测吊车梁顶面的中心线是否正确。如图11-26(b)所示，首先在地面上从吊车轨道中心线向厂房中心线方向量出长度$a = 1$ m，得平行线$A_2A'_2$和$B_2B'_2$；然后安置经纬仪于平行线一端的点A_2上，瞄准另一端点A'_2，固定照准部，仰起望远镜投测。此时，另一人在吊车梁上左右移动横放的木尺，当视线正对准尺上1 m刻划时，尺的零点应与吊车梁顶面上的中线重合。如果不重合，应予以改正。改正方法是用撬杠移动吊车梁，使吊车梁中线至$A_2A'_2$(或$B_2B'_2$)的间距等于1 m为止。

吊车轨道按中心线安装就位后，应进行高程和距离两项检测。高程检测时，将水准仪安置在吊车梁上，将水准尺直接放在吊车轨道顶上进行高程检测，每隔3 m测一点的高程，并与设计高程相比较，误差应不超过相应的限差。距离检测时，用钢尺丈量两吊车轨道间的跨距，并与设计跨距相比较，误差应符合相应要求。

四、高层建筑施工测量

随着现代城市的发展和建筑技术的不断进步，高层建筑日益增多。由于建筑层数多、高度大、施工场地狭窄，且多采用框架结构、滑模施工和先进施工器械，故在施工过程中，对于垂直度偏差、水平度偏差及轴线尺寸偏差都必须严格控制，对测量仪器的选用和观测方案的确定都要有一定的要求。

1. 基础及基础定位轴线测设

由于高层建筑物轴线的测设精度要求高，所以为了控制轴线的偏差，基础及基础定位轴线的测设一般采用工业厂房控制网和柱列轴线的测设方法进行。

2. 高层建筑轴线投测

高层建筑轴线投测的方法主要有经纬仪或全站仪引桩投测法和激光垂准仪投测法两种。

1）经纬仪或全站仪引桩投测法

在多层建筑物轴线投测中，利用经纬仪或全站仪可将建筑物的轴线向上投测到每一层楼的楼板上。但随着建筑物的增高，望远镜的仰角不断增大，投测精度将随仰角的增大而降低。为了保证投测精度，应将轴线控制桩引测到更远的安全地点，或附近建筑物的屋顶上。如图11-27所示，将经纬仪或全站仪分别安置在某楼层的投测点(如a_{10}，a'_{10})上，瞄准地面上的轴线控制桩3，3′，以正倒镜分中法分别将轴线投测到附近楼顶的3-1点或远处的3′-1点，其余各层即可在新引测的轴线控制桩上进行投测。

2）激光垂准仪投测法

激光垂准仪是一种专用的铅直定位仪器，适用于高层建筑、烟囱和高塔架的铅直定位测量。图11-28所示为苏州一光仪器有限公司生产的DZJ_2型激光垂准仪。它在光学垂准系统的基础上添加了半导体激光器，可以分别给出上下同轴的两根激光铅垂线，并与望远镜视准轴同心、同轴、同焦。安置仪器后，接通激光电源，当望远镜照准目标

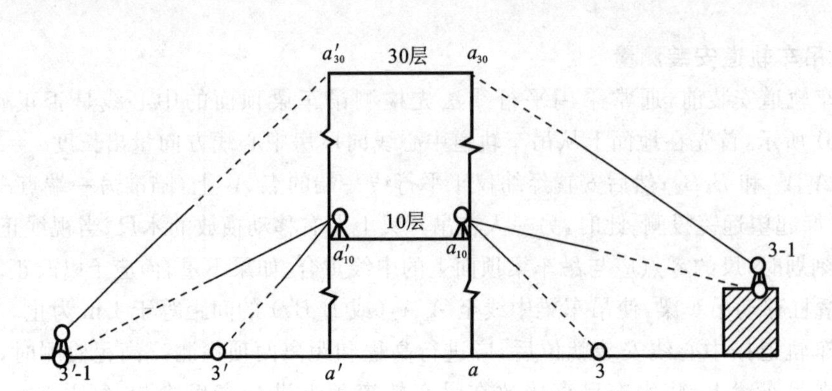

图 11-27　经纬仪或全站仪引桩投测

时，在目标处就会出现一个红色光斑，并可以从目镜中观察到；另一个激光器通过下面的对点系统将激光束发射出来，利用激光束照射到地面的光斑进行对中操作。

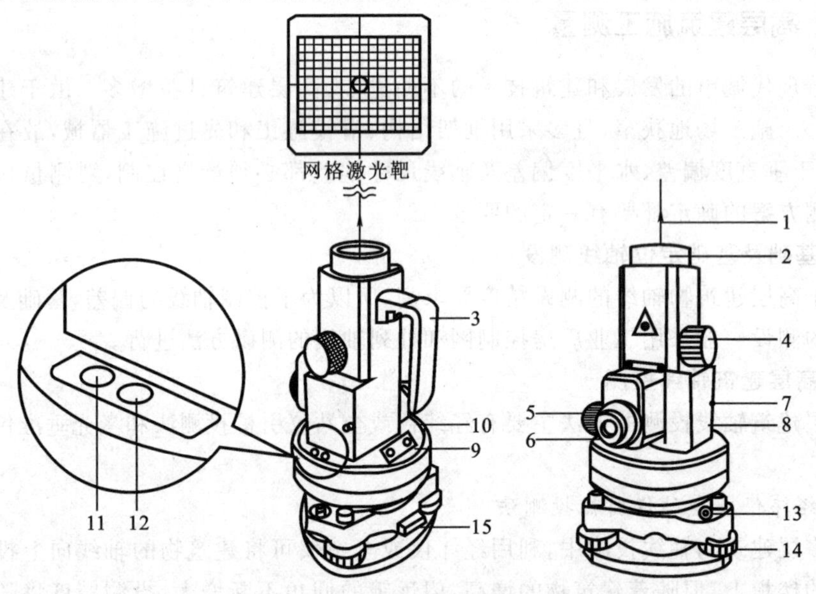

图 11-28　DZJ_2 型激光垂准仪

1—望远镜端激光束；2—物镜；3—手柄；4—物镜调焦螺旋；5—激光光斑调焦螺旋；6—目镜；7—电池盒盖固定螺丝；8—电池盒盖；9—管水准器；10—管水准器校正螺丝；11—电源开关；12—对点/垂准激光切换开关；13—圆水准器；14—脚螺旋；15—轴套锁定钮

如图 11-29 所示，利用激光垂准仪向上投测轴线控制点进行铅直定位时，先应根据建筑物的轴线分布和结构情况设计好投测点位。投测点位离最近轴线的距离一般为 0.5～0.8 m。基础施工完成后，将设计投测点位准确地测设到地坪层上，以后每层楼板施工时，都应在投测点位处预留 30 cm×30 cm 的垂准孔。轴线投测时，将激光垂准仪安置在首层投测点位上，打开电源，在投测楼层的垂准孔上，就可以看见一束可见激光。转动激光光斑调焦螺旋，使激光光斑聚焦于目标面上的一点，用压铁拉两根细线，使其交点与激光束重合，在垂准孔旁的楼板面上弹出墨线标记；也可以使用专用的激光接收靶，移动接收靶，使靶心与激光光斑重合，拉线将投测上来的点位标记在垂准孔旁的楼板面上，从而方便地将轴线从底层传至高层。

若利用具有自动安平补偿器的全自动激光垂准仪，只需通过圆水准器粗平后，就可以提供向上或向下的激光铅垂线，其投测精度优于普通激光垂准仪。

由于激光具有方向性好、发散角小、亮度高、适合夜间作业等特点，因此，激光垂准仪在高层建筑物轴线投测中得到了广泛的应用。

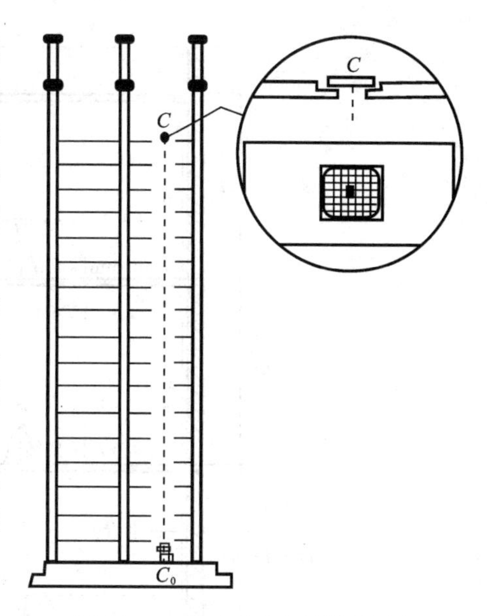

图 11-29　激光垂准仪投测轴线点

3）光学垂准仪投测法

光学垂准仪是一种能够瞄准铅垂方向的仪器。整平仪器后，仪器的视准轴指向铅垂方向，目镜则用转向棱镜设置在水平方向，以便进行观测。

投点时，将仪器安置在首层投测点位上，根据指向天顶的垂准线，在相应楼层的垂准孔上设置标志，就可以将轴线从底层传递到高层。有些光学垂准仪具有自动补偿装置，使用时只需使圆水准器气泡居中，就可以提供竖直光线，实现向上或向下的铅垂投点。

3. 高层建筑高程传递

1）钢尺测量法

首先根据附近水准点，用水准测量方法在建筑物底层内墙面上测设一条＋500 mm 的标高线，作为底层地面施工及室内装修的标高依据；然后用钢尺从底层＋500 mm 的标高线沿墙体或柱面直接垂直向上测量，在支承杆上标出上层楼面的设计标高线和高出设计标高＋500 mm 的标高线。

2）水准测量法

在高层建筑的垂直通道（楼梯间、电梯间、垃圾道、垂准孔等）中悬吊钢尺，钢尺下端挂一重锤，用钢尺代替水准尺，在下层与上层各架一次水准仪，根据底层＋500 mm 的标高线将高程向上传递，从而测设出各楼层的设计标高线和高出设计标高＋500 mm 的标高线。如图 11-30 所示，第二层＋500 mm 标高线的水准尺读数应为：

$$b_2 = a_2 - l_1 - (a_1 - b_1) \tag{11-8}$$

通过上下移动水准尺使其读数为 b_2，沿水准尺底部在墙面划线，即可得到第二层＋500 mm 的标高线。依此进行各楼层的高程传递，并注意在进行相邻楼层高程传递时，应保持钢尺上下稳定。

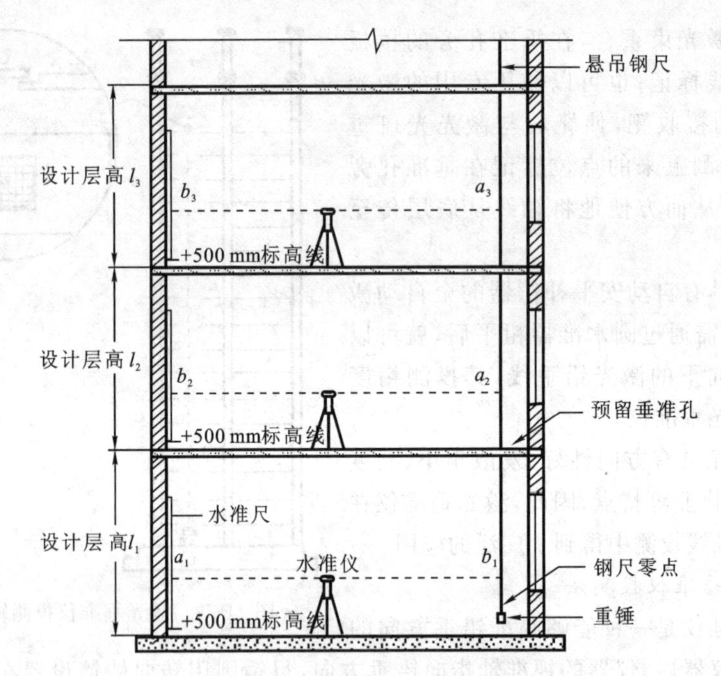

图 11-30　水准测量法传递高程

3）全站仪天顶测距法

对于超高层建筑，当悬吊钢尺有困难时，可以在底层投测点或电梯井安置全站仪，通过对天顶方向测距的方法引测高程。如图 11-31 所示，首先将望远镜置于水平位置，

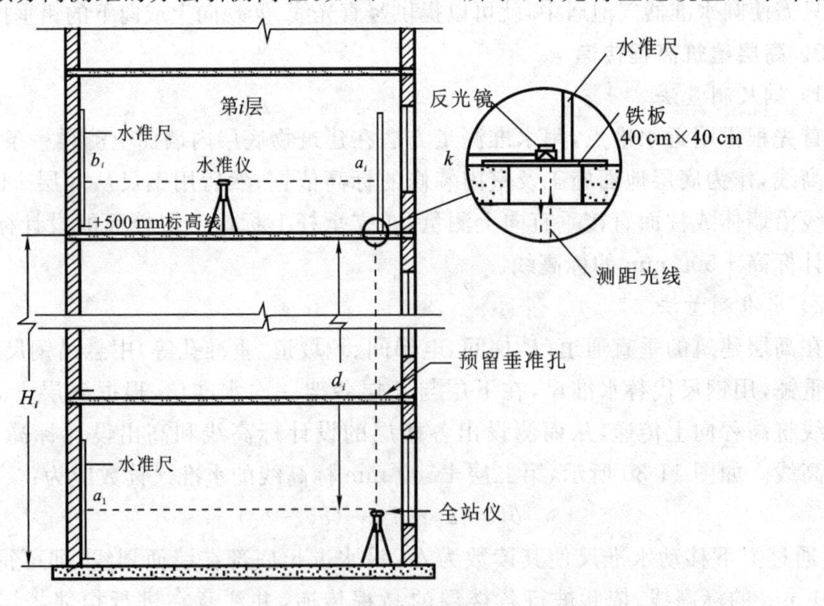

图 11-31　全站仪天顶测距法传递高程

读取竖立在底层＋500 mm标高线上水准尺的读数 a_1，测出全站仪的仪器标高。然后将望远镜指向天顶，在需传递高程的第 i 层楼面垂准孔上放置一块预制的圆孔铁板，并将棱镜平放在圆孔上，测出全站仪至棱镜的垂直距离 d_i，通过预先测出的棱镜常数 k，按(11-9)式获得第 i 层楼面铁板的顶面标高 H_i。最后通过安置在第 i 层楼面的水准仪测设出设计标高线和高出设计标高＋500 mm的标高线。

$$H_i = a_1 + d_i - k \tag{11-9}$$

第四节　建筑物变形观测

建筑物的变形观测主要包括沉降观测、倾斜观测、裂缝观测和挠度观测，本节将分别阐述。

一、建筑物的沉降观测

建筑物的沉降是地基、基础和上层结构共同作用的结果。沉降观测就是测量建筑物上所设观测点与水准点之间随时间推移的高差变化量。通过此项观测，研究解决地基沉降问题和分析相对沉降是否有差异，以检测建筑物的安全。

1. 水准点和观测点的设置

建筑物的沉降观测是根据埋设在建筑物附近的水准点进行的，所以水准点的布设要把水准点的稳定、观测方便和精度要求综合起来考虑，合理地埋设。为了相互检核并防止由于个别水准点的高程变动造成差错，一般要求设三个水准点，它们应埋设在受压、受震范围以外，埋设深度在冻土线以下0.5 m，以保证水准点的稳定性，但又不能离观测点太远(不应大于100 m)，以便提高观测精度。

观测点的数目和位置应能全面反映建筑物沉降的情况，这与建筑物的大小、荷重、基础形式和地质条件有关。一般情况下，沿房屋四周每隔10～15 m布置一点。另外，在最容易变形的地方，例如设备基础、柱子基础、伸缩缝两旁、基础形式改变处、地质条件改变处等也应设立观测点。观测点的埋设要求稳固，通常采用角钢、圆钢或铆钉作为观测点的标志，分别埋设在砖墙上、钢筋混凝土柱子上和设备基础上。

2. 观测时间、方法和精度要求

一般在增加荷重前后，如基础浇灌、回填土、安装柱子和屋架、砌筑砖墙、设备运转等都应进行沉降观测。当基础附近地面荷重突然增加，或周围大面积积水及暴雨过后，或周围大量挖方等均应观测。工程完工以后，应连续进行观测。观测时间的间隔可按沉降量大小及速度而定，在开始时可每隔1～2月观测一次，以后随着沉降速度的减慢，可逐渐延长观测时间，直到沉降稳定为止。

水准点是作为比较观测点沉降量的依据，因此要求它必须以永久水准点为根据进行精确测定。观测时应往返观测，并经常检查有无变动。对于重要厂房和重要设备基础的观测，要求能反映出 1 ～ 2 mm 的沉降量。因此，必须应用 S_1 级以上精密水准仪和精密水准尺进行往返观测，其观测的闭合差不应超过 $\pm 1\sqrt{n}$ mm(n 为测站数)。观测应在成像清晰、稳定的时间内进行。对于一般厂房建筑物，精度要求可以适当放宽，可以使用四等水准测量的水准仪进行往返观测，观测闭合差不超过 $\pm 2\sqrt{n}$ mm。

3. 沉降观测的成果整理

每次观测结束后，应检查观测手簿中的数据和计算是否合理、正确，精度是否合格等。然后把历次各观测点的高程列入成果表 11-2 中，计算两次观测之间的沉降量和累积沉降量，并注明观测日期。

为了更加直观地反应观测点的沉降情况，预估观测点下一次沉降的趋势或判断沉降是否已经稳定，可以绘制沉降曲线(PTS 曲线)。如图 11-32 所示，沉降曲线分为两部分，即时间 T 与沉降量 S 关系曲线和时间 T 与荷载 P 关系曲线。

表 11-2　沉降观测记录表

观测次数	观测时间	各观测点的沉降情况							施工进展情况	荷载情况/(t·m^{-2})
		1			2			3		
		高程/m	本次下沉/mm	累积下沉/mm	高程/m	本次下沉/mm	累积下沉/mm	…		
1	2005-01-10	50.454	0	0	50.473	0	0	…	一层平口	
2	2005-02-23	50.448	−6	−6	50.467	−6	−6	…	三层平口	40
3	2005-03-16	50.443	−5	−11	50.462	−5	−11	…	五层平口	60
4	2005-04-14	50.440	−3	−14	50.459	−3	−14	…	七层平口	70
5	2005-05-14	50.438	−2	−16	50.456	−3	−17	…	九层平口	80
6	2005-06-04	50.434	−4	−20	50.452	−4	−21	…	主体完	110
7	2005-08-30	50.429	−5	−25	50.447	−5	−26	…	竣工	
8	2005-11-06	50.425	−4	−29	50.445	−2	−28	…	使用	
9	2005-02-28	50.423	−2	−31	50.444	−1	−29	…		
10	2005-05-06	50.422	−1	−32	50.443	−1	−30	…		
11	2005-08-05	50.421	−1	−33	50.443	0	−30	…		
12	2005-12-25	50.421	0	−33	50.443	0	−30	…		

二、建筑物的倾斜观测

基础不均匀的沉降将使建筑物倾斜，特别是对于高大建筑物的影响更大，严重的不均匀沉降会使建筑物产生裂缝甚至倒塌。因此，必须及时观测、处理，以保证建筑物的安全。

对需要进行倾斜观测的一般建筑物，要在几个侧面进行观测。如图 11-33 所示，在离墙距离大于墙高的地方选一点 A 安置经纬仪后，分别用正、倒镜瞄准墙顶一固定点

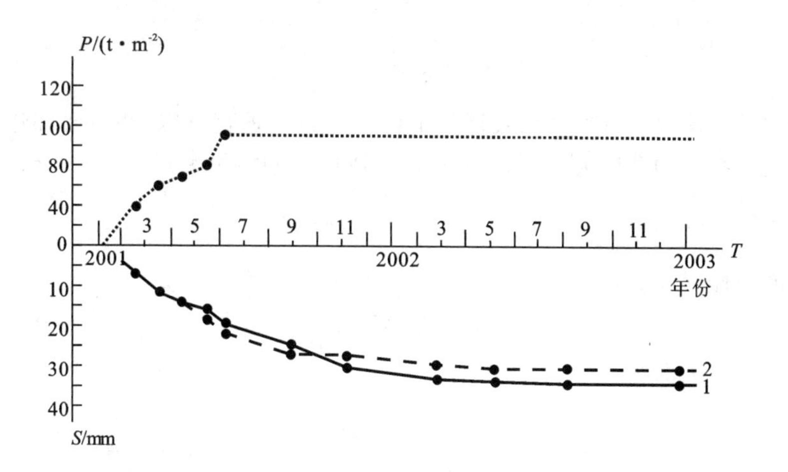

图 11-32　沉降曲线图

M，向下投影取其中点 M_1。过一段时间再用经纬仪瞄准同一点 M，向下投影得点 M_2。若建筑物沿侧面发生倾斜，M 点已经移位，则 M_2 与 M_1 不重合，于是得到偏移量 e_M。同时，在另一侧也可以得到偏移量 e_N。利用矢量加法可求得建筑物的总偏移量 e，即

$$e = \sqrt{e_M^2 + e_N^2} \tag{11-10}$$

以 H 代表建筑物高度，则建筑物的倾斜度为：

$$i = e/H \tag{11-11}$$

当测定圆形建筑物时，如烟囱、水塔等的倾斜度时，首先求出顶部中心 O' 点对底部中心 O 点的偏心距，如图 11-34 中的 OO'，其做法如下：在靠烟囱底部所选定的方向平放一根标尺，使尺与方向线垂直。安置经纬仪在标尺的垂直平分线上，并距烟囱的距离小于烟囱高度的 1.5 倍。用望远镜分别瞄准底部边缘两点 A，A' 及顶部边缘两点 B，B'，并分别投点到标尺上，设读数为 y_1，y_2 和 y_1'，y_2'，则横向倾斜量为：

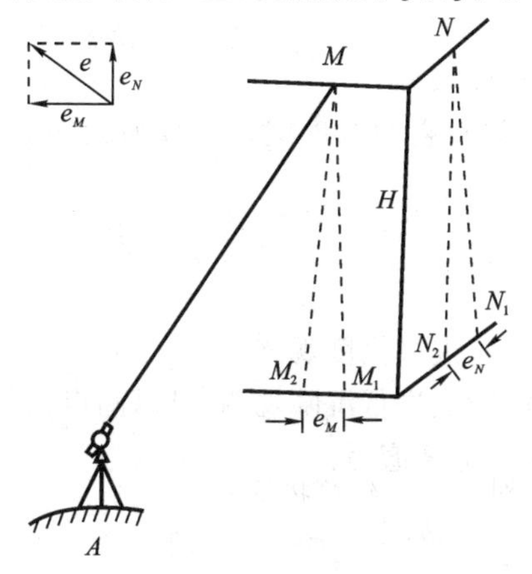

图 11-33　建筑物的倾斜观测

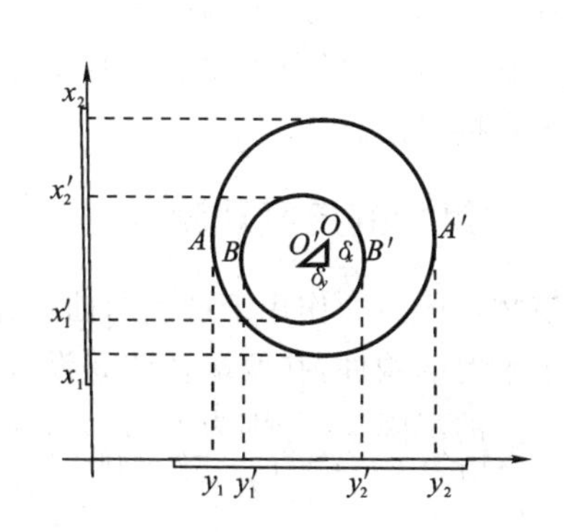

图 11-34　圆形建筑物的倾斜度测定

$$\delta_y = \frac{y'_1 + y'_2}{2} - \frac{y_1 + y_2}{2} \tag{11-12}$$

用同样的方法再安置经纬仪及标尺于烟囱的另一垂直方向，测得底部边缘和顶部边缘在标尺上投点的读数为 x_1, x_2 和 x'_1, x'_2，则纵向倾斜量为：

$$\delta_x = \frac{x'_1 + x'_2}{2} - \frac{x_1 + x_2}{2} \tag{11-13}$$

烟囱的总倾斜量为：

$$OO' = \sqrt{\delta_x^2 + \delta_y^2} \tag{11-14}$$

烟囱的倾斜方向为：

$$\alpha_{OO'} = \arctan \frac{\delta_y}{\delta_x} \tag{11-15}$$

式中，α 是以 x 轴为标准方向线所示的方向角。

以上观测要求仪器的水平轴严格水平，否则应用正、倒镜观测两次取平均数。

三、建筑物的裂缝观测

当建筑物发生裂缝时，应系统地进行裂缝变化的观测，并画出裂缝的分布图，量出每一裂缝的长度、宽度和深度。

为了观测裂缝的发展情况，要在裂缝处设置标志，如图 11-35 所示。观测标志可用两片白铁皮制成，一片为 150 mm×150 mm，固定在裂缝的一侧，并使其一边和裂缝的边缘对齐；另一片为 50 mm×200 mm，固定在裂缝的另一侧，并使其一部分紧贴在对侧的一块上，且两块白铁皮的边缘应彼此平行。标志固定好后，在两片白铁皮露在外面的表面上涂上红色油漆，并写上编号和日期。标志设置好以后，如果裂缝继续发展，白铁皮逐渐拉开，则露出正方形白铁皮上没有涂油漆的部分，它的宽度就是裂缝加大的宽度，可以用尺子直接量出。

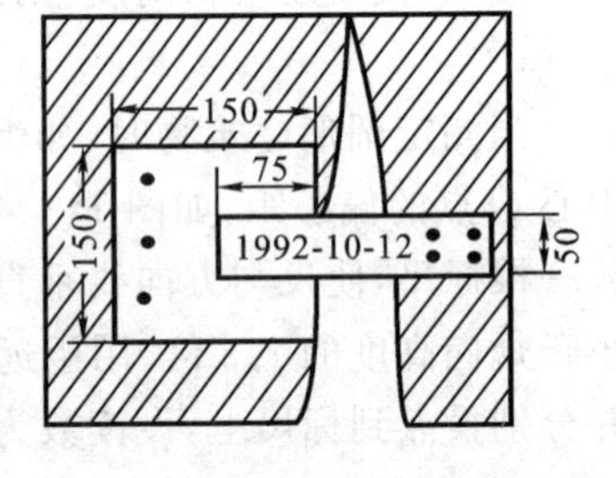

图 11-35　裂缝观测

四、建筑物的挠度观测

建筑物在应力的作用下产生弯曲和扭曲时，应进行挠度观测。

对于平置的构件，在两端及中间设置三个沉降点进行沉降观测，可以测得在某时间段内三个点的沉降量，分别为 h_a, h_b, h_c，则构件的挠度值为：

$$\tau = \frac{1}{2S_{ac}}(h_a + h_c - 2h_b) \tag{11-16}$$

式中，h_a, h_b 为构件两端点的沉降量；h_c 为构件中间点的沉降量；S_{ac} 为构件两端点间的平距。

对于直立的构件，要设置上、中、下三个位移观测点进行位移观测，利用三点的位移量求出挠度大小。在这种情况下，我们把在建筑物垂直面内各不同高程点相对于底点的水平位移称为挠度。

挠度观测的方法常采用正垂线法，即从建筑物顶部悬垂一根铅垂线，直通至底部或基岩上，在铅垂线的不同高程上设置观测点，借助光学式或机械式的坐标仪表量测出各点与铅垂线最低点之间的相对位移。如图 11-36 所示，任意点 N 的挠度 S_N 可按下式计算：

$$S_N = S_0 - S'_N \tag{11-17}$$

式中，S_0 为铅垂线最低点与顶点之间的相对位移；S'_N 为任一点 N 与顶点之间的相对位移。

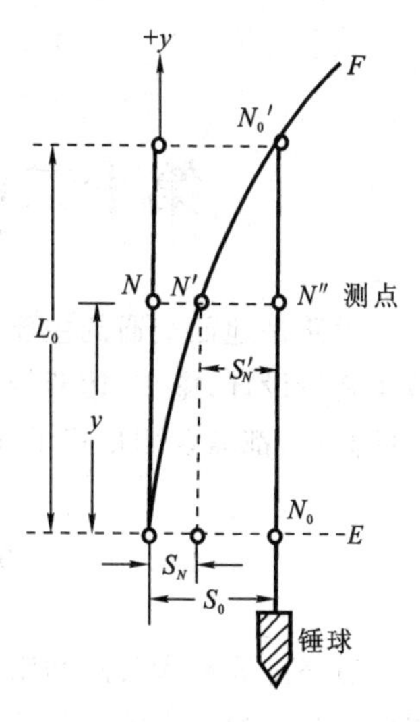

图 11-36　挠度观测

思考题与习题

1. 施工测量包括哪些内容？它有哪些特点？
2. 民用建筑施工中的主要测量工作有哪些？
3. 龙门板和轴线控制桩的作用是什么？应如何设置？
4. 民用建筑物和工业厂房的施工放样有什么不同？
5. 在柱子安装过程中应如何进行柱子的竖直校正？校正时应注意哪些问题？
6. 试述高层建筑施工测设的主要工作。
7. 吊车梁的安装测量应达到什么目的？
8. 建筑物变形观测的目的是什么？
9. 建筑物沉降观测中对水准点和观测点的设置有什么要求？

第十二章　道路和桥梁工程测量

道路是地面交通的主要设施。桥梁是道路的重要组成部分。测量工作贯穿于道路桥梁建筑设计、施工、运营管理的各个阶段。道路和桥梁设计是否合理，造价、质量、效益的高低，都需要测量提供保障。

第一节　道路测量概述

道路主要是指公路和铁路。道路工程属于线型工程。一般把线型工程的中线称为线路。在工程建设的不同阶段，道路工程测量有着不同的内容。

在勘测设计阶段，测量工作包括三个方面的内容：

(1) 草测。在道路给定的起点、终点间，收集必要的地理环境、经济技术现状等方面的有关资料，如各种比例尺地形图，航空、遥感图片，农田水利，交通运输，城市建设规划以及水文地质资料等。对个别特殊的地区或没有现成资料的地区，应进行现场调研。这一切的工作，都是为制订方案和进行方案比较提供必要的技术、经济等方面的依据。

(2) 初测。根据初步方案，到现场进行踏勘选线，并做初测导线测量。水准测量和带状地形图测绘，目的是为设计人员进行室内图上定线(确定线路走向、坡度、曲线半径等)和初步设计提供依据。

(3) 定测。就是把初步设计的道路，按设计要求测设于地面上，作为施工的依据，定测工作主要包括：中线测量，曲线测设，纵、横断面图测量。定测的目的是为编制施工图提供依据。

在施工阶段，测量工作包括：中桩加密、路基放样、中桩控制桩测设、竖曲线测设、土方量计算等。

第二节　道路中线测量

道路的平面线形常因地形、地物、水文、地质及其他因素的限制而改变路线方向。直线转向处通常要用曲线连接起来，这种曲线称为平曲线。平曲线包括圆曲线和缓和曲线两种，如图 12-1 所示。圆曲线是具有一定曲率半径的圆弧。缓和曲线是在直线与曲线之间加设的，曲率半径由无穷大逐渐变化为圆曲线半径的曲线。我国公路采用辐射螺旋线，亦称回旋线。

道路中线测量的主要工作包括：中线交点(JD)和转点(ZD)测设、转角测定、里程

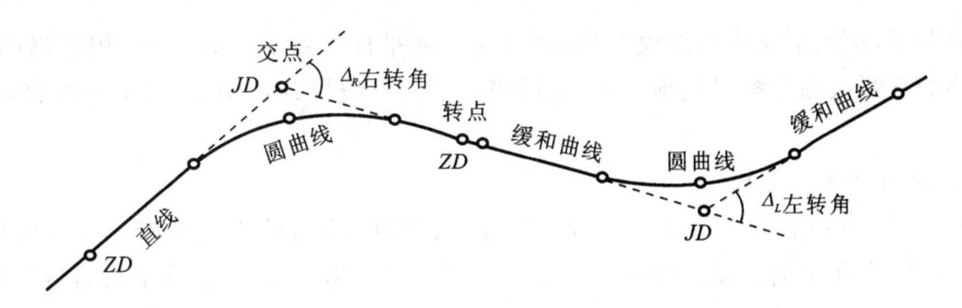

图 12-1　线路中线

桩设置等。

一、交点的测设

线路测设时，应先定出路线的转折点。这些转折点称为交点，也叫转向点，它是中线测量的控制点，如图 12-1 中所示的 JD 点。交点的测设可以采用现场标定的方法，即根据既定的技术标准，结合地形、地质等条件，在现场反复比较，直接定出路线交点的位置。这种方法不需测地形图，比较直观，但只适用于等级较低的公路。对于高等级公路或地形复杂、现场标定困难的地段，应采用纸上定线的方法，先在实地布设导线，测绘大比例尺地形图，在图上定出路线，再到实地放线，把交点在实地标定下来。交点的测设一般有如下几种方法：

1. 根据与已有地物的关系测设

在一些有固定建筑物的地区，可根据设计交点与建筑物的位置利用距离交会法或直角坐标法测设出交点的位置。如图 12-2 所示，首先在地形图上量出交点 JD_6 至房角点和电杆的水平距离，然后在现场按距离交会法测设出交点的实地位置。

2. 根据平面控制点测设

根据线路初测阶段布设的平面控制点坐标以及道路交点的设计坐标，计算出有关测设数据，按极坐标法、距离交会法、角度交会法，或直接用全站仪测设出交点的实地位置，如图 12-3 所示。

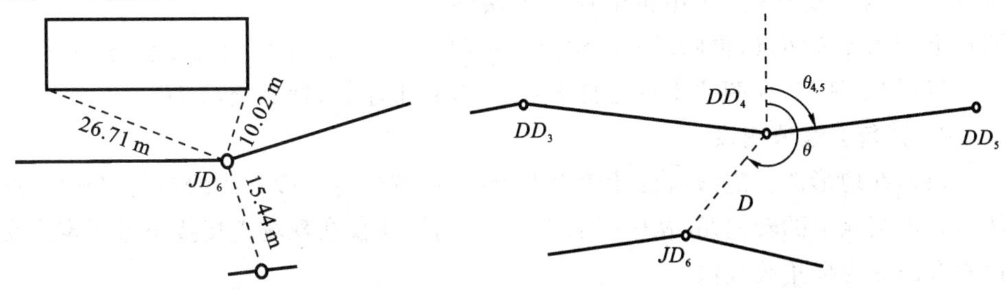

图 12-2　根据已有地物的关系测设交点　　图 12-3　根据平面控制点测设交点

3. 穿线交点法测设

穿线交点法首先利用图上的平面控制点或地物点与图上定线的直线段之间的角度

和距离关系，用图解法求出测设数据，通过实地的平面控制点或地物点，用适当的方法把线路的直线段独立测设到地面上，然后将相邻两直线段延长相交，定出交点的实地位置。

1）在图上量取支距

如图 12-4(a) 所示，P_1，P_2，P_3，P_4 欲测设于实地，在直线上至少取三点以便检核，并且使这些点在实地上相互通视。导 1、导 2、导 3、导 4 为导线点，在图上可量取支距 l_1，l_2，l_3，l_4。

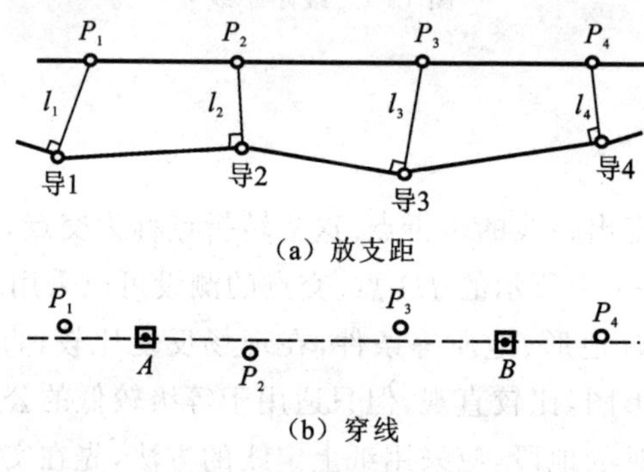

图 12-4　穿线交点法

2）在实地放支距

利用点位放样的方法在实地标定出路线点 P_1，P_2，P_3，P_4 作为临时点。

3）穿线

由于图解数据和测设误差的影响，所放的点一般不在一条直线上，这时可采用目估法或经纬仪穿线法穿线（见图 12-4b），并适当调整各点，使其位于同一直线 AB 上。

4）定交点

如图 12-5 所示，当相邻直线 AB 和 CD 测设于实地后，即可延长直线交会定交点。将经纬仪安置在 B 点，后视 A 点，倒镜在交点 JD 附近打下两个骑马桩，采用正倒镜分中法在两桩上定出 a，b 两点，再同样方法定出 c，d 两点，然后拉上细线，在两线交点处打下木桩，并钉上小钉，即为交点 JD。

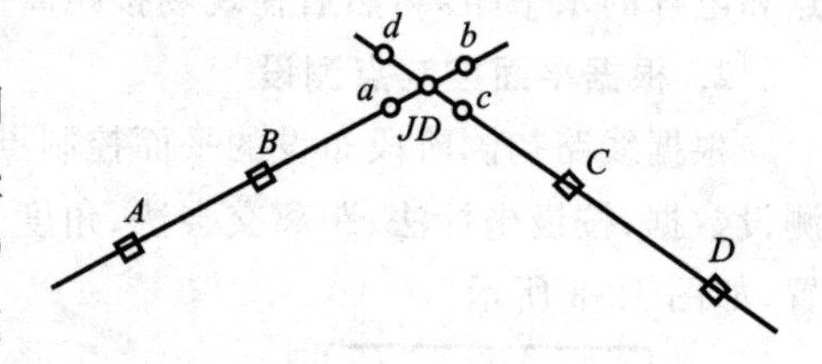

图 12-5　穿线交点法定交点

4. 拨角放线法测设

根据在地形图上定线所设计的交点坐标，反算出每一段直线的距离和坐标方位角，从而算出交点上的转向角，从中线起点开始，用经纬仪在现场直接拨角量距定出交点位置的方法称为拨角放线法。

如图 12-6 所示，N_1，N_2… 为导线点，在 N_1 安置经纬仪，拨角 β_1，量距离 S_1，定出交点 JD_1。在 JD_1 安置经纬仪，拨角 β_2，量距离 S_2，定出交点 JD_2。依次可定出其他交点。

这种方法的工作效率高，适用于测量控制点较少的线路，如航测图纸纸上定线，因

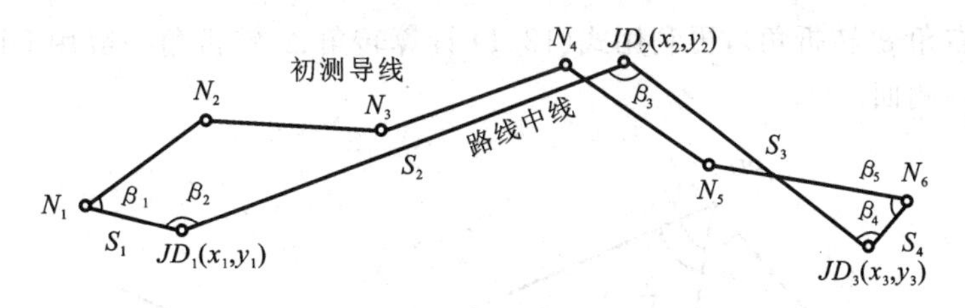

图 12-6 拨角放线法定交点

控制点少，只能用此法放线。该方法的缺点是放线误差容易积累，因此一般连续放出若干个点后应与初测导线点闭合，以检查误差是否过大，然后重新由初测导线点开始放出以后的交点。

二、转点的测设

当相邻两交点直线较长或互不通视时，需在其连线方向上测定一个或多个点，以便在交点上测定转角、在直线上量距或延长直线时作为照准和定线的目标，这种点称为转点，如图 12-7(a)和 12-7(b)所示。在通常情况下，交点至转点或转点至转点间的距离，不应小于 50 m 或大于 500 m，一般应为 200～300 m。另外，在不同线路交叉处，以及线路上需设置桥涵等构筑物处也应设置转点。

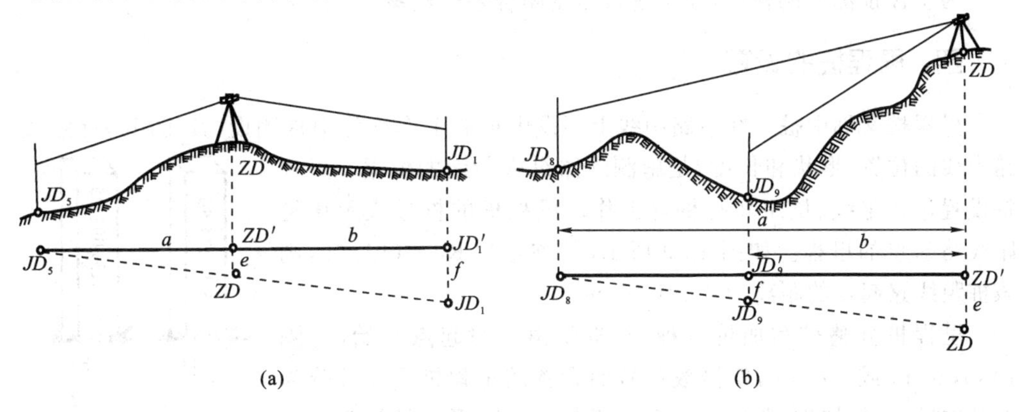

图 12-7 转点

当相邻两交点间相互通视时，可利用经纬仪或全站仪直接定线，或采用正倒镜分中法测设转点。

当相邻两交点间互不通视时，可根据附近的平面控制点坐标以及相邻两交点的设计坐标，计算出转点的坐标及相应的测设数据，然后利用全站仪或 GPS 定位方法在附近的平面控制点或交点直接测设转点。

三、转角的测定

线路的交点和转点标定后，即可测定线路的转角。如图 12-8 所示，通常先测出线路

前进方向的右角 β(转折角)，再利用式(12-1) 计算转角 Δ。转折角一般用 DJ_6 经纬仪按测回法观测一测回。

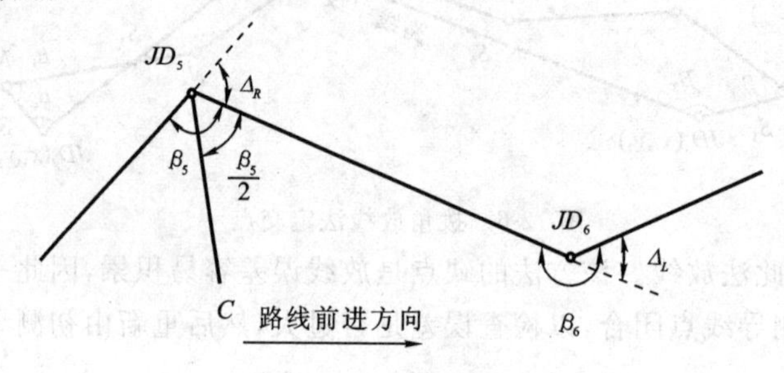

图 12-8 转角测定

转角也叫偏角。当 $\beta < 180°$ 时，线路向右偏转，称为右偏；当 $\beta > 180°$ 时，线路向左偏转，称为左偏。转角可按下式计算：

$$\left.\begin{aligned}\Delta_R &= 180° - \beta \\ \Delta_L &= \beta - 180°\end{aligned}\right\} \tag{12-1}$$

测定转折角 β 后，为了便于日后测设线路圆曲线中点，应定出分角线方向 C，并钉临时桩。

为了保证测角的精度，还须进行角度闭合差的检核。

四、里程桩的设置

里程桩又称中桩。在线路中线上测设中桩的工作称为中桩测设，其作用是标定线路中线的位置、形状和长度，是施测线路纵横断面的依据。里程桩设置包括定线、量距和打桩等工作。里程桩的桩号表示该桩距线路起点的里程。如图 12-9 所示，某桩号为 K3＋091.05，则该桩距线路起点的距离为 3 091.05 m。

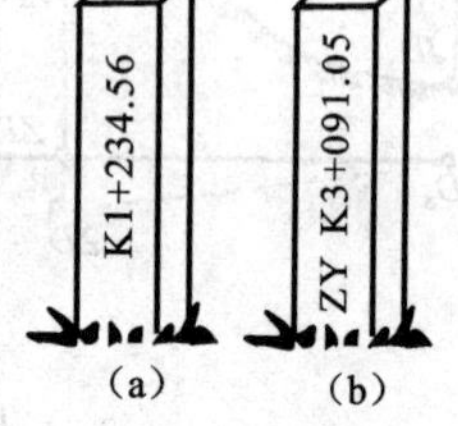

图 12-9 里程桩

里程桩分整桩和加桩两种，整桩是由线路起点开始，每隔 10 m，20 m 或 50 m 的整倍数桩号而设置的里程桩。加桩分为地形加桩、地物加桩、曲线加桩和关系加桩。地形加桩是于中线地形变化点设置的桩；地物加桩是在中线上桥梁、涵洞等人工构造物处，以及公路、铁路交叉处设置的桩；曲线加桩是在曲线起点、中点、终点等设置的桩；关系加桩是在转点和交点上设置的桩。在书写曲线加桩和关系加桩时，应在桩号之前，加写其缩写名称。图 12-9(a)所示为整桩的书写情况，图 12-9(b)所示为曲线加桩的书写情况。

里程桩的设置是在中线丈量的基础上进行的，一般是边丈量边设置。丈量一般用钢尺或测距仪，简易公路可用皮尺等。

五、圆曲线的测设

在公路、铁路、地铁隧道和轻轨中，当线路方向改变时，在转向处需用曲线将两直线连接起来。曲线形式有圆曲线、缓和曲线、复曲线和竖曲线等。而在一些大型民用建筑如宾馆、娱乐中心、商业中心、体育场等也较多设计由圆曲线、双曲线等组成的平面图形。圆曲线是指由一定半径的圆弧所构成的曲线。由于圆曲线的应用广泛，本节着重介绍它的测设方法。

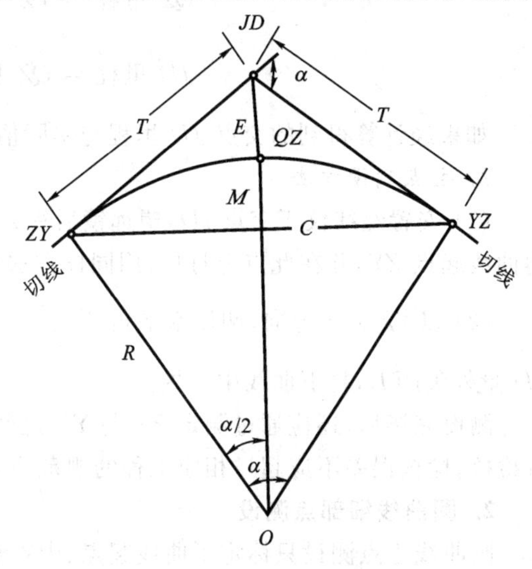

图 12-10　圆曲线测设

如图 12-10 所示，圆曲线测设通常分为两步：

第一步，根据圆曲线的测设元素，测设曲线的主点，即曲线的起点（直圆点 ZY）、曲线的中点（曲中点 QZ）和曲线的终点（圆直点 YZ）；

第二步，根据主点按规定的桩距进行加密点测设，详细标定圆曲线的形状和位置，即进行圆曲线细部点的测设。

1. 圆曲线主点测设

1）圆曲线要素计算

如图 12-10 所示，道路转折点即交点 JD 的转角为 α，曲线设计半径为 R，则曲线测设元素为：

$$
\left.\begin{aligned}
&\text{切线长：} && T = R\tan\frac{\alpha}{2} \\
&\text{曲线长：} && L = R\alpha\frac{\pi}{180^\circ} \\
&\text{外矢距：} && E = R\left(\sec\frac{\alpha}{2} - 1\right) \\
&\text{切曲差：} && D = 2T - L \\
&\text{弦长：} && C = 2R\sin\frac{\alpha}{2} \\
&\text{中央纵距：} && M = R\left(1 - \cos\frac{\alpha}{2}\right)
\end{aligned}\right\} \tag{12-2}
$$

式中，T,E 用于主点测设；T,L,D 用于计算里程；C,M 用于测设检核。

在道路工程中，通常根据交点 JD 的里程和曲线要素计算曲线主点的里程：

$$\left.\begin{aligned} ZY\text{ 里程} &= JD\text{ 里程} - T \\ YZ\text{ 里程} &= ZY\text{ 里程} + L \\ QZ\text{ 里程} &= YZ\text{ 里程} - \frac{L}{2} \\ JD\text{ 里程} &= QZ\text{ 里程} + \frac{D}{2} \end{aligned}\right\} \tag{12-3}$$

如果经计算得到的交点 JD 里程与实际值相同,则说明计算无误。

2) 主点测设方法

(1) 安置经纬仪于交点 JD,望远镜后视 ZY 方向,自 JD 点沿此方向量切线长 T,即得曲线起点 ZY,并在此点上打桩。用同样方法可打下曲线终点桩。

(2) 以 YZ 为零方向,测设水平角 $\frac{180^\circ - \alpha}{2}$,可得两切线的分角线方向。沿此方向,从 JD 量外矢距 E,打下曲线中点桩。

测设完毕后,还应通过测定 ZY 与 YZ 之间的距离(即弦长 C),以及中央纵距 M 进行检核。检核误差不应超过相应工程的规范要求。

2. 圆曲线细部点测设

圆曲线主点测设只标定了曲线起点、中点和终点。如果曲线较长或地形变化较大,则为了满足工程施工的要求,还要在曲线上每隔一定弧长(建筑物施工中为 2~10 m,道路施工中为 5~20 m)测设一点,把曲线的形状和位置详细地表示出来。

1) 偏角法(极坐标法)

偏角法是一种极坐标定点的方法。测设时,以曲线起点至曲线上待测设点的弦线与切线之间的弦切角和相邻点间的弦长来确定点位。

如图 12-11 所示,圆曲线半径为 R,求得待测设点 P_i 所对应的弦切角 Δ_i、弦长 C_i 后,即可按极坐标法来测设。

(1) 计算测设数据。

根据平面几何原理,弦切角 Δ 和弦长 C 的计算公式为:

$$\Delta = \frac{\varphi}{2} = \frac{l}{2R} \cdot \frac{180^\circ}{\pi} \tag{12-4}$$

$$C = 2R\sin\frac{\varphi}{\pi} \tag{12-5}$$

若每隔一定的弧长 l 测设一点,则曲线上各点的偏角应为第一点偏角的整数倍,即

$$\begin{aligned} \Delta_1 &= \frac{\varphi}{2} = \frac{l}{2R} \cdot \frac{180^\circ}{\pi} \\ \Delta_2 &= 2\Delta_1 \\ \Delta_3 &= 3\Delta_1 \\ &\vdots \\ \Delta_n &= n\Delta_1 \end{aligned}$$

$$\left.\begin{aligned}\Delta_{终} &= \Delta_{YZ} = \frac{\alpha}{2} \\ \Delta_{曲中} &= \Delta_{QZ} = \frac{\alpha}{4}\end{aligned}\right\} \quad (12\text{-}6)$$

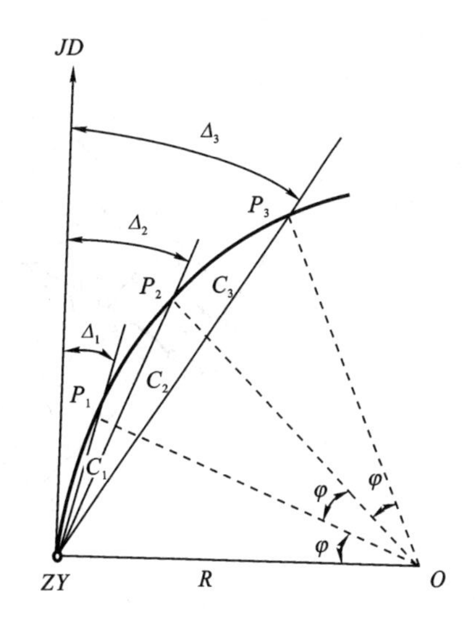

图 12-11　偏角法(极坐标法)测设圆曲线

$\Delta_{终}$ 可作为偏角计算和曲线详细测设时的检核;$\Delta_{曲中}$ 可作为曲线测设时的检核。

(2) 测设方法。

① 安置经纬仪于 ZY 点上,瞄准交点 JD,并使水平度盘读数为 0°00′00″。

② 顺时针转动照准部,设置度盘读数为偏角值 Δ_1,沿该方向测设弦长 C_1,即得细部点 P_1。

③ 继续转动照准部,将度盘读数对准偏角值 Δ_2,从 P_1 点起量距离 C_2 并与视线方向相交,即得 P_2 点。依次测设出曲线的各桩点,直至 YZ 点闭合。

④ 检查细部点测设的准确性。当测设至 QZ 点和 YZ 点时,应与原来设置的 QZ 点和 YZ 点位置重合。若不重合,其闭合差一般不超过如下规定:

半径方向(横向):±0.1 m;

切线方向(纵向):$\pm \frac{L}{1\,000}$ m(L 为曲线长)。

若闭合差超限,应查明原因,并进行调整或重新测设。

偏角法适用于曲线内侧障碍少的场合。此法应用灵活,测设数据计算简单,并有可靠的检核条件,但也存在误差逐点积累的缺点。因此,在一个测站上不宜连续测设过多点位,或可在曲线两端分别向中间测设,或在中点设站分别向两端测设。

2) 切线支距法(直角坐标法)

该法以曲线起点或终点作为坐标原点,以切线方向作为坐标纵轴 x,以过原点的半径方向作为坐标横轴 y,如图 12-12 所示。根据圆曲线的设计半径 R,待测设点 P_i 至 ZY(或 YZ)的曲线长 l_i,以及 l_i 所对的圆心角 φ_i,求得各待测设点 P_i 的坐标 x_i,y_i,然后按直角坐标法测设各细部点。

(1) 计算测设数据。

待测设点 P_i 的坐标的坐标为:

$$\left.\begin{aligned}x_i &= R\sin\varphi_i \\ y_i &= R(1-\cos\varphi_i) \\ \varphi_i &= \frac{l_i}{R}\cdot\frac{180^\circ}{\pi}\end{aligned}\right\} \quad (12\text{-}7)$$

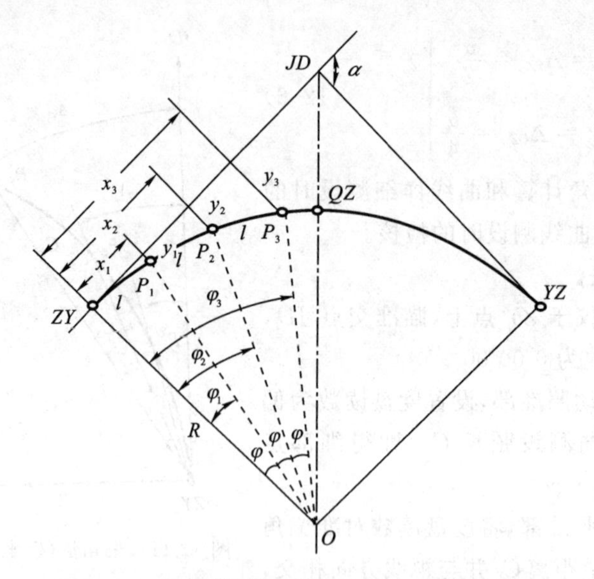

图 12-12　切线支距法(直角坐标法)测设圆曲线

(2) 测设方法。

① 安置经纬仪于 ZY 点上,瞄准交点 JD,沿该方向用钢尺从 ZY 开始,分别测设出 $x_1, x_2, \cdots, x_n$,并插上测钎作为标志。

② 在切线方向上各标志处用经纬仪或方向架定出直角方向,然后沿此方向分别测设出 y_i,直至曲线中点 QZ。

③ 由 YZ 点测设曲线的另一半至 QZ,测设数据和测设方法与 ZY 至 QZ 完全相同。

④ 细部点测设完毕后,分别丈量各相邻点间的距离并与相应的弦长进行比较,判断其差值是否在规定的范围内,以作检核。

切线支距法适用于曲线外侧有开阔平坦场地时的情况。该法使用工具简单,具有桩点误差不积累的特点,应用很广泛。

六、全站仪坐标法测设道路中线

用全站仪测设道路中线,具有速度快、精度高的特点,目前已在道路工程中被广泛采用。用全站仪测设时,一般沿路线方向布设导线控制,然后依据导线进行中线测设。

由第八章已经知道,全站仪一般都有坐标测量的功能,观测的同时可以直接得到点的坐标值,从而简化了运算。目前,理论与实践已经证明,用全站仪观测高程,如果采取对向(往返)观测,竖直角观测精度 m_α 不超过 $\pm 2''$,测距精度不低于$(5+5\times 10^{-6}D)$mm,边长控制在 2 km 之内,即可达到四等水准限差的要求。因此,在全站仪导线测量时,通常都是观测三维坐标,将高程的观测结果作为路线高程的控制,以替代路线纵断面测量中的基平测量(见第三节)。

在全站仪进行道路中线测量时,通常是按中桩的坐标测设的。中桩坐标在测设时一般现场用计算机程序计算，并打印出来。

如图 12-13 所示，测设时将仪器置于导线点 D_i 上，按中桩坐标进行测设，具体操作可参照第八章有关内容。中桩位置定出后，随即可测出该桩的地面高程（Z 坐标）。这样，纵断面测量中的中平测量（见第三节）就无须单独进行，从而大大简化了测量工作。

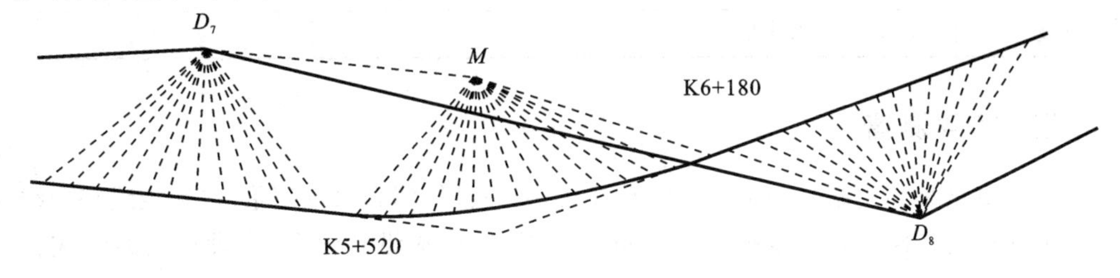

图 12-13　全站仪中线测量

在测设过程中，往往需要在导线的基础上加密一些测站点，以便把中桩逐个定出。如图 12-13 所示，K5＋520 至 K6＋180 之间的中桩，在导线点 D_7 和 D_8 上均难以测设。但是在 D_7 测设结束后，于适当位置选一 M 点并测出 M 点的三维坐标后，将仪器搬至 M 点上即可继续测设。

第三节　路线纵横断面测量

路线纵断面测量又称中线水准测量，它的任务是在道路中线测定之后，测定中线各里程桩的地面高程，绘制路线纵断面图，供路线纵坡设计之用。路线横断面测量是测定中线各里程桩两侧垂直于中线的地面高程，绘制横断面图，供路基设计、土石方量计算以及施工放边桩之用。

为了提高测量精度和有效地进行成果检核，根据“由整体到局部”的测量原则，纵断面测量一般分为两步进行：一是沿路线方向设置水准点，建立路线的高程控制，称为基平测量；二是根据基平测量建立的水准点高程，分段进行水准测量，测定各里程桩的地面高程，称为中平测量。

一、基平测量

基平测量的水准点包括永久性水准点和临时性水准点。在路线的起点、终点、大桥两岸、隧道两端以及一些需要长期观测高程的重点工程附近均应设置永久性水准点，在一般地区也应每隔 5 km 设置一个永久性水准点。水准点的密度应根据地形和工程需要而定。

基平测量时，一般采用等级水准测量的方法，并根据条件采用附合水准路线或闭合水准路线。各级公路及构造物的水准测量等级按表 12-1 选定。

表 12-1 公路及构造物的水准测量等级

测量项目	等 级	水准路线最大长度/km
4 000 m 以上特长隧道、2 000 m 以上特大桥	三 等	50
高速公路、一级公路、1 000～2 000 m 特大桥、2 000～4 000 m 长隧道	四 等	16
二级及二级以下公路、1 000 m 以下桥梁、2 000 m 以下隧道	五 等	10

二、中平测量

中平测量是利用基平测量布设的水准点，分段进行附合水准测量，以测定线路中线上各里程桩的地面高程。根据中平测量的成果，绘制成纵断面图，供设计线路纵坡使用。

中平测量通常附合于基平测量所测定的水准点上，即以相邻水准点为一测段，从一个水准点出发，逐个测定中桩的地面高程，附合到另一个水准点上。各测段的高差容许闭合差不应超过如下规定：

$$f_{h容} = \pm 30\sqrt{L}\ \text{mm} \quad (铁路、高速公路、一级公路) \tag{12-8}$$

$$f_{h容} = \pm 50\sqrt{L}\ \text{mm} \quad (二级及二级以下公路) \tag{12-9}$$

式中，L 为附合水准路线长度，km。

中平测量可用普通水准测量的方法进行施测。观测时，在每一测站上先观测转点，再观测相邻两转点之间的中桩(称为中间点)。由于转点起传递高程的作用，因此转点尺应立在尺垫、稳定的桩顶或岩石上，读数至毫米，视线长一般不应超过 150 m。中间点尺应立在紧靠桩边的地面上，读数至厘米。

如图 12-14 所示，水准仪置于第 1 站，后视水准点 BM1，前视转点 TP1，再观测 0＋000，0＋050，0＋100，0＋108，0＋120 等中间点。第 1 站观测结束后，将水准仪搬至第 2 站，后视转点 TP1，前视转点 TP2，再观测 0＋140，0＋160，0＋180，0＋200，0＋221，0＋240 等中间点，完成第 2 站观测。用同样的方法继续向前测量，直至下一个水准点为 BM2，则完成了一测段的观测工作。

在观测的同时，将观测数据分别记入纵断面测量记录表相应栏内。每一测站的各项计算按下式依次进行：

$$\left.\begin{aligned} 视线高程 &= 后视点高程 + 后视读数 \\ 转点高程 &= 视线高程 - 前视读数 \\ 中桩高程 &= 视线高程 - 中间视读数 \end{aligned}\right\} \tag{12-10}$$

各站记录数据计算完成后，应及时计算各点的高程，直至下一个水准点为止，并计算高差闭合差 f_h。若 $f_h \leqslant f_{h容}$，则符合要求。在线路高差闭合差符合要求的情况下，可以不进行高差闭合差的调整，直接以原计算的各中桩点高程作为绘制纵断面图的数据。

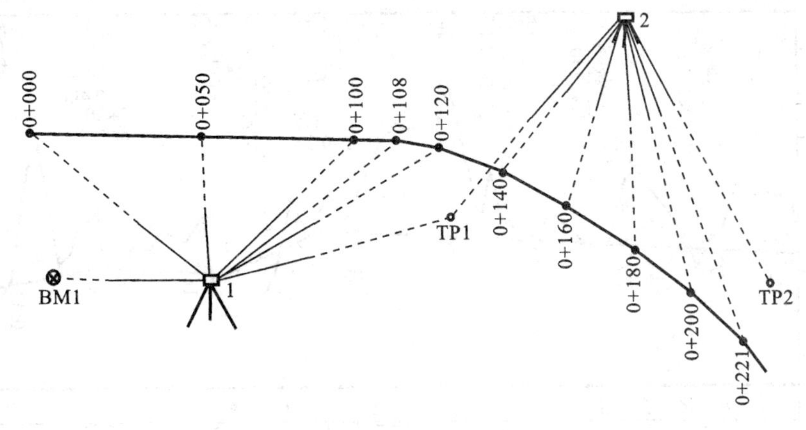

图 12-14　中平测量

三、纵断面图的绘制

纵断面图是沿中线方向绘制的反映地面起伏和纵坡设计的线状图，它能表示出各段纵坡的大小和中线位置的填挖尺寸，是道路设计和施工中的重要文件资料。

如图 12-15 所示，图的上半部分从左至右有两条贯穿全图的线。其中，细的折线表示中线方向的实际地面线，是以里程为横坐标、高程为纵坐标，根据中平测量的中桩地面高程绘制的。为了明显反映地面的起伏变化，一般里程比例尺取 1∶5 000，1∶2 000，1∶1 000，而高程比例尺则比里程比例尺大 10 倍，取 1∶500，1∶200，1∶100。图中另一条是粗线，是包含竖曲线在内的纵坡设计线，是在设计时绘制的。此外，图上还注有水准点的位置和高程，桥涵的类型、孔径、跨数、长度、坡度、里程桩号和设计水位、竖曲线示意图及其曲线要素，同公路、铁路交叉点的位置、里程及有关说明等。

图 12-15 的下部注有有关测量及纵坡设计的资料，主要包括以下内容：

(1) 直线与曲线。按里程表明路线的直线和曲线部分。曲线部分用折线表示，上凸表示路线右转，下凸表示路线左转，并注明交点编号和圆曲线半径，带有缓和曲线者应注明其长度。在不设曲线的交点位置，用锐角折线表示。

(2) 里程。按里程比例尺标注百米桩和千米桩。

(3) 地面高程。按中平测量成果填写相应里程桩的地面高程。

(4) 设计高程。根据设计纵坡和相应的平距推算出的里程桩设计高程。

(5) 坡度。从左至右向上斜的直线表示上坡(正坡)，下斜的表示下坡(负坡)，水平的表示平坡。斜线或水平线上面的数字表示坡度的百分数，下面的数字表示坡长。

(6) 土壤地质说明。表明路段的土壤地质情况。

纵断面图的绘制一般可按下列步骤进行：

(1) 按照选定的里程比例尺和高程比例尺打格制表，填写里程、地面高程、直线与

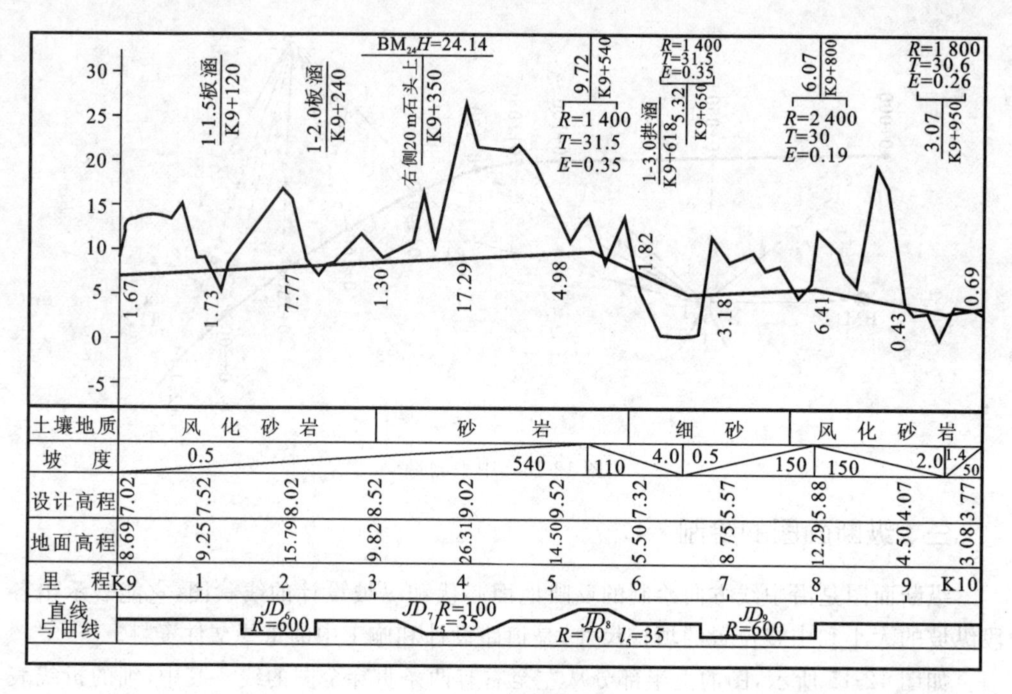

图 12-15　道路纵断面图

曲线、土壤地质说明等资料。

(2) 绘出地面线。首先选定纵坐标的起始高程,使绘出的地面线位于图上适当位置。一般是以 10 m 整倍数的高程定在 5 cm 方格的粗线上,便于绘图和阅图。然后根据中桩的里程和高程,在图上按纵、横比例尺依次点出各中桩的地面位置,再用直线将相邻点一个个连接起来,即得到地面线。在高差变化较大的地区,当纵向受到图幅限制时,可在适当地段变更图上高程的起算位置,此时地面线将构成台阶形式。

(3) 根据纵坡设计计算设计高程。当路线的纵坡确定后,即可根据设计纵坡和两点间的水平距离,由一点的高程计算另一点的设计高程。

设设计坡度为 i,起算点的高程为 H_0,推算点的高程为 H_P,推算点至起算点的水平距离为 D,则:

$$H_P = H_0 + iD \tag{12-11}$$

式中,上坡时 i 为正,下坡时 i 为负。

(4) 计算各桩的填挖尺寸。同一桩号的设计高程与地面高程之差,即为该桩号的填土高度(正号)或挖土深度(负号)。在图上,填土高度应写在相应点纵坡设计线之上,挖土深度则相反。也有在图中专列一栏注明填挖尺寸的。

(5) 在图上注记有关资料,如水准点、桥涵、竖曲线等。

四、横断面测量

由于横断面测量是测定中桩两侧垂直于中线的地面线，因此首先要确定横断面的方向，然后在此方向上测定地面坡度变化点的距离和高差。横断面测量的宽度，应根据路基宽度、填挖尺寸、边坡大小、地形情况以及有关工程的特殊要求而定，一般要求中线两侧各测 10～15 m。横断面测绘的密度，除各中桩应施测外，在大、中桥头及隧道洞口、挡土墙等重点工程地段，可根据需要加密。对于地面点距离和高差的测定，一般只需精确至 0.1 m。

1. 横断面方向的测定

1）直线段横断面方向的测定

直线段横断面方向与路线中线垂直，一般采用方向架测定。如图 12-16 所示，将方向架置于桩点上，方向架上有两个相互垂直的固定片，用其中一个瞄准该直线上任一中桩，另一个所指方向即为该桩点的横断面方向。

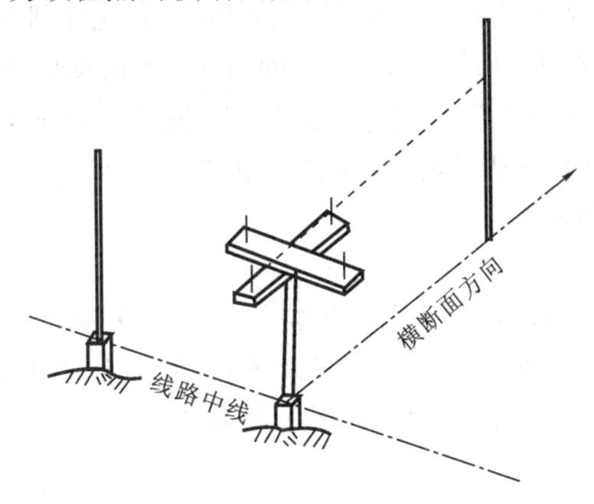

图 12-16　用方向架测设直线的横断面方向

也可利用全站仪或经纬仪在需测设横断面的中桩上安置仪器，瞄准中线方向，测设 90°角，即得横断面方向。

2）圆曲线横断面方向的测定

圆曲线上一点的横断面方向即是该点的半径方向。通常利用如图 12-17 所示的带活动定向杆的方向架进行测设。如图 12-18 所示，将方向架立于圆曲线起点 ZY（即 P_0 点），用固定定向杆 ab 瞄准切线方向，则另一固定定向杆 cd 所指方向为 ZY 点的圆心方向；然后，用活动定向杆 ef 瞄准圆曲线上另一桩号 P_1，固紧定向杆 ef；再将方向架移至 P_1 点，用 cd 瞄准 ZY 点，由图可看出：$\angle P_1P_0O=\angle OP_1P_0$，因此，$ef$ 方向即为 P_1 点的横断面方向。如要定出 P_2 点的横断面方向，可先在 P_1 点用 cd 对准 P_1O 方向，然后松开活动定向杆 ef 的固定螺丝，转动 ef 杆使其对准 P_2 点，固紧定向杆 ef，再将方向架移至 P_2 点，用 cd 瞄准 P_1 点，则 ef 方向即为 P_2 点的横断面方向。同法可依次定出圆曲线上其他各点的横断面方向。

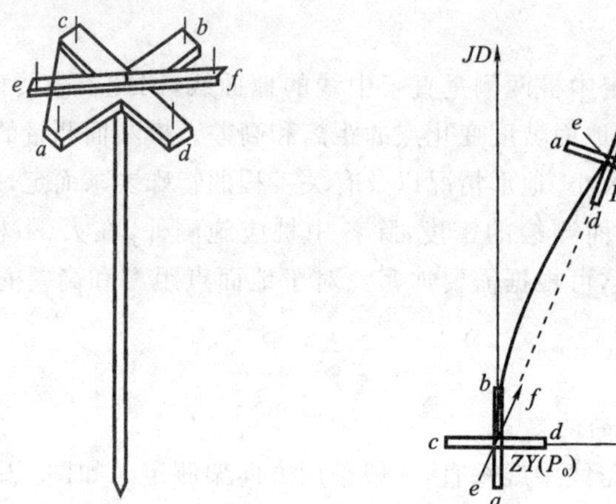

图 12-17 带活动定向杆的方向架　　图 12-18 用方向架测设圆曲线的横断面方向

当利用全站仪或经纬仪测设时，如图 12-18 所示，首先在圆曲线起点 ZY 处安置经纬仪或全站仪，后视切线方向，测设 90° 角，则得 P_0 点的横断方向；然后测出水平角 $\angle P_1P_0O$ 的大小，再将仪器搬至 P_1 点，瞄准 P_0 点，测设 $\angle P_0P_1O=360°-\angle P_1P_0O$，则得 P_1 点的横断面方向。同法可定出其他各点的横断面方向。

2. 横断面的测量方法

1）标杆皮尺法

如图 12-19 所示，在横断面方向上的各特征点依次立标杆，然后将皮尺紧靠中桩，并将标杆拉平，在皮尺上读取两点间的水平距离，在标杆上直接测出两点间的高差，直到所需宽度为止，最后将横断面测量数据记入表 12-2 中。

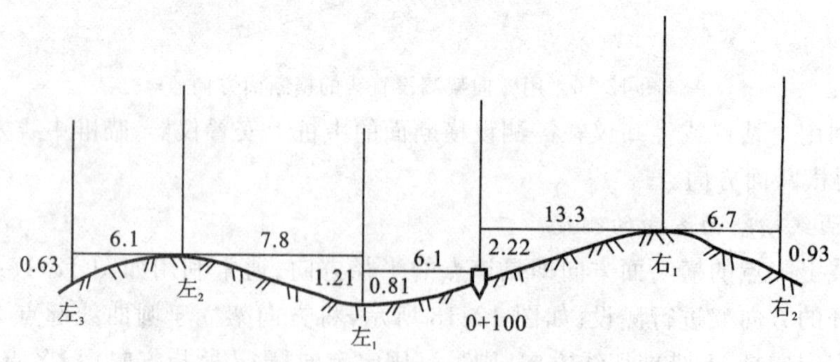

图 12-19 标杆皮尺法测量横断面

表 12-2 标杆皮尺法测量横断面记录

$\frac{\text{相邻两点间高差}}{\text{相邻两点间距离}}$(左侧)/m	桩 号	$\frac{\text{相邻两点间高差}}{\text{相邻两点间距离}}$(右侧)/m
$\frac{-0.63}{6.1}$　$\frac{+1.21}{7.8}$　$\frac{-0.81}{6.1}$	K0+100	$\frac{+2.22}{13.3}$　$\frac{-0.93}{6.7}$

2）水准仪法

在平坦地区可使用水准仪测量横断面。施测时选一适当位置安置水准仪，后视中桩水准尺读取后视读数，求得视线高程后，前视横断面方向上各边坡点上水准尺得各前视读数，视线高程分别减去各前视读数即得各变坡高程。用钢尺或皮尺分别量取各变坡点至中桩的水平距离。根据变坡点的高程和至中桩的距离即可绘制横断面。

3）经纬仪法

在地形复杂，山坡较陡的地段宜采用经纬仪施测。将经纬仪安置在中桩上，用视距法测出横断面各变坡点至中桩的水平距离和高差。

4）全站仪法

利用全站仪的“对边测量”功能，测出横断面上各点相对中桩的水平距离和高差，或直接测定中桩至各地形特征点的水平距离和高差。

3. 横断面图的绘制

横断面图一般采用现场边测边绘的方法，以便及时对横断面进行核对。也可在现场记录(见表 12-2)，回到室内绘图。绘图比例尺一般采用 1∶200 或 1∶100。图绘制在毫米方格纸上或直接利用计算机绘制。绘图时，先将中桩位置标出，然后分左、右两侧，按照相应的水平距离和高差，逐一将变坡点标在图上，再用直线连接相邻各点，即得横断面地面线。如图 12-20 所示，横断面图绘出后，可根据纵断面图上该中桩的设计高程，将路基断面设计线画在横断面图上，并根据横断面的填、挖面积及相邻中桩的桩号，可以算出施工的土、石方量。

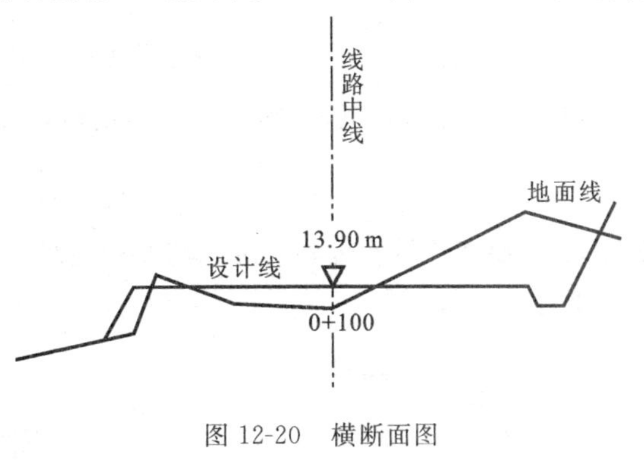

图 12-20　横断面图

第四节　道路施工测量

道路施工测量的主要工作包括恢复中线测量、路基边桩的测设、竖曲线的测设等工作。

一、恢复中线测量

从路线勘测到开始施工这段时间里，往往会有一些中桩丢失，故在施工之前，应根据设计文件进行恢复工作，并对原来的中线进行复核，以保证路线中线位置准确可靠。恢复中线所采用的测量方法与路线中线测量方法基本相同。此外，对路线水准点也应进行复核，必要时还应增设一些水准点以满足施工需要。

二、路基边桩的测设

路基边桩测设就是在地面上将每一个横断面的路基边坡与地面的交点用木桩标定出来。边桩的位置由两侧边桩至中桩的距离来确定。常用的边桩测设方法有如下几种。

1. 图解法

在绘有路基设计断面的横断面图上，直接量出中桩至坡脚点（或坡顶点）的水平距离，然后在实地用卷尺沿横断面方向测设出该长度，即得边桩的位置。

2. 解析法

解析法是通过计算求出路基中桩至边桩的水平距离，然后现场测设该距离，得到边桩的位置。对于智能型全站仪，可直接输入路基设计参数进行自动计算，并现场测设边桩位置。在平地和山区计算和测设的方法不同。

1）平坦地段路基边桩的测设

填方路基称为路堤，如图 12-21(a)所示，中桩至边桩的距离为：

$$l_{左} = l_{右} = \frac{B}{2} + mh \tag{12-12}$$

挖方路基称为路堑，如图 12-21(b)所示，中桩至边桩的距离为：

$$l_{左} = l_{右} = \frac{B}{2} + S + mh \tag{12-13}$$

式中，B 为路基设计宽度；$1:m$ 为路基边坡坡度；h 为填土高度或挖土深度；S 为路堑边沟顶宽。

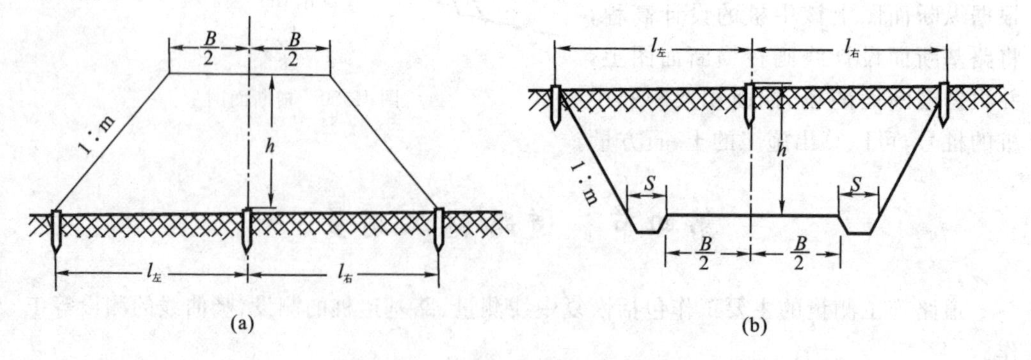

图 12-21　平坦地段路基边桩测设

2）倾斜地段路基边桩的测设

图 12-22 所示为倾斜地段的路基。由图 12-22(a)可得路堤左、右边桩至中桩的距离分别为：

$$l_{左} = \frac{B}{2} + m(h + h_1) \tag{12-14}$$

$$l_{右} = \frac{B}{2} + m(h + h_2) \tag{12-15}$$

由图 12-22(b)可得路堑左、右边桩至中桩的距离分别为：

$$l_{左} = \frac{B}{2} + S + m(h - h_1) \tag{12-16}$$

$$l_{右} = \frac{B}{2} + S + m(h - h_2) \tag{12-17}$$

式中，h_1 为斜坡上侧边桩与中桩的高差；h_2 为斜坡下侧边桩与中桩的高差。

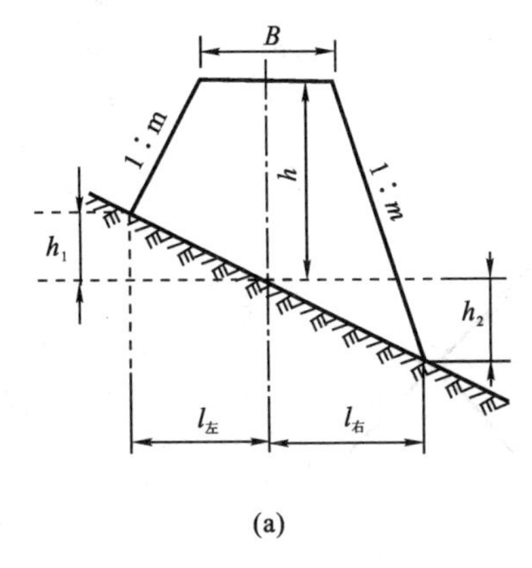

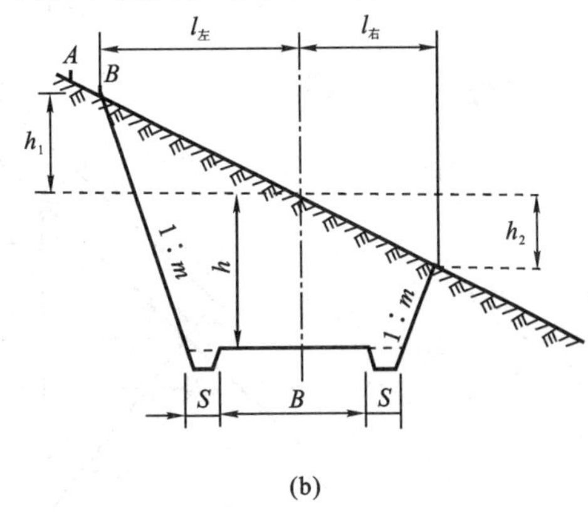

图 12-22　倾斜地段路基边桩测设

在式(12-14) 至式(12-17) 中，B,m,h,S 均为设计数据；$l_{左}$ 和 $l_{右}$ 随 h_1 和 h_2 而变化。由于 h_1 和 h_2 在边桩定出前是未知数，因此，在实际作业时，通常采用逐渐趋近法测设边桩位置。

三、竖曲线的测设

为了保证行车安全，当道路相邻坡度值之差超过一定数值时，必须在道路纵坡的变换处竖向设置成曲线，使坡度逐渐改变，这种曲线称为竖曲线(即在道路竖直面上连接相邻不同坡道的曲线)。竖曲线可分为凸形竖曲线和凹形竖曲线，其线形通常为圆曲线，如图 12-23 所示。竖曲线的设计取决于公路等级、行车速度、线形、地形情况等因素，设计时应严格执行《公路工程技术标准》。

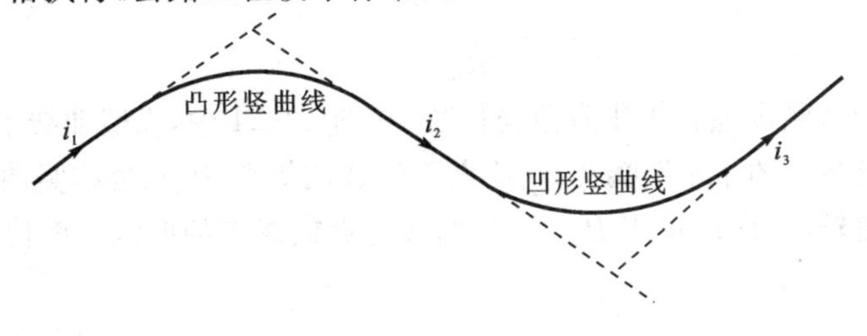

图 12-23　竖曲线

竖曲线测设时，应根据线路纵断面设计中所设计的竖曲线半径 R 和竖曲线双侧坡道的坡度 i_1，i_2 来计算测设数据。如图 12-24 所示，竖曲线主点要素有切线长 T、曲线长 L 和外矢距 E，可采用平面圆曲线主点要素相同的公式进行计算，即

$$\left.\begin{aligned} T &= R\tan\frac{\Delta}{2} \\ L &= R\Delta\frac{\pi}{180^\circ} \\ E &= R\left(\sec\frac{\Delta}{2}-1\right) \end{aligned}\right\} \tag{12-18}$$

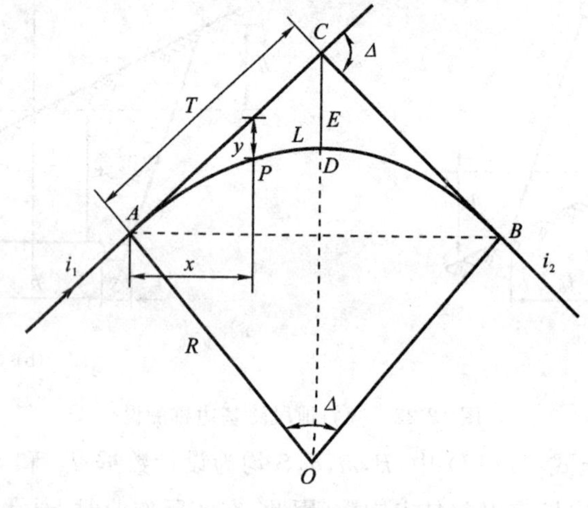

图 12-24　竖直线测设要素

由于竖曲线的坡度转向角 Δ 一般很小，而竖曲线的设计半径 R 又较大，因此，计算时可对转向角 Δ 进行如下简化处理：

$$\Delta = \arctan i_1 - \arctan i_2 \approx (i_1 - i_2)\frac{180^\circ}{\pi} \tag{12-19}$$

利用式(12-19)将式(12-18)简化为：

$$\left.\begin{aligned} T &= \frac{1}{2}R(i_1 - i_2) \\ L &= R(i_1 - i_2) \\ E &= \frac{T^2}{2R} \end{aligned}\right\} \tag{12-20}$$

竖曲线的细部测设通常采用直角坐标法。在图 12-24 中，设竖曲线上任意细部点 P 至竖曲线起点或终点的水平距离为 x，P 点至切线的纵距为 y（也称竖曲线上的标高改正值），由于 Δ 角较小，所以可用 P 点至竖曲线起点或终点的曲线长度代替 x 值，y 值可按下式计算：

$$y = \frac{x^2}{2R} \tag{12-21}$$

根据设计道路的坡度计算出切线坡道在 P 点处的坡道高程，再根据 y 值，即可按下式计算竖曲线上各点的设计高程。

对于凸形竖曲线：

$$设计高程 = 坡道高程 - y \tag{12-22}$$

对于凹形竖曲线：

$$设计高程 = 坡道高程 + y \tag{12-23}$$

竖曲线主点的测设方法与平面圆曲线相同。在实际工作中，竖曲线的测设一般与路面高程桩测设一起进行，测设时，只需将已经计算的各点坡道高程减去（对凸形竖曲线）或加上（对凹形竖曲线）相应的标高改正值即可。

第五节　桥梁测量

桥梁测量主要包括桥位勘测和桥梁施工测量两部分。桥位勘测的目的是为选择桥址和进行设计提供地形和水文资料。这些资料提供得越详细、全面，就越有利于选出最优的桥址方案和作出经济合理的设计。对于中小桥及技术条件简单、造价比较低廉的大桥，其桥址位置往往服从于路线走向的需要，不单独进行勘测，而是包括在路线勘测之内。但对于大桥梁或技术条件复杂的桥梁，由于工程量大、造价高、施工期长，则桥位选择合理与否，对造价和使用条件都有极大的影响，所以路线的位置要服从桥梁的位置，而且为了能够造出最优秀的桥址，通常需要单独进行勘测。

桥梁设计通常经过设计意见书、初步设计、施工图设计等几个阶段，各阶段要相应地进行不同的测量。

一、桥位控制测量

1. 平面控制测量

为保证桥梁与相邻线路在平面位置上正确衔接和进行桥梁施工放样，必须在桥址两岸的线路中线上埋设控制桩。两岸控制桩的连线称为桥轴线，两控制桩之间的水平距离称为桥轴线长度。施工前只有精确测得桥轴线的长度，才能精确定出桥墩台的位置。桥梁轴线的位置是在桥位勘测设计时，根据线路的走向、地形、地质、河床等情况选定设计的。

对于小型桥梁，可利用电磁波测距仪或检定过的钢尺按精密测距方法直接测定河流两岸线路中线上两桥位控制桩的距离，即得桥轴线长度。

对于河面较宽而不能直接测量桥轴线长度的大、中型桥梁，可采用三角测量、边角测量或 GPS 测量的方法建立桥梁施工平面控制网。根据桥长和施工要求，控制网可布

设成如图 12-25 所示的双三角形、大地四边形和双大地四边形等形式。桥梁控制网的边长要适宜，一般为河宽的 0.5～1.5 倍，基线不宜过短，一般为河宽的 0.7 倍。

对于大型桥梁，目前普遍采用 GPS 技术建立桥梁施工平面控制网。

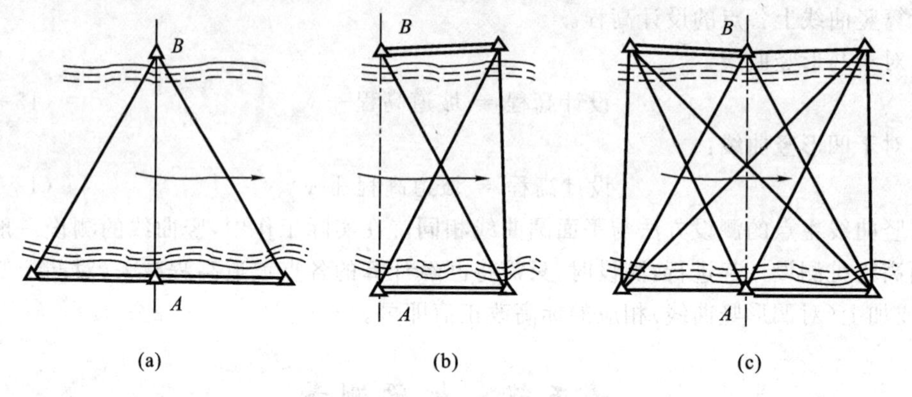

图 12-25　桥梁控制网

2. 高程控制测量

在桥梁施工阶段，为了在河流两岸建立可靠而统一的高程系统，需将高程由河的一岸传递到另一岸。桥梁高程控制可采用跨河水准测量或光电测距三角高程的方法建立。高程控制点应设在不受水淹、不受施工干扰、便于观测的稳固处，并尽可能地接近施工场地，以便于施工及检核工作。桥位高程控制点应与线路水准点或附近的其他水准点联测，采用国家高程系统；当联测有困难时，可引用桥位附近的其他水准点，或使用假定高程系统。

当水准路线跨越江河，视线长度在 200 m 以内时，可用普通水准测量方法，按变换仪器高进行测站检核。当视线长度超过 200 m 时，应根据跨河宽度和仪器设备等情况，选用跨河水准测量或光电测距三角高程的方式进行观测。

跨河水准测量的地点应尽量选择在桥渡附近河宽最窄处，两岸测站点和立尺点可布设成如图 12-26 所示的对称图形。图中，A，B 为立尺点，1，2 为测站点，要求 $A2$ 与 $B1$ 基本相等，$A1$ 与 $B2$ 基本相等且不小于 10 m，视线离水面的高度宜大于 3 m。观测时，用两台水准仪同时作一次对向观测，或用一台水准仪分别在两岸作一次观测。

由于跨河水准测量视线较长，远尺读数困难，因此可在水准尺上安装一块可以沿尺上下移动的觇板（见图 12-27），观测时，由观测员指挥立尺员上下移动觇板，使觇板上的水平指标线落在水准仪十字丝横丝上，由立尺员根据觇板中心孔在水准尺上读数。

二、桥轴线纵断面测量

桥轴线纵断面测量就是测量轴线方向地表的起伏状态，其测量结果绘制成的纵断面图称为桥轴线纵断面图。在桥梁设计时，通常需要根据桥轴线纵断面图来决定桥梁的孔径和布置墩台的位置。　后尺检核 ⑭ ＝③＋K－8

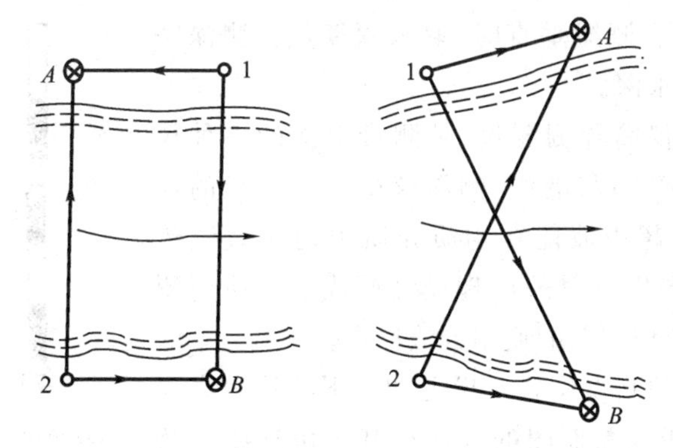

图 12-26　跨河水准测量测站点和立尺点布设

桥轴线纵断面图包括岸上和水下两部分，它们的测量方法有所不同。岸上部分与路线纵断面的测量方法相同，因而应在进行路线纵断面测量的同时完成。如果路线中线上的整桩及加桩尚嫌不足，应根据地形地质的变化情况进行加密。水下部分由于无法钉设里程桩，也无法进行水准测量，所以测点的位置及高程都是用间接方法测求的。测点高程的测定是先测出水面高程(水位)和水深，再由水面高程减去水深，以求得河底的高程。

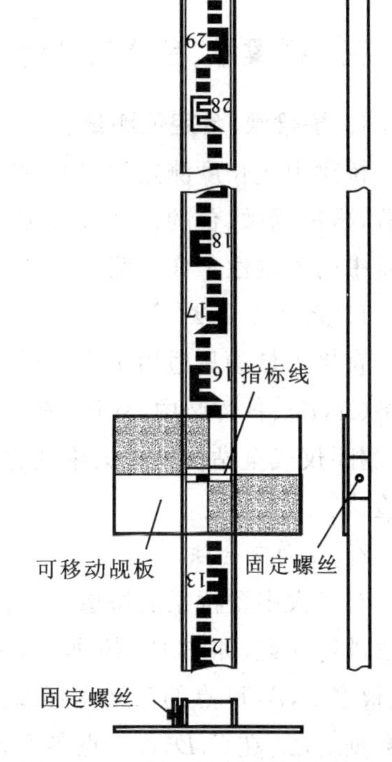

图 12-27　跨河水准测量观测觇板

水面高程是随时间而变化的，所以必须求得测量水深时的瞬时水面高程。为了测得水面高程，应在岸边水中竖立水标尺。水标尺的构造与水准尺相似。立好水标尺后，采用水准测量的方法自附近的水准点测算出水标尺零点的高程。水标尺零点高程加上水面在水标尺上的读数即等于水面的高程。由于水位随时变化，所以应定期进行观测。

纵断面上测点的平面位置和水深是同时测定的。水深测量所采用的工具，可根据水深及流速的大小，采用测深杆、测深锤或回声测深仪。

(1) 测深杆为一直径 5～8 cm，长 3～5 m 的竹竿，其上涂有测量深度标记，下端镶一直径 10～15 cm 的铁制底盘，用以防止测深时测杆下陷而影响测深精度，如图 12-28(a)所示。测深杆宜在水深 5 m 以内，且流速和船速不大的情况下使用。测深杆要顺船头插入水中，使测杆触到水底时，正好垂直以读取水深。

(2) 测深锤又叫水铊，由一质量为 3～8 kg 的铅铊上系一根作了分米标记的绳索构成，如图 12-28(b)所示。测深锤测深时，应预估水深后取相应绳长盘好，将铊抛向船首方向，在铊触水底，测绳垂直时，取水深读数。测深锤适用于浅水区测量水深。

(3) 回声测深仪简称测深仪，是测量水深的一种仪器。在水深流急的江河与港湾，测深仪得到了广泛的应用。测深仪是根据超声波能在均质介质中匀速直线传播，遇不同介质而产生反射的原理设计而成的。使用测深仪测量水深时，应按仪器的使用方法操作。

在测得断面上的测点位置及岸上和水下的地面高程后，即可用绘制路线纵断面图的方法绘制出桥轴线纵断面图。图上应注明施测水位、最大洪水位及最低水位。

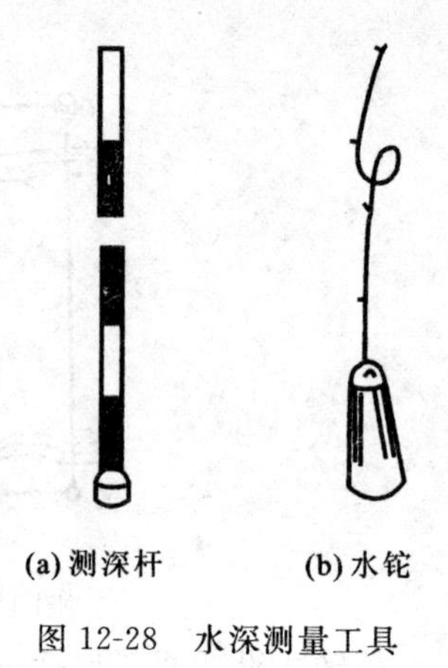
(a) 测深杆　　(b) 水铊

图 12-28　水深测量工具

三、桥梁墩、台施工测量

1. 桥梁墩、台定位测量

桥梁中线长度测定后，即可根据设计桥位的桩号在中线上测设出桥梁墩、台的中心位置，再根据墩、台的设计尺寸测设出各部分的位置。桥梁墩、台定位测量是桥梁施工测量中的关键性工作。测设方法有直接丈量法、方向交会法和极坐标法等。

1) 直接丈量法

直接丈量法只适用于直线桥梁的墩、台测设。如图 12-29 所示，首先根据桥轴线控制桩(A,B)、各桥墩中心(P_1,P_2,P_3) 的里程计算控制桩至桥墩中心的距离，然后用钢尺、测距仪或全站仪沿桥梁中线方向测设各段距离，定出墩、台中心的位置，并进行相应的检核。

2) 方向交会法

对于大中型桥梁的桥墩一般位于水中，其中心位置可用经纬仪或全站仪按方向交会法进行测设。如图 12-29 所示，A，B 为桥轴线控制桩，C,A,D 都是桥梁三角网的控制点。根据 C,A,D 点的已知坐标以及桥墩点 P_i(P_1,P_2,P_3) 的设计坐标，则可计算出放样数据 α_i,β_i。在 C,D,A 三点各安置一台经纬仪或全站仪，自 A 点照准 B 点，定出桥轴线方向；在 C 点及 D 点分别测设 α_i,β_i 角，以正倒镜分中法交会出 P_i 点的位置。

在图 12-29 中，由于测量误差的影响，从 C,D,A 三点测设 P_1 点的三方向线不是正好交于一点，而是构成误差三角形 $q_1q_2q_3$。若误差三角形在桥轴线方向的边长 q_1q_2 不超过规定的数值(墩底放样为 2.5 cm、墩顶放样为 1.5 cm)，则取在桥轴线上的投影点 P_1 作为桥墩的中心位置。

3) 极坐标法

在桥梁的设计图纸上，一般已给出墩、台中心的坐标，因此，对于智能型全站仪可直接将控制点坐标和墩、台中心的设计坐标输入全站仪，自动计算方位角和水平距离；对

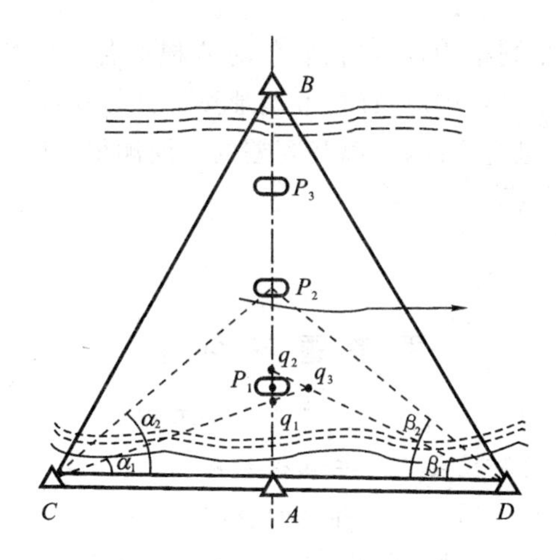

图 12-29　桥梁墩台测设

于非智能型全站仪，则先计算出方位角和水平距离，然后按极坐标法精确而方便地测设墩、台的中心位置。在图 12-29 中，将全站仪安置在桥轴线点 A 或 B，照准另一轴线点作为定向，指挥棱镜安置在该方向上，测设 AP_i 或 BP_i 的距离，即可测设出桥墩的中心位置 P_i。若采用无协作目标的全站仪，将会使桥梁墩、台定位测量更为方便和精确。

2. 桥梁墩、台定位测量

在墩、台定位以后，还得测设墩、台的纵横轴线，作为墩、台细部放样的依据。

在直线桥上，各墩、台的纵轴线在同一个方向上，而且与桥轴线重合，无需另行测设。墩、台的横轴线过墩、台中心且与纵轴线垂直或与纵轴垂直方向成斜交角度，测设时应在墩、台中心加设经纬仪，自桥轴线方向测设 90°角或减去斜交角度，即为横轴线方向。

在曲线桥上，若墩、台中心位于路线中线上，则墩、台的纵轴线为墩、台中心处曲线的切线方向，横轴与纵轴垂直。测设时，在墩、台中心安置经纬仪，自相邻的墩、台中心方向测设$\frac{180°\cdot l}{2\pi R}$(其中，$l$ 为相邻墩、台中心间曲线长度，R 为曲线半径）角，即得纵轴线方向。自纵轴线方向再测设 90° 角，即得横轴线方向。

3. 桥梁墩、台基础及细部施工放样

桥墩中心位置定出后，应测设出桥墩定位桩，根据桥墩定位桩及桥墩的设计尺寸可放样出桥墩各部分的位置。

四、桥梁上部结构测设

桥梁墩、台施工完成后，即可进行桥梁上部结构的施工。为了保证预制梁安全准确地架设，首先要在桥墩、台上测设出桥梁中线的位置，并根据设计高程进行桥梁墩、台高程的检核，使桥梁中线及高程与道路线路平面、纵断面的衔接符合设计的要求。

桥梁的上部有多种不同结构，所以在安装时应根据各自的特点进行测设。对于预埋部件，在桥梁墩、台施工过程中应及时、准确地按设计要求进行放样及施工。

桥梁全线架通后，应进行方向、距离和高差的全面测量，其成果作为钢梁整体纵、横移动和起落调整的施工依据。

思考题与习题

1. 什么是中线测量？中线测量包括哪些主要工作？

2. 如何计算圆曲线的测设要素和主点桩号？

3. 简述用极坐标法测设圆曲线细部点的步骤。

4. 已知某圆曲线交点 JD 的桩号为 K2＋356.12，测得转角 $\Delta_R = 15°30'00''$，圆曲线设计半径 $R = 800$ m，试求该圆曲线的测设要素和主点桩号。

5. 线路纵断面测量的目的是什么？其主要工作内容有哪些？

6. 线路横断面测量通常有哪些方法？应怎样进行？

7. 桥梁施工测量的主要工作有哪些？

参考文献

1. 合肥工业大学等.测量学.第4版.北京:中国建筑工业出版社,1995
2. 武汉测绘科技大学.测量学.武汉:测绘出版社,1991
3. 岳建平,陈伟清. 土木工程测量(精编本).武汉:武汉理工大学出版社,2006
4. 樊彦国. 测量学教程.东营:石油大学出版社,2003
5. 钟孝顺,聂让.测量学(公路与城市道路、桥梁、隧道工程专用).北京:人民交通出版社,2004
6. 李生平.建筑工程测量. 武汉:武汉理工大学出版社,2003
7. 朱爱民,郭宗河.土木工程测量. 北京:机械工业出版社,2005
8. 李青岳,陈永奇.工程测量学. 北京:测绘出版社,1995
9. 顾孝烈,鲍峰,程效军.测量学.第2版.上海:同济大学出版社,1999
10. 刘大杰,施一民,过静珺.全球定位系统(GPS)的原理与数据处理. 上海:同济大学出版社,1996
11. 中华人民共和国国家标准.工程测量规范.北京:中国计划出版社,2001
12. 中华人民共和国行业标准.城市测量规范.北京:中国建筑工业出版社,1999
13. 中华人民共和国行业标准.建筑变形测量规程.北京:中国建筑工业出版社,1998
14. 郭金运,徐泮林,曲国庆.数字水准仪的性能比较与分析.测绘通报,2002(3):55-57

图书在版编目(CIP)数据

土木工程测量/李桂苓主编. —东营:中国石油大学出版社,2008.1(2017.7 重印)

ISBN 978-7-5636-2532-1

Ⅰ. 土… Ⅱ. 李… Ⅲ. 土木工程—工程测量 Ⅳ. TU198

中国版本图书馆 CIP 数据核字(2008)第 008889 号

书　　名:土木工程测量

主　　编:李桂苓

责任编辑:高　颖(电话　0532—86983568)

封面设计:九天设计

出 版 者:中国石油大学出版社

(地址:山东省青岛市黄岛区长江西路 66 号　邮编:266580)

网　　址:http://www.uppbook.com.cn

电子邮箱:shiyoujiaoyu@126.com

排 版 者:中国石油大学出版社排版中心

印 刷 者:沂南县汇丰印刷有限公司

发 行 者:中国石油大学出版社(电话　0532—86981532,86983437)

开　　本:180 mm×235 mm

印　　张:16.75

字　　数:336 千

版 印 次:2008 年 2 月第 1 版　2017 年 7 月第 3 次印刷

书　　号:ISBN 978-7-5636-2532-1

印　　数:5 001—6 000 册

定　　价:34.00 元